FUWU HULIANWANG HUANJINGXIADE
JIAZHILIAN LILUN MOXING YU FANGFA

服务互联网环境下的
价值链理论、模型与方法

何霆 / 著

知识产权出版社
全国百佳图书出版单位
—北京—

图书在版编目（CIP）数据

服务互联网环境下的价值链理论、模型与方法 / 何霆著. — 北京：知识产权出版社，2022.1
ISBN 978-7-5130-8066-8

Ⅰ.①服… Ⅱ.①何… Ⅲ.①物联网—研究 Ⅳ.①TP393.4

中国版本图书馆 CIP 数据核字（2022）第 015066 号

内容提要：

本书注重计算机与管理学科的交叉研究，以价值为切入点，通过跨学科的研究和总结，给出了新形势下的服务互联网系统价值链领域的一些最新的研究成果，以期为信息社会环境下价值链理论、模型和方法发展增砖添瓦。

本书主要包括三部分内容。第一部分是服务互联网环境下的价值链理论基础。第二部分为服务互联网环境下的价值链模型与方法。第三部分即第九章，对本书内容进行总结。

责任编辑：张　珑　　　　　　　　　　　　　责任印制：孙婷婷

服务互联网环境下的价值链理论、模型与方法

何　霆　著

出版发行：知识产权出版社 有限责任公司	网　址：http://www.ipph.cn
电　话：010—82004826	http://www.laichushu.com
社　址：北京市海淀区气象路50号院	邮　编：100081
责编电话：010—82000860转8574	责编邮箱：laichushu@cnipr.com
发行电话：010—82000860转8101	发行传真：010—82000893
印　刷：北京中献拓方科技发展有限公司	经　销：各大网上书店、新华书店及相关专业书店
开　本：720mm×1000mm　1/16	印　张：19.75
版　次：2022年1月第1版	印　次：2022年1月第1次印刷
字　数：330千字	定　价：78.00元

ISBN 978—7—5130—8066—8

前　言

preface

随着以互联网和物联网为基础的新一代社会化基础设施——服务互联网的诞生，人类现实世界与数字世界实现了相互融合。这种融合不仅改变了人类社会的生产生活方式，而且促使人类的价值创造活动向价值生态服务系统化方向发展。而要适应和反映这个时代社会经济发展的基本规律和趋势，作为描述人类基本生产和财富创造规律的服务价值链理论以及相关的模型和方法，也需与时俱进地前进和发展，这是本书撰写的初衷。

本书主要内容包括以下三个部分。

第一部分：服务互联网环境下的价值链理论基础。首先，系统总结和描述了以新一代信息技术为基础的现代服务产业以及服务互联网的发展背景；其次，在回顾400多年来主流的价值和价值链理论发展历程的基础上，讨论和研究了服务互联网时代的价值和价值创造理论的发展趋势，并给出了作者所在团队在价值概念、模型、量化方法等领域的相关研究进展。

第二部分：服务互联网环境下的服务价值链/网模型与方法。这部分首先介绍了服务互联网环境下的服务价值链/网生态系统的概念、结构、特征，基于业务过程的服务价值链/网系统模型及其构建方法，以及服务价值链/网软件服务系统建模及其设计方法；其次，分别从不同维度、不同侧面给出了服务价值链/网系统的设计、协同及演化优化方法。

第三部分：则对本书内容进行总结和展望。

本书的创新之处有以下四个方面。

（1）在系统总结分析现有哲学、经济学、管理学、服务科学与工程等学科价值概念及理论的基础上，基于价值创造系统社会经济环境及其本体发生的变化，重新释义了服务价值的广义内涵及其在服务互联网环境下的定义，给出了它们的具体分类及其相应的可量化指标体系；进一步地，对服务互联网环境下服务价值的不同特性及其价值间依赖关系进行了形式化描述，提出了基于服务语义的服务价值度量方法、基于服务活动成本–增值效应的服务系统、服务价值量化方法。本书提出的服务价值新概念可以适应目前的社会经济形态、生产关系和生产模式，解释传统学科的价值论不能解释的新的社会现象，指导"互联网+"为特征的现代服务业挖掘财富和价值创造的源泉，进一步从机制、机理和方法层面丰富服务价值论理论体系。通过具体的案例研究提炼出了不同类型行业企业面向增值的服务化路径和方法。

（2）从新一代信息技术驱动现代服务业如何发展的角度分析了服务价值链/网系统生态化发展的背景、服务价值链/网系统的企业商业模式演化过程、价值创造机制以及其系统模型架构。进而基于服务价值链/网系统的多层异质网络模型架构提出了基于业务过程的服务价值链/网业务–价值协同方法，构建了基于业务过程的可视化、形式化服务价值链/网系统价值模型。

（3）提出了服务互联网环境下价值创造系统的建模与设计方法。首先，从价值、功能、质量、能力等多个维度探讨了面向价值的软件服务系统建模/设计方法，该方法适用于从无到有的服务互联网环境下软件服务系统的建模/设计；其次，为了刻画服务互联网的跨域、跨组织和跨世界等新特征，对经典的价值网模型进行了改进，提出了面向服务互联网的价值网模型及其半自动化建模方法，设计了基于多维网页数据的参与者识别算法、基于外部新闻数据的价值交换关系抽取算法，以及基于先验知识的特定领域价值链抽取算法，以此来改造、充实面向价值的软件服务系统建模/设计方法，使其能够高效、高质量地完成服务互联网环境下价值创造系统的建模/设计。

（4）针对服务价值链/网生态系统运行和运作过程中的一些常见技术问题，提出了一系列服务价值链/网系统的设计、协同优化及演化方法。例如，软件服务系统的价值–质量–能力优化配置方法、面向服务质量/价值的大规模个性化服务协同定制方法、基于产品服务配置的价值系统协同优化方法、考虑服务价值水平的产品服务供应链收益及其契约协调优化方法、考虑多影响因素的产品服务供应链网络均衡优化决策方法、面向多边价值共创单元的服务价值链/网系统的共生演化方法等。

　　本书的内容框架由何霆进行总体规划，第1章、第2章、第6章、第9章由何霆独立完成，第3章、第7章由马超独立完成，第5章由李天阳独立完成，第4章、第8章由何霆、马超和李天阳共同完成，本项目科研团队的金铮、晋川明、孙凤娇、陈春荣、刘伟东、王静莹、刘奕伟等也参与了第7章、第8章部分内容的编纂工作，全书由何霆统稿。

　　本书出版之际，特别感谢中国计算机学会服务计算专委会原主任委员、国家重点研发计划项目"服务互联网理论与技术研究"首席科学家、哈尔滨工业大学副校长徐晓飞教授，中国计算机学会服务计算专委会副主任委员王忠杰教授对于本书的部分内容给出的宝贵指导和修改意见。同时，也要感谢科技部"十三五"国家重点研发计划项目（课题编号：2018YFB1402501）、福建省社会科学规划应用研究项目（课题编号：FJ2020B033）、国家自然科学基金项目（课题编号：71571056），以及福建省创新战略研究项目（课题编号：2022R0042）的资助。在本书出版过程中，知识产权出版社的编辑付出了大量的心血，使得本书得以顺利出版。

　　服务互联网是后工业化时代信息社会的新生事物，本书关于服务互联网环境下的价值与价值链理论和方法的问题研究，是一个跨学科的综合理论技术分析和探索性研究问题。本书以价值为切入点，通过跨学科研究和总结，给出了新形势下服务互联网系统价值链领域的一些最新的研究成果，以期为信息社会环境下价值链理论、模型和方法发展添砖加瓦。由于作者知识结构和研究能力有限，本书的研究工作还处于初步探索阶段，很多工作和内容可能存在不足，诚挚欢迎读者进行批评指正。

何　霆
于华侨大学厦门校区

目　录
contents

第一部分　价值与价值链理论基础

第二部分 服务互联网价值链/网模型与方法

第三部分 研究成果

第一部分

价值与价值链理论基础

第1章 研究背景

1.1 价值链理论研究背景

价值是人类生存与发展的动力源，人类的一切活动都可归结为价值的生产、分配与消费过程，所有形式的社会关系在本质上都是一种价值关系。作为整个社会科学特别是经济学的基础理论和出发点，价值理论的发展对人类社会的发展有着巨大的影响和作用。价值理论的微小谬误，都将以不断扩大的方式向社会科学其他领域进行延伸，并会引发其他社会科学一系列的谬误[1]。

回顾400多年来经济学价值理论的发展历程，无论是对近代资本主义社会早期生产方式进行探讨的重商主义者、重农学派，始于威廉·配第的古典经济学，还是历经西方近现代的各种客观价值论、主观价值论及均衡价值论、新古典学派、新剑桥学派，以及目前的新新古典综合学派等，都无一例外地具有鲜明的时代特征，都是在适应社会发展实践需求的过程中建立和发展起来的，反映了各个时代社会经济发展的基本规律和趋势，并都是在吸收和借鉴历史社会科学、自然科学研究的最新成果基础上与时俱进的历史成就。

现代社会中，科学技术已经上升为第一生产力，从而也是经济价值创造的第一源动力，这个论断称得上是对最近半个多世纪以来世界各国社会经济发展经验的总结和概括[2]。特别地，在工业化进程尚未结束时，信息社会的浪潮扑面而来，人类社会在朝着智能社会的服务化方向加速前进。在这个过程中，整个世界GDP的增值大大快于活劳动的增加，主要是由科学技术的发展、第三产业的比重显著增加，特别是智力劳动和科学经营管理等生产要素的极大提升所带来的结果。亚马逊、脸书、苹果、阿里巴巴、腾讯、字节跳动等信息产业公司的发展奇迹便是一个个现代版的成功案例。

近年来，以新一代信息技术为代表的新材料、新能源、生命科学等技术领域的革命引发了新一轮的产业变革与社会变革，新产业、新业态、新经济不断涌现，从而促成了基于数字化变革的第四次工业革命。本次革命将数字技术、物理技术、生物技术等有机融合在一起，迸发出强大的力量，影响着我们的经济和社会，在给人类社会带来迅速增加的经济财富的同时，也在给我们的社会各方面带来前所未有的改变。本次革命的外在表现是"互联网+"和"物联网"，它依赖现代信息技术的支撑改变了传统行业的商业模式与运作方式，极大提升了各领域的生产力，重塑了各领域的生产关系，从而形成了一个高度灵活、数字化、网络化的产品生产与服务模式。

另外，在软件定义世界（Software Define X，SDX）、软件即服务（Software as a Service，SaaS）、Web2.0、物联网、云计算/边缘计算、区块链、大数据与人工智能等新一代信息技术的推动下，传统意义上只承担网络和通信技术的互联网已经在逐步向提供各行各业业务服务平台的方向快速演变。并且，随着现实中越来越多的各类物理"硬资源"及科学技术、信息和管理等"软资源"通过虚拟化和物联网技术被接入互联网并与线上的软件服务建立集成和协同关系，一个在互联网和物联网基础上新的社会化基础设施——"服务互联网"便应运而生。服务互联网通过海量服务的网络化实现了跨网、跨域、跨世界的联结和协同，促成了现实世界、数字世界及人类社会人机物三元世界的相互深度融合[3]。它的出现不仅改变了人类社会的生产生活方式，而且促使人类的价值创造活动向价值生态服务系统化方向发展。

1.2　服务化发展趋势

1935 年，新西兰奥塔哥大学费舍尔教授首次提出了三次产业的概念。1940 年，英国经济学家克拉克在《经济进步的条件》一书中，广泛采用了此概念来分析产业结构变化的特征及其发展规律，从而使得三次产业的概念及其划分迅速传播并被广泛使用。

根据社会生产活动的历史发展顺序对产业结构划分：产品直接取自自

然界的部门称为第一产业,即农业,包括农、林、牧、渔业等;对初级产品进行再加工的部门称为第二产业,即工业,包括采矿业(不含开采辅助活动)、制造业(不含金属制品、机械和设备修理业)、电力、热力、燃气及水生产和供应业,建筑业等;以及为生产和消费提供各种服务的部门称为第三产业,即服务业。服务业也可指除第一产业、第二产业以外的其他行业,包括批发和零售业,交通运输、仓储和邮政业,住宿和餐饮业,信息传输、软件和信息技术服务业,金融业,房地产业,租赁和商务服务业,科学研究和技术服务业,水利、环境和公共设施管理业,居民服务、修理和其他服务业,教育、卫生和社会工作,文化、体育和娱乐业,公共管理、社会保障和社会组织,国际组织,以及农、林、牧、渔业中的农、林、牧、渔服务业,采矿业中的开采辅助活动,制造业中的金属制品、机械和设备修理业等。这个划分方法是世界上通用的产业结构分类,但各国的划分不尽一致。

三次产业结构的划分,主要是根据人类社会生产的发展,不同的产业的出现及其地位和作用而确定的。其中,作为第一产业的农业是人类社会最早出现并长期居于统治地位的产业,故称之为第一次产业;从 17 世纪的工业革命到 20 世纪中叶,欧洲各国、美国、日本等国先后进行了两次产业革命,实现了机械化、电气化,从而实现了从落后的农业国向发达工业国的转变,工业成为了这些国家的支柱产业,故称之为第二次产业;第二次世界大战以后,特别是 20 世纪 90 年代以来,服务业的比重迅速增加,在一些发达国家已居于绝对主要地位(如发达国家服务业占 GDP 的比重通常在70% 左右,美国服务业在 GDP 当中的比重更是超过 80%)。我国作为世界第二大经济体,近年来服务业的发展也相当迅猛,服务业占 GDP 的比重也于 2019 年达到了 54%。

从产业分工角度看,随着生产力的迅速发展和国民收入的不断提高,服务业在世界各国 GDP 和人口就业中的比例越来越大,并最终占据主要地位;从服务业发展趋势看,伴随着信息技术和知识经济的发展,服务业不断由低级向高级阶段发展,成为现代服务业。其主要标志是用现代化的新技术、新业态和新服务方式改造传统和创新服务业,创造需求,引导消费,向社会提供高附加值、高层次、知识型的生产服务和生活服务;从产业性质看,产品具有无形态性、中间消耗性及经验性商品而非搜寻性商品的特征,这些是现代服务业的三个重要产业特性;从企业战略活动的方向看,随着社会专业化分工的不断深化和泛化，生产型服务逐步从企业价值链中分离出来，成为增值最大、也最具战略性的高级环节；从产业的市场结构看，由于其供给多是"量体裁衣"式的"定制化"生产，因而差异性极强、替代性较差，产业竞争呈现出垄断竞争的特征；从生产要素和产出性质看，由于其提供者是生产过程中的重要组成部分，且多以人力资本、技术资本和知识资本为主要投入，因而其产出中包含密集的知识要素，可以说是生产型服务将日益专业化的知识技术导入了商品生产过程。

现代服务业的发展本质上来自于社会进步、经济发展、社会分工的专业化等需求，具有智力要素密集度高、产出附加值高、资源消耗少、环境污染少等特点。现代服务业既包括新兴服务业，也包括对传统服务业的技术改造和升级，其本质是实现服务业的现代化。具体到现实世界中，和人们日常工作、生活密切相关的具体行业有很多，比较典型的行业发展状况如下。

1.2.1 制造业

制造业作为国民经济的基础产业，直接体现了一个国家的生产力水平。随着信息社会的迅猛发展，世界发达经济体和新兴经济体的后工业化时代已经或正在到来。这种倡导去"工业化"、可持续生产和消费的发展趋势导致制造业的市场结构和竞争态势发生了转变：即以产品为核心的产品主导逻辑（Product Dominant Logic，PDL）、产品供应链理论转向以产品服务（Product-Service）运作为中心的服务主导逻辑（Service Dominant Logic，SDL）和服务供应链，以成本、效率为目标向以产品服务价值（Product-Service Value，PSV）创造为目标的制造业服务化竞争模式转变。

中国工程院院士汪应洛教授认为，"制造业服务化"是指在经济全球化、用户需求个性化和现代科学技术与信息化快速发展条件下，出现的一种全新的商业模式和生产组织方式，是制造与服务相融合的新的产业形式。这种产业形式使企业实现了从单纯产品或服务供应商，向"综合性解决方案"供应商的转变[4]。

总体而言，制造业服务化可以分为两个部分：一部分是制造业投入服务化，包括新技术研发、市场调研和广告、物流、技术支持、零部件供应、信息咨询等方面；另一部分是制造业产出服务化，包括销售服务、维修保养、金融租赁和保险等方面。

服务化制造模式与传统制造模式的区别体现在三个方面：在价值实现上，传统制造通过有形产品实现价值增值，而服务化制造则强调通过向用户提供整体解决方案来实现价值增值；在工艺流程上，传统制造仅关注产品本身的制造，而服务化制造强调以人为中心，重视知识的积累和传递；在组织模式上，传统制造常常通过纵向或横向一体化来实现规模经济，而服务化制造则强调通过网络协作关系来实现知识的共享，实现资源的优化配置[5]。

可见，制造业服务化不是"去制造业"，从价值链角度看，是服务在制造业价值链中所占比重不断提高，产品附加值和品牌效益不断提高的变化过程。

1.2.2 信息与通信技术（ICT）产业

信息技术产业领域的服务化趋势也十分明显，一切皆服务（XaaS）可以说是这个行业的一个发展现状和趋势。在这里，XaaS 是一个统称，代表"X as a Service""Anything as a Service"或"Everything as a Service"。在这个行业，XaaS 目前最常见的例子是软件即服务（Software as a Service，SaaS）、基础设施即服务（Infrastructure as a Service，IaaS）和平台即服务（Platform as a Service，PaaS）。这三个结合起来使用，有时被称为 SPI 模式（SaaS、PaaS、IaaS）。XaaS 的其他例子还包括存储即服务（Storage as a Service，SaaS）、数据即服务（Data as a Service，DaaS）、通信即服务（Communications as a Service，CaaS）、网络即服务（Network as a Service，NaaS）和监测即服务（Monitoring as a Service，MaaS），等等。

从计算服务化趋势看，"面向服务"思想已成为计算机科学与技术的主流思想之一。服务化引领着计算机系统及其方法从宏观到微观层面存在的新形态，如 Web 服务、面向服务的体系结构（Service Oriented Architecture，SOA）、面向服务的计算（Service Oriented Computing，SOC）、互联网服务、云服务、万物皆服务（EaaS）、软件即服务（SaaS）、移动 App 服务、微服务等。另外，服务化还是连接服务计算与商务服务的桥梁，深刻改变着人们用计算技术解决商务问题的方法。服务化还深刻影响着通信技术领域，"服务化架构"已成为第五代移动通信系统（5G）的重要特征，移动核心网的网络特点和技术发展趋势是将网络功能划分为可重用的若干个"服务"。

近几年，随着互联网、云计算、物联网、人工智能、大数据、区块链、移动应用的迅猛发展，计算赋能的服务化趋势不断加剧，并促进了复杂服务生态体系的发展。互联网技术及应用飞速发展，这使得人们可以随时随处实现与网络的交互与对接，共享网络上互通互联的信息资源，充分享受由互联网提供的各种服务，方便地在互联网虚拟世界与现实世界进行自由转换。人们对互联网的关注点在不断变化，从网络、数据、信息到内容，再从物体感知、软件应用到各类业务服务。

1.2.3　其他产业

以互联网、大数据、物联网、云计算和人工智能为代表的新一代信息技术正在迅速与现有产业进行融合，不断对现有的产业进行升级改造或转型，使得其生产和消费、分配等模式都发生了巨大变革，重构了原有的服务系统，从而在各个行业诞生了崭新的行业发展模式。例如，"'互联网+X'已成为影响社会经济发展的重要新兴产业和新型业态。这里面，既有和我们日常生活息息相关的"'互联网+衣食住行'（亚马逊、淘宝/天猫、京东、唯品会、美团、云医生、58 同城、滴滴出行、携程旅游、高德地图等），也有新兴的"互联网+产业"（支付宝、自动驾驶、工业互联网、在线教育/医疗/政务/……）、"网络众包+产业"（创客、知乎、维基百科）等。

无所不在的网络会同无所不在的计算、无所不在的数据、无所不在的知识，一起推进无所不在的创新，以及数字向智能并进一步向智慧的演进，并推动了"互联网+"的演进与发展。人工智能技术的发展，包括深度学习神经网络，以及无人机、无人车、智能穿戴设备及人工智能群体系统集群及延伸终端，将进一步推动人们现有生活方式、社会经济、产业模式、合作形态的颠覆性发展。

可以看到，各种新一代信息技术为复杂服务生态体系的形成与发展奠定了强大的技术基础，也助推服务化趋势的发展逐步走向高潮，从而出现导致人类社会发展的新的、更高级的形态的具有特征的新的物质生产过程。这是人类社会发展历史上的一个新变化，而要适应和反映这个时代社会经济发展的基本规律和趋势，作为描述人类基本生产和财富创造规律的价值理论和方法，也必将与时俱进地发展，这也是本书撰写的一个初衷。

第 2 章　价值理论基础及其发展需求

2.1　价值理论基础

价值是人类生存与发展的动力源，价值关系是一切人类社会关系的核心内容，价值理论是整个社会科学的基础理论[1]。然而，"价值"在不同学科中具有不同的含义，下面对一些学科较权威的概念作简要的叙述。

目前，整个社会科学中存在争议最多的理论莫过于价值理论，没有任何一种理论像价值理论一样，存在着如此繁多的、莫衷一是的、"各自为政"的观点，不同学科的价值理论（目前的哲学、社会学、经济学、政治经济学、价值工程学等）在价值定义、价值判定标准、价值度量方法、度量单位、进展特性的判定标准和判定方法等方面都存在着巨大的差异。

价值总是被认为是一个哲学概念或者经济学概念，远离人们的生活，价值问题似乎是只有理论家才去探索和思考的问题。但事实上，价值与我们的日常生活密切相关。人的一切行为、思想、情感和意志都以一定的利益或价值为源动力，不同的价值思维和价值取向对人的思想和行为产生巨大的影响[1]。在人们的实际生活中，价值是一个非常普通的概念，人们的一切行为都需要考虑其实际意义，在进行任何一项工作时，人们都总是不断地权衡和决策。例如，伴随着我们日常的每一项工作乃至生活活动或计划，需要判断或衡量该项工作是否有价值、是否有意义、是否值得或划算……这些都是具有价值学意义的示例。

2.1.1　价值的哲学内涵

"价值"是一个复杂、抽象而又多维度的概念，它表述了在社会组织结构下，个体、组织和社会行为选择的目标的总体。从认识论上来说，价值属于关系范畴，它是指作为外界物的客体能够满足作为人的主体的需要的效益关系，是表示客体的属性和功能与主体需要间的一种效用、效益或效应关系的哲学范畴[6]。价值作为哲学范畴具有最高的普遍性和概括性。价值是人类生存与发展的源动力，价值关系是一切人类社会关系的核心内容。

哲学意义上的价值，既不同于经济生活中的"价值"和"使用价值"，也不同于日常生活用语中的"价值"，它有着特定的含义。那么，如何理解哲学意义上的"价值"呢？下面借鉴文献［6］对哲学意义上"价值"的特定内涵，进行简要分析。

（1）价值的构成

价值是由主体（需求标的物效用的受益者）的需要和客体（需求标的物自身）的属性这两个因素构成的。

一方面，构成价值的主体是人。因为人是所有价值的需要者、享用者和评价者，价值离不开人作为主体的需要和评价。世界上的一切事物，离开了人就无所谓有用无用、有益无益，也就无所谓价值。价值现象是属于人的，以人为本是人类存在意义的体现，所以价值主体是人而不是事物。如果客体是事物，主体也是事物，那么在事物与事物之间，即使客体的事物对主体的事物发生了一定的有用性，也不能称为价值。它们之间的这种关系只能称为客观的适应关系[7]。例如，"香港是中国的一个特别行政区"，"第四次工业革命的典型特征是整个社会进入人工智能、大数据、云计算和物联网等新一代科学技术融合创新的数字化时代"，两种关系中的香港与中国的关系以及第四工业革命与数字化时代的关系，都是事物之间的关联或适应关系，不可以判断它们是有价值的；另一方面，构成价值的客体标的物可能是物也可能是人。这里的物可以指物质现象，也可以指意识现象。前者如山川河流、城市农村、银行超市、国家制度、企业规章、法律法规等。人同其他物的不同点在于：人能够以自己的属性去满足他人和社会的需要（客体）；同时人还有自身的需要（主体），人是主体与客体的统一。每个人都既是其他人的客体，又是他们的主体，人们之间互为主、客体。

这样一来，作为客体的人的价值，就是他对主体的人的需要的关系，就是他们能否和在多大程度上满足别人，满足整个社会的物质文化需要。

（2）价值的本质

价值的本质是现实的人同满足其某种需要的客体的属性之间的一种关系。

具有某种属性的客观事物只有在满足了作为价值主体的人的某种需要时，其价值才会表现出来。在这里，主体的需要是价值产生的源泉，客体的属性是价值形成的基础。这里的需要表现为主体人追求价值、实现价值、消费物质精神价值的机能，正是人各种各样的需要才有不同的价值。客体自身的属性决定着它能否满足主体的需要，决定它对人是否有价值及有什么样的价值。例如，"扎克伯格提出的元宇宙概念很新颖"和"这件衣服很暖和"，根据表述，"元宇宙"概念的属性能够满足人们研究（前沿研究）需要的关系，"衣服"的属性能够满足人们穿衣（保暖）需要的关系，它们的属性决定了具有研究价值及保暖和衣着价值。从这个意义上说，客体自身的属性是价值的载体，也是形成价值的客观基础。如果没有主体对客体的属性的需要，或者客体不具有满足主体需要的属性和功能，或者客体即使具有满足主体需要的属性和功能，但并没有满足主体需要，这三种情况都不能形成价值关系。

（3）价值的变化

作为需要主体的人的认识不同，导致满足主体需要的同一个客体的价值是不一致的。实际上，由于不同的主体处于不同的社会阶层、不同的需求层次，并有着不同的物质、文化背景等差异的影响，人们对于价值的判断和选择具有较大的差异。

总体来讲，按照价值关系的内容来划分，价值大体上可分为三类，即物质价值、精神价值和人的价值。物质价值是客体能够满足主体物质生活需要的功能和属性；精神价值是客体能够满足人们精神生活需要的功能和属性；而人作为客体满足社会及他人需要的这种功能和属性，既不能归入物质价值，也不能简单地归入精神价值，我们称之为人的价值，即人生价值。但无论是物质价值还是精神价值，都离不开主体人的需要，都不能脱离人的生产和创造活动[6-9]。

2.1.2　价值的经济学（包含政治经济学、经济学）含义

价值的概念的发展历程主要分为以下三个阶段。

（1）客观价值论

这一历史阶段主要体现在供给决定学派（也称古典学派）的一些经济学大家的研究成果里面。从威廉·配第、亚当·斯密到大卫·李嘉图等的一元价值论到萨伊、李嘉图学派的多元价值论，乃至西尼尔、巴师夏、J. S. 穆勒等异化的多元价值论，之后的马克思的劳动价值论。在经济学领域里，古典学派认为价值是由生产过程创造和决定的，而生产就是商品的供给，因此将生产决定价值的主张称为供给决定理论。由于在生产过程中，商品是资本、土地和劳动三要素共同作用的结果，因此在探索价值创造的来源过程中，这三个要素便自然而然地成为这些经济学家研究的方向，并由此产生了两个价值创造源泉的供给决定学派——劳动价值论（或称为一元价值论）和要素价值论（或称生产成本价值论、多元价值论、生产要素价值论）。劳动价值论认为只有劳动才创造价值，资本和土地不参与价值的创造，这个学派的主要代表人物有威廉·配第、亚当·斯密、大卫·李嘉图和马克思；要素价值论认为资本、劳动和土地共同创造价值，代表人物为法国的著名经济学家萨伊。

对于客观价值论中价值的定义，这些经济学领域的大师们都有各自不同的理解。例如，威廉·配第认为价值即商品中包含的劳动的比较量来确定的"自然价格"。亚当·斯密则提出了商品的交换价值和价值的概念，他认为商品的交换价值能够支配或购买劳动量，而商品的真实价格（即价值）是由生产商品所耗费的劳动量来决定。大卫·李嘉图接受了亚当·斯密有关使用价值和交换价值的区分，但他认为商品的交换价值是由其稀少性以及获取时所耗费的劳动量决定。代表无产阶级的马克思在其论著《资本论》中把价值分为价值和交换价值，并把两者定义为商品中彼此对立又统一的两个要素的统一物。在其中，他区分了价值、交换价值和价格的关系，认为价值是交换价值的基础、交换价值是价值的表现形态、价格则是价值的货币表现。作为多元价值论的代表人物，萨伊认为价值的实质是效用，而效用是由资本、劳动和土地三要素共同创造完成的。他认为商品的价值来源于效用，即商品的使用价值。但这里的效用并非人们的主观评价，而是

商品所具有的一种内在的客观属性，所以也称为客观效用价值论。

（2）主观价值论

主观价值论也称需求决定学论、边际效用价值论。值得注意的是，这些价值理论使用了到目前还在广泛使用的基于微积分方法的边际分析法，并进而引起经济学演化发展领域的"边际革命"。所谓"边际革命"，最根本的内容就是把价值归结为主观评价的边际效用，即价值取决于商品的边际效用，从而颠覆了价值实体的客观性；它沿袭了各种要素都具有生产力的论断，进而论证其报酬率取决于要素的边际贡献率，即边际生产力（率），提出了边际生产力理论，从而彻底地否定了劳动价值论。因此，我们称之为主观价值论。主观价值论认为价值实体是人们的主观评判，而客观价值论认为价值实体是客观的物质。应该说主观价值论与客观价值论是完全不同的价值理论体系。

"边际革命"的意义在于经济研究中不大被重视的消费领域被提到了中心位置，其积极性是更注重生产目的——满足消费。试想，如果没有消费，经济活动就没有赖以存在的基础。"边际主义"建设性的贡献在于较充分地阐述了消费者均衡（交换的均衡）和生产者均衡（劳动和资本投入的均衡），这大大地开阔了经济研究的思路，促进了经济学向更多的领域（如消费经济学、福利经济学、数理经济学等）和更深的领域（各种数学工具的运用，如运筹学、拓扑论、博弈论等）发展，为微观经济学体系的建立奠定了基础，为微观经济学的发展开阔了视野，准备了素材。可以说，"边际主义"是现代西方经济学的发端。

德国的戈森、法国的瓦尔拉斯、奥地利的卡尔门格尔、英国的杰文斯等是"边际革命"的奠基人，他们认为商品的价值不是来自于生产过程，而是来自于人们对享受（满足）的主观感受。商品的边际效用决定其价值，边际效用曲线就是其价值曲线。他们的理论在其后继者的手中得到了进一步的发展，构成完整的边际主义体系，其核心是边际效用价值论和边际生产力论，主要代表人物有庞巴维克、维塞尔、帕累托、克拉克等。

在边际革命发生以后，主观效用价值论便开始替代客观效用价值论上升为主流的价值理论。从研究对象的角度看，主观价值论者侧重的是消费领域的研究，注重的是消费和分配（包括交换）；而客观价值论者更重视生产领域的研究，注重的是生产和分配。研究对象的不同导致了价值理论的不同。

（3）均衡价值论

1890 年，英国经济学家、剑桥学派创始人马歇尔发表了他的《经济学原理》。在这本著作中，马歇尔建立了局部均衡价值论体系，把价值归结为由需求（边际效用、边际生产力）和供给（生产成本）两种因素决定，从而把古典经济学的劳动（生产成本）价值论与边际效用价值论综合起来，提出了一种新的价值理论。这被称为经济学史上的第二次综合[10]。

马歇尔在他的局部均衡价值论中指出，在单位时间（一定的时间）内，如果产量使需求价格高于供给价格，卖主就会增加产量和出售量；相反，如果产量使需求价格低于供给价格，卖主就会减少产量和出售量；当产量使需求价格等于供给价格时，产量便不再变动，处于均衡状态。"当供求均衡时，可以将单位时间内生产的商品量称为均衡产量、其售价可以称为均衡价格。"这种均衡是稳定的，如果价格与它稍有偏离，就会有恢复的趋势。"当供求处于均衡状态时，如果有任何意外事故使生产规模离开均衡位置，则将有某些力量会立即发生作用，并有使生产规模恢复均衡位置的趋势。"在短时期内，效用对价值起着主要的影响作用；而在长时期内，生产成本对价值起着主要的影响作用，但不能认为"边际使用"决定商品价值。"各种边际使用只表明价值。边际用途和价值都是由供求的一般关系来决定的。"马歇尔的这段话，尽管是在讨论边际成本与价值的关系时提出的，但"边际使用"一词，既可以指消费品的使用，也可以指生产要素的使用。所以按马歇尔的观点，既不能说消费品的边际使用产生的边际效用决定价值，也不能说生产要素的边际使用产生的边际成本决定价值。边际效用和边际成本只不过是因为时间长短的不同而表现价值程度的不同而已。价值总是由商品的供求关系来决定的。据此，马歇尔区分了正常需求和正常供给、短期均衡和长期均衡中所决定的均衡价格（正常价格即价值），并提出了长久运行中的正常价格范畴。

马歇尔的重大贡献是构造了一个局部均衡分析框架和方法，即先分析一个因变量与少数自变量之间的关系，而假定其他影响因素不变，得出一个结果，然后再逐步放宽假定，最终求得满意的答案。这种分析方法，尽管只能得出近似的结果，但可以为经济活动指示一个正确的方向，对理论经济学来说已足够了。这种分析方法具有很大的优点：便于掌握，使用方便。如果假定与实际的吻合度越高，这个近似就越接近其实值。马歇尔的这种局部均衡分析框架和方法为我们后续研究价值度量方法提供了坚实的理论基础。

纵观前述的所有经济学领域的价值理论，我们可以从两个层面来加以概括：第一个层面是价值决定的领域；第二个层面是价值的实体究竟是什么。从第一个层面来看，如果从生产领域来探讨价值决定，则把价值归结为劳动时间或生产成本，一般更重视商品的供给因素，从古典学派到马克思，以及萨伊、西尼尔和小穆勒等，都不同程度地偏重于这些问题的探讨；如果从消费（包括分配）领域来探讨价值决定，则把价值归结为效用（边际效用），一般更重视商品的需求因素，边际主义者都是这种思维；如果从交换领域来探讨价值决定，则把价值归结为购买力（相对价值），一般更重视商品的供求关系。从第二个层面来看，如果把价值实体看作是物质的，便有效用（客观的）价值论、劳动价值论和成本价值论作为其理论基础。在边际效用价值论产生以前，这是价值理论的主流，我们把它们称为客观价值论。客观价值论总体上更重视供给（生产）对价值决定的作用，但一般都能顾及需求（效用）的影响。如果把价值实体看作是心理（精神）的，便产生了边际效用价值论，价值是一种估价（估计），完全是当时、当地当事人对其能够给自己带来的满足（快乐、享受）的程度的一种心理评价，即使是生产要素的价值，也是由其边际生产力所具有的效用来加以确定的。边际效用价值论体系在 19 世纪 70 年代一经确立，便在西方世界迅速传播，遂成主流，直到马歇尔才结束了这种状态。马歇尔的整个体系，基本上就是一个价值理论体系。他认为，在现实世界中，商品（包括生产要素）价值既不能单独由需求来决定，也不能单独由供给来决定，而是由供求关系来决定。商品供求均衡时，均衡产量和均衡价格同时被决定。供求的变动，会导致均衡价格的变动。但在想象的没有劳资关系的静态社会中，商品的价值完全由耗费的（简单的同质的）劳动时间来决定，劳动要素的价值完全由对商品的需求（引致要素需求）来决定。这样一来，他把劳动价值论、生产成本论、边际效用价值论、供求论通通综合在一个决定价值的理论框架中。

这些经济学家价值理论，构成了当代经济学大厦的基础，他们有关价值及其相关理论的论述，仍在指导着当今价值理论的发展。

2.1.3　价值的管理学含义

价值在管理学领域的概念，主要应用于市场营销学、管理科学与工程、服务管理和服务工程等领域。

市场营销学作为管理学的一个主要分支，其有关价值的概念被分为两个研究流派：用户感知价值（Customer Perceived Value，CPV）及关系价值。比较权威的定义包括：Woodruff 指出价值就是用户价值，即用户在特定情境下对有助于/有碍于实现自己目标的产品属性、这些属性效用以及使用的结果所感知的偏好与评价（用户层次价值模型）[11]；Kotler 提出价值就是"产品的感知收益减去产品价格以及拥有产品的成本（用户让渡价值模型）"[12]；而 Neap 和 Celik 则提出产品价值反映了购买者得到该产品的意愿，可表示为产品的价格加上购买者主观的边际价值[13]；Walter 等指出价值是在用户关系中的感知利得/利失的权衡[14]。此外，还有 Sheth-Newman-Gross 消费价值模型[15]，Jeanke-Ron-Onn 用户价值模型[16]，Weingand 的顾客基本价值、期望价值、需求价值和未预期价值四层次模型[17]，Sweeney 和 Soutar 的情感/社会/质量/价格四维度感知价值模型等成果[18]。

上述这些价值概念的共同点是从交换的角度来看待价值，认同价值的核心是感知利得与感知利失之间的权衡，是对市场终端产品、服务或最终的价值进行交换的一种诠释。

价值概念在管理学领域的研究始于财务管理意义的企业价值，但大部分研究是基于产品/服务及其生产要素价格的概念延伸而来。在企业和供应链管理（Supply Chain Management，SCM）领域，价值常常被看作是绩效，因为绩效有着广泛的含义，所以这也意味着价值在不同的研究里可以有不同的特殊的定义。

2.1.4　价值的价值工程学含义

美国通用电气公司工程师劳伦斯·戴罗斯·麦尔斯（Lawrence D. Miles）是价值工程的创始人，其于 1947 年发表的专著《价值分析的方法》使价值工程很快在世界范围内产生巨大影响，这标志着价值工程这门学科的诞生。该书的核心理念便是"用户购买的不是产品本身而是产品的功能"。所谓价值工程，指的是通过集体智慧和有组织的活动对产品或服务进行功能分析，使目标以最低的总成本，可靠地实现产品或服务的必要功能，从而提高产品或服务的价值。价值工程主要思想是通过对选定研究对象的功能及费用分析，提高对象的价值。1955 年，这一方法传入日本后与全面质量管理相结合，并得到进一步发扬光大，成为一套更加成熟的价值分析方法。

价值工程（Value Engineering，VE），也称价值分析（Value Analysis，VA），是指以产品或作业的功能分析为核心，以提高产品或作业的价值为目的，力求以最低寿命周期成本实现产品或作业使用所要求的必要功能的一项有组织的创造性活动。有些人也称其为"功能成本分析"。价值工程涉及价值、功能和寿命周期成本三个基本要素。

在价值工程中，"价值"有着特定的含义，与哲学、政治经济学、经济学等学科关于价值的概念有所不同。价值工程中的"价值"是一种"评价事物有益程度的尺度"。价值高说明该事物的有益程度高、效益大、好处多；价值低则说明有益程度低、效益差、好处少。例如，人们在购买商品时，总是希望"物美而价廉"，即花费最少的代价换取最多、最好的商品。价值工程把"价值"定义为对象具有的必要功能与取得该功能的总成本的比例，即效用或功能与费用之比，即

$$V = F/C \tag{2-1}$$

式中，V 为价值；F 为功能；C 为成本。

功能 F：指产品或劳务的性能或用途，即所承担的职能，其实质是产品的使用价值。

成本 C：产品或劳务在全寿命周期内所花费的全部费用，是生产费用与使用费用之和。

此外，在上述定义中，功能和成本也有着特定的含义。

价值工程所谓的成本是指人力、物力和财力资源的耗费。其中，人力资源实际上就是劳动价值的表现形式，物力和财力资源就是使用价值的表现形式，因此价值工程所谓的"成本"实际上就是价值资源（劳动价值或使用价值）的投入量。

功能对于不同的对象则有着不同的含义：对于物品来说，功能就是它的用途或效用；对于作业或方法来说，功能就是它所起的作用或要达到的目的；对于人来说，功能就是他应该完成的任务；对于企业来说，功能就

是它应为社会提供的产品和效用。总之,功能是对象满足某种需求的一种属性。认真分析一下价值工程所阐述的"功能"内涵,实际上等同于使用价值的内涵,也就是说,功能是使用价值的具体表现形式。任何功能无论是针对机器还是针对工程,最终都是针对人类主体的一定需求目的,最终都是为了人类主体的生存与发展服务,因而最终将体现为相应的使用价值。因此,价值工程所谓的"功能"实际上就是使用价值的产出量。

随着该学科的不断发展,价值功能的概念还在不断发展。例如,有的学者认为价值被定义为评价事物的风险-收益程度的尺度以及功能成本比。这里,功能一般代表有形的产品或者无形的服务的效用[19],等等。但综合目前的文献来看,价值的内涵为其功能或者效用的说法普遍得到认可。

2.1.5 服务科学、管理与工程领域的价值和价值模型

从经济学意义上来说,价值可视为能够公正且适当反映商品、服务或金钱等值的总额。在经济学中,价值是商品的一个重要性质,它代表该商品在交换中能够交换得到其他商品的多少,价值通常通过货币来衡量,即为价格。服务科学作为研究服务系统的科学,其重点是如何集成不同类型的资源为整个服务系统创造价值。瓦歌(Vargo)等以此为基础,以可测量的服务系统状态提升的程度对价值做了定义,并将其划分为使用价值和环境价值[20]。一般来说,服务系统的服务提供方通常比较关注经济意义上的有形价值,即从服务中得到多少金钱上的收益,以及这种收益达到"预期"的程度。对服务需求方来说,更多地偏重于无形的价值,即其某些方面状态的改善,以及这种"改善"达到"预期"的程度[21]。

在现代服务业环境下,"价值"仍然是一个复杂、抽象而又多维度的概念,它表述了在社会组织结构下,服务系统的个体、组织和社会行为选择的目标的总体。但随着社会的发展和进步,特别是在当今服务互联网时代下,人类的生产生活和消费模式发生了变革,传统价值理论及其概念在新环境下的"水土不服"问题驱动着新的顺应社会历史发展的服务价值理论体系产生。

由于目前服务系统中广泛采用先进的 IT 技术,出现了网络环境下的软件化服务,或称"软件就是服务"。其表现为各类可在互联网上发布与获取的 Web Services、SCA、Portal、BPEL 流程等。针对此类服务的价值,研究

者也进行了相关探讨。较为常见的一种认识是将服务系统的服务质量（Quality of Service，QoS）作为价值的匹配指标。由于服务质量是由服务的各种属性构成的多维度概念，所以对它的定义和评价也从多个方面开展。在美国市场营销学家帕拉休拉曼（Parasuraman）等所建立的 SERVQUAL 服务质量评价模型中则包括可靠性、响应性、能力、可接近性、礼节性、沟通性、信誉度、安全性、理解用户、有形性等十个维度[22]。在其后的研究中，帕拉休拉曼进一步将这十个维度归纳为可靠性、响应性、有形性、保障性和同情性五个维度；针对 SERVQUAL 模型各个指标的评价难度，克罗宁（Cronin）和泰勒（Taylor）建立了替代上述模型转向用户主体、侧重主观感受整体评价的 SERVPERF 模型[23]。此外，还有一些学者将传统服务的价值概念引入到 SaaS 服务中来，通过目标建模和价值建模方法理解 web 服务过程如何创造价值[24]。更细化地，有学者采用消息次序图作为工具来确定 SaaS 服务的行为及其属性，以发现多服务之间交互时价值的相互依赖关系[25]。

　　有的研究者把服务价值理解为用户价值或用户收益。目前，有关用户价值的典型描述方法包括价值工程法、差额法（如 Kotler 的用户让渡模型法[26]），以及基于用户价值指标评价体系的定义（如 SERVQUAL 模型和用户价值矢量表示法等）。

　　总之，在现代服务系统中，由于价值需要通过多方之间的交互而被创造出来，价值之间形成了"价值链/网""服务利润链（Service Profit Chain，SPC）"、互联网环境下的虚拟价值链等。它们的背景和目的虽然不尽相同，但其基本目标都是通过链状或网状模型来对各组织之间协同创造价值的过程进行计划、组织、协调和控制，帮助企业优化业务流程，实现最佳绩效。许多文献给出了多种方法，以理解多方参与者之间协同创造价值的过程，如价值链分析方法、价值网分析方法等。这些方法采用各种图形或数学工具，分析价值存在于网络中的何处、价值如何被创建出来并提供给用户，描述企业间的业务价值关系，刻画组织之间交换的有形的和无形的价值，协助企业理解他们做出的每个决策和行为对各类价值带来的影响。但总体来讲，如何精确、准确地在现代信息社会、互联网环境下从企业/组织的业务活动、业务流程的角度研究价值及其价值模型，从而对企业/组织的运作管理过程进行优化的研究成果还比较少见。

2.2　价值/服务价值度量方法

有效的价值创造是一个服务系统的生存所面临的基本问题，特别是当其发生巨大的变化而导致转型时，价值的创造、交付和分析尤其重要[23]。因此，对于服务系统或者服务企业/组织来讲，准确的价值/性能度量方法由于能够帮助其计算产出并进而评价其服务化效果而显得尤其重要，正如辛克（Sink）和塔特尔（Tuttle）所述，"You can't manage what you cannot measure"[27]。

由于价值没有一致的定义，因此其度量方法也不统一。对有形价值来说，从经济意义上比较容易度量，通常采用价值＝收益/价格加以表示。对无形价值来说，因为价值实现的程度与用户感知的服务质量密切相关（从感知模型的角度：价值＝服务质量），但从产品或服务提供利益一个维度无法得出确定的认识，所以定量的度量方式就显得比较困难。

有的研究者把服务价值理解为用户价值的理解，相关价值的典型度量方法在其相关概念或定义中有明确的描述，如上述的价值工程法、以用户让渡模型为代表的差额法，以及基于价值指标评价体系的用户价值度量方法，包括 SERVQUAL 模型、用户感知价值模型 CPV 法和用户价值矢量表示法等典型方法。

有的研究者把服务价值理解为收益，并用一个二层价值指标体系来对其进行定义。在该指标体系的第一层，它由 5 个价值因素决定；在其第二层，每个价值因素受到若干个相关度量指标的影响。在度量价值过程中，首先根据价值因素的相对重要程度设置权值；接着针对每个价值因素，识别和确定影响它们的具体度量指标，并且为这些度量指标设置权值，然后收集这些度量指标的实际取值[28]。

有的研究者把服务价值理解为经济收益，认为服务价值等于经济收入减去成本。根据商业模式中价值对象的交换条件以及数量关系进行计算，进而得到商业模式中每个参与者的收益情况[29]。还有的研究者认为价值包括有形的经济价值和无形的知识与收益（即无形价值），并通过将其转换为有形价值从而实现对价值的度量[30]。

有的研究者虽然也是把服务价值理解为经济收益，但他们认为价值不仅指当前收益（直接收入减去直接成本），而是等于当前收益加上未来期望收益[31]，其中未来期望收益是通过无形价值（参与者之间的供需关系等级）转换过来的。对直接收入和直接成本的计算是根据一段时间内交付物（货物、服务和各种信息）的传递情况；而对未来期望收益的计算是根据当前收益和用户满意度两个因素，利用时间序列预测法进行预测得到的。

在供应链管理（Supply Chain Management，SCM）领域，价值被视为绩效进行测量，这也是 SCM 研究的主要内容之一[32]。它提供了识别业务战略成功与否、帮助纠正管理偏差、调整业务目标、进行业务流程重组的量化方法。目前有关供应链性能测量分析方法主要集中在性能管理系统（Performance Management System，PMS）领域，包括两个研究方向：一个是从定量化的财务和会计的纯经济核算角度；另一个是从各种定性/定量性能指标综合的角度[33]。

对于绩效管理系统的研究，Phillips 等认为如何进行性能测量不是一件容易的工作。其困难有两点：一是难以进行性能、竞争力、有效性及其他相关概念的准确定义；二是难以找到这些测量对象的指标[34]。尽管存在这些困难，现有文献还是从不同的视角给出了一些综合的、集成的业务性能测量模型，如常见的平衡计分卡、性能棱镜系统（Performance Prism System）、动态多位性能法（Dynamic Multidimensional Performance）、性能测量转换法（Transforming Performance Measurement）和 SCOR（Supply Chain Operations Reference）模型等。

考虑到绩效管理系统定义的多样性、难度和复杂性弗兰克-塞特斯，（Franco-Santos）等认为此领域的任何研究成果都只具有有限的适用性和可比性，大部分研究缺乏牢固的基础[35]。尼利（Neely）认为仅靠提供一个单一的框架来解决此领域的所有问题肯定是不可能的[32]。针对这一问题，研究者应该将注意力转向专门解决特定领域的专门方法[33]。因此，对于新兴起的产品服务链/网系统而言，由于相互融合的有形产品和无形服务生产和交付过程的复杂性和特殊性，更需要研究针对它的专门的价值度量方法。

随着社会的进步以及用户需求质量水平的提高，人们对价值/服务价值的需求也在不断提高，价值/服务价值的理念也在不断地发展，并朝着更广义方向发展，即价值和服务价值不仅仅是传统符合用户期望、衡量企业/组织服务水平能否满足用户期望程度的工具，而且是注重服务感知价值的提高和升华。

2.3　后工业化时代信息社会的价值理论发展需求

在进行这个话题之前，先举一个在不同历史时期比萨生产消费过程的例子。

（A）自己种麦子、种蔬菜、养牛养猪→自己加工原材料→自己制作比萨→自己烘焙比萨→自己家庭消费

（B）市场购买面粉、蔬菜和牛猪肉→自己制作比萨→自己烘焙比萨→自己家庭消费

（C）市场购买半成品比萨→自己烘焙比萨→自己家庭消费比萨

（D）比萨店购买烘焙好的比萨→在家庭或比萨店消费

（E）普通饭店/高档饭店购买烘焙好的比萨→普通饭店/高档饭店消费

（F）购买个性化创意定制的比萨→普通/高档饭店消费

（G）上述全部原材料/半成品/成品的线上购买/定制→第三方物流的配送→家庭/饭店消费→售后的用户线上反馈与评论→比萨生产销售的优化→更好的消费体验等

（H）互联网公共服务平台上网络化大规模个性化定制针对不同口味和偏好用户的比萨以及其他食品、物品等→第三方物流的配送→不同形式的消费→售后的用户线上反馈与评论→业务过程及销售大数据挖掘和商务智能→更好的食品、物品生产销售与物流服务优化→更好的消费体验等

可以看出，在上述8种不同形式的比萨生产消费过程中，其价值的创造和增值过程有着不同类型生产要素的支撑：最初是土地、劳动、资本，后来增加运营管理、科学技术、社会公共资源等。这些资源有些属于价值创造主体的独占资源，有些属于社会的共享资源。

这些比萨生产消费过程反映了人类社会财富和价值创造所经历的如下社会历程。

①在传统的农业社会，人类为了自己生理和生存的需要，以地球提供的自然资源为基础，创造社会财富（其财富总量受到土地、劳动总量的限制）。

②随着工业社会的到来，大规模的生产模式带来了生产效率和生产质量的极大提升，社会物资财富和价值的创造达到了历史高峰（这种主要依

靠自然界的物理、化学规律，加工地球资源创造财富和价值的总量日益受到资源供给和人类有限需求的制约）。

③随着以信息技术、知识资源等为先进生产力代表的信息时代的到来，人类社会的经济结构开始从商品生产经济转向服务型经济（无形的服务作为价值增值所占的比重越来越大）。

17 世纪以来诞生的一系列价值理论，科学地解释了工业经济时代各个阶段的产品/服务的生产价值。但是，伴随着上述历史过程，传统的劳动价值论（Labor Value Theory）、生产要素价值论（Factor Value Theory）、边际效用（Marginal Utility）价值论、均衡价值论（Theory of Equilibrium Price）等经典价值理论，在信息社会服务化环境下面临着越来越大的挑战。这是因为，当今社会财富和价值创造的要素不但包括土地、资本、劳动等传统基础要素，还包括管理、科技、知识和创意，以及在信息社会越来越占重要地位的社会环境与公共资源（信息通信技术、社会舆论、公共传播、社会公共服务等）等。这些新的价值创造元素和价值创造场景模式的出现，使我们对目前人类社会发展阶段的生产服务模式有了新的认知，而这些认知是我们研究价值规律进一步发展的理论和现实基础。

第一个认知是在信息社会的整个产业结构里面，原来以生产实体物理产品而创造财富和价值的第一产业、第二产业发生了革命性的变化，正在变为以生产性服务业为特征的现代服务业。尤其是以制造业为主体的第二产业变化最为明显，传统制造业正在加速向服务型制造转型升级。

一些新品种或反季节蔬菜、水果、大米，在以前根本不可能存在，现在它们口感好、营养宜人，而且外观漂亮。当然，它们的价格也比传统品种或应季品种贵出不少。这些变化的背后便是科学家们通过现代生物基因工程、信息技术及良种大棚技术对传统品种改良、改造的结果。

例如苹果手机，其硬件成本为 30% 左右，软件成本基本都超过 70%。该手机看似是制造业，但其实属于服务型制造业；2020 年，特斯拉的汽车产量只有 50 万辆，全球第一大也是最赚钱的汽车生产企业日本丰田汽车公司的汽车产量接近 1000 万辆，但是特斯拉的公司市值已经达到了日本丰田汽车公司的两倍，达到了惊人的 3900 多亿美元；同样地，以生产电池闻名的中国企业比亚迪，自 2020 年 1 月至 2021 年 8 月初，在深圳证券交易所的市值暴涨了 400% 以上，超过了一汽、上汽、宝马、奔驰等著名国内外造车企业，全股票市值一度成为第五高车企，达到了令人咋舌的 1300 多亿美元。为什么？就是因为人们对特斯拉、比亚迪这些"现代新能源+互联网汽车生产"企业给予了更高的估值，看好它的未来。

长时间以来，在美国的"锈迹"产业带，底特律的经济一片萧条。全美国人都开着底特律汽车厂生产的汽车，附属于汽车产业的美国汽车广告公司一直在赚钱、汽车金融产业赚钱、汽车 4S 店赚钱，所有为汽车服务的产业都在赚钱，就是制造汽车不赚钱。同样是造汽车，我们又看到德国的奔驰却收入良好，因为奔驰的总设计师说过一句话，"我们卖的不是汽车，我们卖的是一件艺术品，只是碰巧它会跑。"按照这样的概念造汽车就能赚钱，但若只关注它的物理产品的实体功能，就不赚钱[2]。

未来制造业的产品，以服务产品提供为特征的趋势越来越明显，比例越来越高，而有形的产品所占的价值的比例会越来越低，这是符合马斯洛需求理论的消费升级的。消费升级就是消费结构的变化，就是满足精神需要、美好生活需要的价值越来越高，而满足基本物质需要的东西价值越来越低。所以如果想要满足美好生活需要，就买那些服务价值含量更高的产品和服务。

国内外的制造业都已经意识到这种服务化趋势的转变，企业的决策和管理领域也在努力适应这种以服务为导向的转变，管理模式和组织重构的趋势也正在向以产品运作为核心的产品主导逻辑和产品供应链理论转向以产品服务运作为中心的服务主导逻辑和服务供应链改变。但是，服务理念的转变在整个社会层面或企业层面却并未有效地形成于整个制造业员工的普遍意识中，以服务为中心的理念转变是一个巨大的挑战，形成成熟的服务管理模式和理论基础还需要较长的历史过程。

第二个认知是无形的服务产业将逐渐成为后工业化社会价值创造和产业的主体。

按照三个产业的定义，目前常见的知识产业、文化娱乐产业、信息产业、金融产业都属于服务产业的范畴。如果给服务产业一个量化的定义，则以物质形态表现的价值占总价值30%以下、非物质的价值占70%以上的产业称为服务产业。

100 年前，富豪榜上的财富巨头，都是"钢铁大王"卡耐基、"铁路大王"范德比尔特、"汽车大王"福特这类人；50 年前，最富有的人是从事石化、化工等产业的人；30 年前，最富有的人都是房地产大亨；而现在无论在美国、欧洲，还是韩国，任何一个国家排名靠前的富豪，都来自于服务产业。中国也是一样，最富有的人所拥有的产业和财富总量很大，但其中的物质形态几乎可以忽略不计。

在 21 世纪的美国，服务产业的占比已经达到这个国家经济的 80% 以上，其他产业不足 20%，而传统的农业产业财富占比仅为 1% 左右。而中国的服务产业占比超过 55%，比美国落后差不多 25 个百分点，所以中国还是一个刚刚完成工业化、以制造业为主体的产业结构。

很明显，目前社会价值创造的关键资源要素已经从静态的非支配资源向动态的支配性资源转变。这里，非支配资源指的是一些实物资源，它们一般只能通过某些特定的人才能发挥其功效，如土地、设备、厂房等。在以产品为主导的传统产业中，这些资源是核心的价值创造主体。支配性资源则是指人们所掌握的动态能力，如知识、信息、经验、创造性等。在以服务为主导的逻辑中，这些资源是首要的资源，现代发达企业所需要的核心竞争力的获取和提升是通过不断加强支配性资源来进行的。

从市场和用户角度来说，用户价值开始从实体要素向非实体要素转变。服务还是产品的区别在于从用户认知的角度是感知还是可触摸。产品主导逻辑聚焦于可触摸性（即产品的功能，如产品质量、可靠性、安全性等），而服务主导逻辑则更强调一些不可触摸但能够被感知的特性（即产品无形的品质，如便利性、环保性、精神层面愉悦因素等）。

第三个认知就是在现代信息技术的推动和服务化大趋势下，服务的概念范畴在扩展、服务生产和价值创造的生态系统在向服务互联网方向发展。

当今世界，随着第一、第二、第三产业的融合发展以及消费/产业结构的转型升级，传统的服务产品的生产和应用领域日益向多元化、多样化、融合化与跨界化方向发展。

例如，腾讯公司提供的微信 App 已经从以往的社交聊天发展成为社会综合服务系统。该服务系统不仅提供聊天和语音服务，还提供金融、教育、购物、社交媒介、交通、咨询、营销等日常的个人/公司业务服务。而在此领域，阿里巴巴旗下的支付宝提供的业务服务范围更为广泛。在人们看来是传统制造行业的航空发动机领域，英国的罗尔斯罗伊斯公司（Rolls-Royce，简称罗罗）则是第二产业和第三产业深度融合的先锋。早在 20 世纪末，该公司便推出了具有颠覆性理念——发动机产品销售转向"飞行小时"租赁服务的"TotalCare"提供，并将其陆续上升到新的层次。2016 年，罗罗宣布与微软公司合作，将微软开发的 Cortana Intelligence Suite 和 Azure IoTSuite 技术整合到 TotalCare 解决方案中，以能够对全球不同地理位置运营的发动机的健康状态、空中交通管理、航线限制、燃油消耗等数据进行分析，从而不断提高发动机的运行效率，为航空公司创造价值。

类似的案例还有很多，如家具行业的尚品宅配 3D 全屋定制、服装行业的红领西服定制、长安汽车 C2M（Customer to Manufacturer）在线定制，国际国内工程准备行业巨头卡特彼勒的"卡特 360 全程安心服务"、宝钢的"智能钢包"、陕鼓的"服务型制造"、海尔的"HOPE"互联网众包平台等。

从以上案例可以看出，传统意义上的服务的概念范畴与内涵随着时代的变迁在发生巨大的变化。实际上，在云计算/边缘计算、物联网、区块链、SaaS、Web2.0、SoLoMo（Social，Local and Mobile）和开源软件运动的推动下，目前的互联网/移动互联网已经不再是一个传统的网络和通信技术平台，它已经逐步演变为一个提供成千上万种跨域、跨界、跨网络业务服务的万能的平台。除此之外，我们现实世界的各种物理资源及人工服务也可以通过虚拟化的方法接入互联网并与线上的软件服务进行协同和集成，从而形成跨越物理世界和虚拟世界的服务网络，即基于"万物皆服务 EaaS"的服务互联网。具体来说，服务互联网就是以服务的形式支持网络环境下的各种生产性服务、生活性服务以及社会公共服务，并实现软件化服务系统和社会化服务系统内部或它们之间的协同和互联。

第四个认知就是在服务互联网环境下，传统的价值创造逻辑已从线性集成型价值链转向以模块化分工、网络化组织为特征的服务模块化价值网络。

随着时间的推移，迈克尔·波特所创立的传统价值链理论及其所蕴含的价值创造逻辑也随着社会实践的发展不断完善。在此之后陆续出现的新价值链、虚拟价值链、价值星系及价值网理论都与时俱进地对企业/组织的价值创造逻辑进行了新的发展。从以产品为中心到以服务为中心、从以企业为中心到以用户为重心、从以生产推动发展到需求推动的线性集成型价值创造流程，到以柔性契约网络（价值星系）、价值矩阵（虚拟价值链）为特征的非线性价值创造价值流程，最终发展到今天以模块化分工、网络化组织为特征的服务互联价值网络。

目前，以互联网为代表的先进信息技术的发展和越来越细的社会分工推动虚拟企业、产业集群等服务模块化趋势愈加明显，跨域、跨企业、跨组织的联结更加便利，导致产业界限、模块界限逐渐模糊，传统单一线性或科层组织的集成型价值创造模式早已被服务模块化组织形式所替代。最后，互联网本身作为一个网络、组织各价值生产要素的共享平台，能够促进各服务主体和参与者的模块化与集成，从而形成服务模块化价值网络[36]。

如前所述，互联网等信息技术的发展，突破了价值链服务模块化的局限性，即跨界、跨域、跨网络的价值链，企业族之间的沟通和联结，打破了原有服务系统的界面规则的局限，服务集成商不得不对原有的交互界面进行重新设计，而不再局限于科层集成型价值链的整合范畴，将不同优势的价值链/模块进行跨界整合，形成新的价值网络。例如，京东、拼多多等新型电商平台的跨界业务创新，打破和扩展了经销商、代理商、服务商和零售商等组成的传统的营销产业链，演变为一个包括生产商、经销商、代理商、物流服务商、保险公司、零售商以及用户等的新型价值网。它不仅有效降低了服务产品的交易成本，还拓展了市场范围，提升了用户满意度和消费体验；更加典型的例子便是已经进入我们千家万户的"微信+We-Chat"，它已经从早期通过网络支持跨通信运营商和跨操作系统平台发送语音、短信、视频、图片和文字等功能的服务平台，逐步演变为一个基于腾讯云的、覆盖医疗、酒店、零售、百货、餐饮、票务、快递、高校、电商、民生等数十个行业、超过 10 万移动应用服务和 1000 万个微信公众账号的微信生态平台，成为一个拥有超过 12 亿用户、覆盖 200 多个国家、超过 20 种语言的巨大的服务互联网世界（2020 年 3 月数据）。

第3章 价值链理论及其发展趋势

价值链的概念最早来源于彼得·德鲁克提出的"经济链",后经由迈克尔·波特发展成为"价值链",最终演变为内容含义更为广泛的"供应链"。其含义是指在生产及流通过程中,涉及将产品或服务提供给最终用户活动的上游与下游企业所形成的网链结构,因此有关价值链的理论就是以供应链为研究对象发展起来的。

本章主要介绍传统的线性价值链理论、新价值链理论以及非线性的价值星系理论、虚拟价值链理论直至价值网理论。最后通过对上述价值创造理论的对比分析,给出后工业化时代信息社会的价值理论的发展趋势以及价值链/网理论发展面临的挑战。

3.1 价值链理论

1985 年,迈克尔·波特(Michael Porter)在其著作《竞争优势》中首次提出了价值链这一概念[37]。在当时以传统的工业经济为特征的工业化时代,波特的价值链理论主要是从企业的战略角度来对待企业产品价值的生产制造过程。他认为企业的价值创造过程涉及产品的研发、原材料的采购、进厂物流、加工生产、出厂物流、销售和售后服务等一系列以产品的推式生产为特征的线性的供应链生产制造流程。波特将这些供应链节点上的创造价值的活动称为价值活动,认为企业的价值创造过程主要受这些活动影响。他将它们划分成两类:一类是物流(进料后勤物流和发货后勤物流)、生产、销售和售后服务等直接与生产环节相关的活动;另一类是采购、人力资源管理、技术研发和企业基础设施等不直接与生产环节相关的活动。这些活动的前者被定义为基础性活动,即基本活动,后者被定义为支持性活动,如图 3-1 所示。

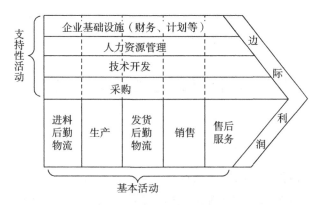

图 3-1　波特的价值链基本模型

在波特的经典价值链理论中，价值被定义为用户愿意为其获得的产品和服务而向企业支付的价格，即金钱。因此，在经典的价值链理论中，度量企业竞争优势的标准是其获得的总利润，即总利润＝总收入-总成本，也就是经济上的收益。从这个角度分析，某一企业想要获得竞争优势，要么研发差异化产品，提高产品的售价或销量，以此提高总收入，要么提升管理能力，在保证产品质量的前提下，压缩生产成本，以此降低总成本。但无论从哪一个角度进行深入分析，最后都需要回到对与企业价值链相关的一系列价值活动的分析上来。而且这些价值活动与企业的总利润之间，不是简单的线性关系，而是相互关联、相互作用的系统性的复杂关系。对经典价值链的研究一度成为管理学、经济学领域的热门方向。

虽然许多学者对经典的价值链理论进行了不同的理论扩展，但是对波特的价值链的主要贡献的认识趋于一致：①波特的价值链理论首创性地从价值创造的视角对企业一系列活动进行整体分析。价值链理论诞生之前的管理理论和方法通常引导企业关注成本、质量等部分环节而缺乏系统性分析。波特的价值链理论，从价值维度，强调应该从整体性、系统性、战略性的角度来分析企业自身的一系列活动，从整个价值链的角度来研究企业自身在众多竞争对手中能够脱颖而出的优势。②在波特的价值链理论中，通过对价值的定义，开始关注用户，认识到企业的价值创造过程是为用户进行的。可以说，波特的经典价值链理论开创了价值创造理论研究的先河。但随着经济全球化的不断深入，社会化分工的不断加剧以及新一代信息技术与社会经济活动的不断融合，波特的价值链理论的一些不足也逐渐凸显出来。例如，过度追求经济利润这一短视的优化目标，无法解释外包、信息生产要素、新一代服务业等一系列新兴的概念。

3.2　价值链理论的阶段性发展

3.2.1　新价值链理论

1993 年，彼得·海因斯（Peter Hines）重构和扩展了波特的价值链理论[38]。与波特的经典价值链理论相似的是，彼得·海因斯的新价值链理论的关注对象仍然是制造企业，也仍然认为价值链中的价值活动与价值活动之间是线性的。但与波特的价值链理论不同的是：①新价值链理论对用户关注度更高，认识到用户的满意度才是价值链的优化目标，因此，将经典的价值链模式从"供—产—销"更新为"销—产—供"；②通过提出"集成物料的价值管道线"这一概念，把波特的价值链理论中较为松散的、分裂的活动进行了集成，进而引入了全面质量管理、电子数据交换、作业成本法等一系列先进管理思想和方法来优化制造企业的价值链。

从彼得·海因斯的新价值链理论可以看出，他认为提升用户满意度才是企业自身能够从众多市场竞争对手中脱颖而出的途径。因此，彼得·海因斯的新价值链理论更加强调科学性、计划性的"按需生产"，进而也就导致了市场营销、物料采购、质量控制、研发和设计成为新的基础性的、与价值创造更直接的价值活动，这些活动的重要性得以突显。同时，这也就意味着传统的等级森严且庞大臃肿的行政型的企业组织形式不再适应新的价值链理论，无法跟上以用户为中心、按需组织生产、进行快速交付这一新的价值创造模式。因此，新的价值链理论也推动了新的企业组织管理模式的研究与发展。

新价值链理论是对传统价值链理论的继承和发展，继承主要表现在保留了价值链的线性特征和制造业研究视角，发展主要表现在将用户满意度而非利润作为价值链的终点，以需求拉动系统代替生产推动系统，从而改变了价值链发展的方向。

3.2.2　价值星系理论

同样的，诺曼（Normann）和拉米雷斯（Ramirez）于 1993 年提出了价值星系理论。他们从另外一个角度，对波特的价值链理论进行了扩展[39]。虽然在波特的价值链理论中也涉及了企业外部价值链的概念，但并没有像价值星系理论这样，依据企业在整个价值创造系统中的不同作用，将企业依次划分为恒星企业、行星企业以及卫星企业。与波特的价值链理论相比，价值星系理论的不同之处在于：其认为上下游企业之间不是简单的、有先后顺序的线性关系，将价值创造系统中的多个参与者之间的关系理解为一个柔性契约网络，而这一网络的核心节点就是恒星企业。例如，阿里巴巴集团具有强大的品牌影响力、良好的商业信誉、庞大的用户群体，该公司就可以作为一个恒星企业，以它为中心，就可以构建出一个生活类服务领域的价值星系。

除了上述这一点之外，价值星系理论首次将用户心理体验正式纳入价值概念中。在价值星系理论中，对用户这一角色的理解发生了变化，其认为用户满意度不仅是价值创造系统的优化目标，用户本身也是可以参与价值创造过程的。进而沿着这一思路，对价值创造系统的优化，不再是通过向用户提供有形的产品/服务而获得用户支付的金钱，而是从用户的时间、注意力、金钱等多维度的角度来为用户提供各种有形、无形的"Offering"（即产品和服务）。例如，尚品宅配不仅销售各类家具，它还是一个家具个性化设计与定制服务提供商。此类的案例不胜枚举。从上面的论述可以看出，价值星系理论对价值创造系统的优化不再是优化某个或某些价值活动，而是研究如何引入更多的行星和卫星参与者，进而研究如何在合作博弈的框架下，使得整个价值星系持续、健康地运转下去。

3.2.3　虚拟价值链理论

信息技术的发展为信息作为独立要素参与价值创造提供了机会。基于此，1995 年，雷波特（Rayport）和史维欧克拉（Sviokla）提出了虚拟价值链理论，他们认为不仅现实世界的一系列实体活动可以向用户提供产品和服务，以此来实现价值创造，在虚拟世界的一系列信息活动同样也可以为用户实现价值创造[40]。例如，在亚马逊电商平台，用户既可以买到实体书，也同样可以享受到电子书阅读的服务。与波特的经典价值链理论相比，虚拟价值链理论最大的不同之处在于：它不再仅仅把信息活动作为支持性活动来看待，而是将其作为基础性的、直接参与生产环节的价值活动。例如，采用数字孪生技术提升了制造企业的生产效率、大幅度降低产品制造成本；虚拟现实技术提升了房屋租售企业的用户看房体验；云计算技术降低了电子商务网站的在线平台运行成本等。总的来说，虚拟价值链理论看到了信息和互联网技术的快速发展给企业的价值创造活动带来的变化，并为分析这种变化提供了一系列的理论和方法。

从上面对虚拟价值理论的阐述可以看出，区别于经典的价值链理论，在虚拟价值链中，信息已经被视为重要的生产要素。因此，从虚拟价值理论出发，在研究如何优化价值创造系统时，首先需要研究的是如何充分发挥好信息要素对价值增值的促进作用。对于现代服务企业来说，一旦在信息要素维度具备了优势，就可以迅速打破时间、空间和领域方面的限制，取得经济体量几何倍数的提升。例如，字节跳动利用自身在短视频技术和算法推荐领域的优势，使其旗下的今日头条、抖音、TikTok 等 App，迅速成为风靡全世界的流行内容服务产品。此外，在虚拟价值链中，用户得到了更加便捷地参与价值创造过程的途径，在新一代信息技术的加持下，他们可以在家就获得实地的看房体验，也可以通过在线评论与企业互动，帮助其完善产品和服务，从而使得自身后续可以获得更好的服务体验。

虚拟价值链理论的意义主要包括以下三个方面：①虚拟价值链是信息技术和互联网发展的产物，这一理论的提出标志着信息逐渐作为独立的生产要素参与价值创造；②虚拟价值链理论中，用户进一步参与到价值创造过程中；③虚拟价值链帮助企业重新思考供给和需求之间的关系。以互联网、大数据和人工智能为代表的信息技术的快速发展为现代企业深入地感知、认知用户需求并进行快速的、创造性的回应提供了坚实的物质基础。

3.3 价值链理论的变革性发展：价值网理论

在互联网和全球化的冲击下，社会实践中的价值创造系统逐渐由单链条向多链条和网状结构发展，同时价值网概念作为价值链理论的发展理论被提出。价值网的概念首次出现在 Mercer 顾问公司的斯莱沃茨基（Slywotzky）

和莫里森（Morrison）等所著的 *The Profit Zone：How Strategic Business Design Will Lead You to Tomorrow's Profits* 一书中[41]。但是直到 2000 年，价值网才作为一种新兴的业务模式在大卫·播威（David Bovet）的著作 *Value Nets：Breaking the Supply Chain to Unlock Hidden Profits* 中被系统阐述[42]。从价值链到价值网，其反映出的是经济全球化的日益加深和社会化分工的日益精细。价值的创造、转移、交换以及交付模式从传统的、简单的线性结构逐渐转变成复杂的、动态的网状结构。与价值链理论类似的是，价值网也强调以用户需求为中心，用户需求是价值网中价值流动的驱动力。与价值星系理论类似的是，价值网中的所有参与者之间，不仅存在传统的上下游合作伙伴之间的合作关系，也存在横向竞争对手之间的博弈关系。与虚拟价值链理论类似的是，价值网中的参与者，既有线下的物理实体，也有线上的逻辑实体，价值网将物理世界与虚拟世界的各类实体进行了有机组合。

但是，上述对价值网的研究与探索仍停留在模式分析层次，并没有给出价值网的具象化表示方法。为了对企业业务进行建模与分析，艾伦·瑞纳（Allee Verna）不仅对价值网中价值概念进行了更深层次的探索，也给出了价值网的具体建模方法。他认为价值网中的价值不仅包括进行交换的货币（即交换的媒介），也包含用于交换的商品、服务和收入，还包括知识和无形收益[43]。随着生产服务中专业化分工不断加深，价值链上不同阶段和相对固化的彼此具有某种专用资产的企业及相关利益体组合在一起，形成共同为用户创造各类有形价值或无形价值的网络，即价值网。价值网是由利益相关者之间相互影响而形成的价值生成、分配、转移和使用的关系及其结构[44]。

对于某一单独的组织或企业而言，存在两种价值网——外部价值网和内部价值网。前者是存在于多个企业/组织之间的价值网[45]，后者是企业内部各部门之间的价值网。不管是外部的还是内部的，价值网通常由用户、用户使用的服务、提供服务的组织和用户与提供者之间的服务协议 4 个部分组成。图 3-2 是传统制造商提供网购服务的价值网实例示意图[46]。

无论是价值链，还是价值网，它们都是描述价值是如何通过多方之间的复杂动态交互而被创造出来的。它们均是通过对企业服务流程进行分析与优化，最终实现对企业竞争力的提升。

价值网理论继承了从新价值链理论提出的"用户是价值创造的核心"

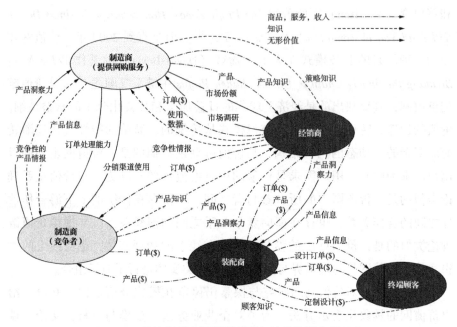

图 3-2　传统制造商提供网购服务的价值网实例示意

注：$表示该载体的经济类价值。

的思想，延续了价值星系理论中成员企业的合作博弈关系，并进一步强化了虚拟价值链理论强调的信息作为价值独立生产要素的作用。在总结和吸收前人研究成果基础上，大卫·播威对价值网这种新业务模式在战略控制、价值定位、业务范围、利润捕捉、实施和验证等方面进行了深入研究[42]，进而建立了完整的理论体系，将价值创造理论推向了以"链"向"网"的新阶段。

当前，随着经济合作全球化的不断发展和深入，价值链/网上的参与者分布在全球各个国家和地区，跨越多个不同的领域、组织，呈现出全球价值链/网的形态。与此同时，全球价值链/网涉及的价值创造活动是线上和线下两类活动的混合，特别是支持线上价值创造活动的软件基础设施空前繁荣，逐步形成了服务互联网。与以往相比，在服务互联网的支持下，服务创新能力得到了极大的提升。但服务互联网这一新的服务生态系统，也对价值链/网的研究提出了新的要求和挑战。

3.4 价值链理论面临的挑战

波特传统的价值链理论随着社会实践的发展不断完善，新价值链理论、价值星系理论、虚拟价值链理论直至价值网理论都结合当时的企业实践对价值创造机制进行了新的阐述，一脉相承也与时俱进。表 3-1 分别从价值定位、核心活动（或能力）、用户作用、信息作用和价值创造流程等角度对这 5 种理论进行了对比分析。

表 3-1 不同价值创造理论内容的对比分析[47]

对比项目	价值链理论（1985 年）	新价值链理论（1993 年）	价值星系理论（1993 年）	虚拟价值链理论（1995 年）	价值网理论（1997 年）
价值定位	用户愿意为产品或服务支付的价格	满足用户的需求	用户成就感、满足感等心理体验纳入价值内涵中	价值不仅包括线下产品和服务，还包括在线服务	不但要满足用户需求，还要为用户提供比竞争对手更优越的价值
核心活动（或能力）	入库、生产、出库、营销	研发、设计、采购、质量控制、市场营销	用户需求的捕捉、为用户营造自行创造价值的环境	对用户需求的感知与回应	掌握所有的用户接触点
用户作用	价值是用户愿意支付的价格	用户满意度是价值创造活动的起点和终点	将用户纳入价值创造过程中	信息技术允许用户参与到产品设计等流程中	用户是价值网的激活者与指挥者
信息作用	辅助	辅助	辅助	独立创造价值	信息是价值网内企业合作沟通的重要基础
价值创造流程	线性（生产推动）	线性（需求拉动）	非线性（柔性契约网络）	非线性（价值矩阵）	非线性（价值网络）
竞争	不同企业价值链与价值链之间竞争	不同企业价值链与价值链之间竞争	提供的"offering"对用户时间、金钱、精力的竞争	不同企业两条价值链综合实力之间的竞争	以用户需求确定的任务中心的竞争

对比项目	价值链理论（1985 年）	新价值链理论（1993 年）	价值星系理论（1993 年）	虚拟价值链理论（1995 年）	价值网理论（1997 年）
主要战略启示	掌握附加值更高的战略环节	掌握附加值更高的战略环节	提高为用户提供的价值的"密度"	把握用户需求比供给更重要	牢牢锁定用户
典例	—	—	宜家	美国联邦快递	戴尔

波特价值链理论开启了价值链与价值创造机制研究的先河，新价值链理论将波特刻画的生产推动系统转变为用户拉动系统，真正实现以用户为价值创造活动的起点和终点，价值星系理论首次突破了价值创造流程的线性特征，开启了非线性的量变过程，电子商务和信息技术的发展催生了虚拟价值链并赋予信息独立生产要素的地位，价值网理论以完整的理论框架、系统的研究内容成为价值创造机制研究史上的里程碑。

从本章前 3 节的论述可以看出，从经典的价值链理论逐渐发展出新价值链理论、价值星系理论和虚拟价值链理论，再发展到集大成的价值网理论，每一次理论的发展都是由社会经济活动、信息技术活动的不断发展推动的。如图 3-3 所示，与经典价值链理论相比，新价值链理论不再短视地只关注经济上的收益，而是开始关注用户满意度，进而将以产能为目标的生产模式转变为按需生产的模式，对与价值链相关的一系列价值活动重要性进行了重新定义，更加关注研发/设计、质量控制和市场营销等活动的整体优化。这种理论发展很可能是受到当时市场大环境变化的推动，当时生产力大发展，市场从供不应求变为供过于求。

随着经济全球化、社会化分工的加剧，企业间的竞争日益激烈，仅仅通过优化企业内部的价值创造过程，已经难以取得竞争优势。价值星系理论开始关注与企业存在上下游关系的伙伴企业，一方面，该理论认识到，除了需要向用户提供实体的产品和短暂的服务之外，还应更加关注如何让用户参与价值创造过程，改善用户的心理体验，从用户的时间、精力和金钱多个维度与对手进行竞争；另一方面，该理论也认识到，整个价值创造系统不再是简单的线性关系，而是复杂的、柔性的契约网络。虚拟价值链理论的提出则是得益于信息技术和互联网的迅猛发展，信息活动不再仅仅作为支

持性的活动，而成为直接参与价值创造的基础性活动，信息要素成为生产
要素。

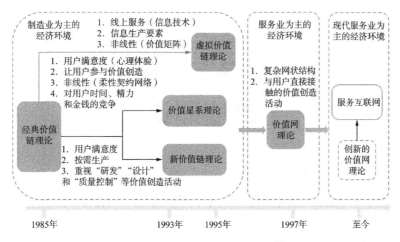

图 3-3　价值链理论的发展及趋势

目前，推动社会经济发展的产业已经从传统的制造业逐渐转为新一代
服务业，即便是制造业本身也正在向服务型制造业进行转变。同时，得益
于云计算、物联网、人工智能、大数据等新一代信息技术的迅猛发展及其
与其他行业的快速融合，新一代服务业呈现出跨世界、跨领域和跨组织等
新特征。价值创造过程的载体不再是实体的产品或短暂的服务，演变成需
要用户全程参与的体验式服务，产品也不再只是线下的实体，更多的可能
是线上的虚拟信息。价值创造的核心环节不再是产品的加工制造环节，变
成与用户交互的接触点环节，如订单、交付和反馈等环节。信息不再是辅
助的监控和决策信息，变成企业的核心资产。价值创造流程不再是线性的，
而是复杂的网络结构，更进一步地，复杂的动态网络结构产生，价值网络
中不再只有合作伙伴，更有竞争对手，与竞争对手之间也不是简单的零和
博弈，而是合作博弈。但是目前的价值链和价值网理论尚不足以应对新一
代服务业呈现出的这些特征，为此，需要以当前的价值链和价值网络理论
为基础，进行更进一步的研究与探索。

第4章 服务互联网环境下的价值理论

4.1 服务互联网环境下价值理论的发展需求

2004 年，苹果公司做出了一项大胆的决定：召集 1000 多名公司员工组成一个由公司著名硬件工程师托尼·法戴尔（Tony Fadell）、软件工程师斯科特·福斯特尔（Scott Forstall）和幕后设计工程师乔纳森·伊夫（Jonathan Ive）领导的研发团队，执行开发代号为"Purle 2"的高度机密项目。在历时近 3 年的艰苦开发后，公司创始人史蒂夫·乔布斯（Steve Jobs）于 2007 年 1 月 9 日在旧金山 Moscone 中心举行的"Macworld 2007"大会上向公众公开了其 iPhone 智能手机产品。估计连乔布斯本人也没想到，这一款新产品的发布竟然具有划时代的意义，从此开启了人类社会生活与工作方式的新篇章。随后，经过近 20 年的发展，该公司出品的 iPod、iPad、iTunes、iWatch 等系列产品，逐渐形成了一个企业市值超过 2 万亿美元的苹果生态系统。该系统在现代社会以云计算、大数据、人工智能、互联网等先进信息技术的支持下，以全新的方式定义了人类社会在消费、交通、健康、音乐、通信、媒体甚至艺术世界的数字生活。可以毫不夸张地说，该系统以直接或间接的方式影响着我们的一切生活。

更进一步地，短短十几年来，在人类社会的几乎所有领域，都或多或少地出现了由云计算、互联网、大数据、物联网、人工智能等信息技术创新所带动的社会生产与服务的变革。数字社会、数字经济、云经济、互联网经济、服务经济等在越来越多的场景下更能确切地表达当前社会经济形态的特征。相应地，这种技术的发展使得人类社会的价值创造活动呈现出由网络空间（Cyberspace）、物理世界（Physical World）、人类社会（Human Society）组成的人机物三元世界（Ternary Universe）的深度融合[48]。在这个三元世界里，人、机、物虚拟化为服务，再加上海量的软件服务，它们之间互联互通而又"敏捷"聚合，形成服务互联网，从而满足大规模个性化的需求。

目前，服务互联网已经在工业互联网、电子商务、智能制造、智慧家居、智慧医疗/康养、智慧教育、新零售、智慧社区、智慧政务、智慧交通、智慧安防、智慧商业、智慧旅游、智慧环保、智慧能源等领域如火如荼地开展。万物皆服务（EaaS）、软件定义一切（Software Define X，SDX）正在一步步走进现实，全球知识经济和服务经济时代已经到来，新的服务价值生态系统正在逐步形成。该系统中价值的载体、价值创造资源、价值创造流程乃至价值创造的系统环境都发生了巨大的变化，这使得直接应用产品生产和产品供应链理论及其分配模型解释服务业的经济现象越来越困难，传统的价值理论遭遇了新的挑战，主要表现在以下几个方面。

①价值载体由产品向服务即服务体验转变。

服务互联网时代的到来，使得服务主导逻辑代替了产品主导逻辑。这是由服务的特征所决定的。因为服务是直接作用于客体的，是为其他组织或个体而做的努力和付出。这些付出是依据服务主体提供者的知识、能力和经验等资源对用户的需求所做出的协同的互动反应。服务和产品的最终目的都是为用户带来相关的价值，来满足其价值期望，只不过服务主导逻辑比产品主导逻辑更加注重用户个性化、片段化的需求，因此能带来更好的服务体验——即用户在服务产品方面的功能感知与精神感知。

②价值协同创造过程超越产品制造过程向服务全生命周期转变。

不论是波特的线性价值链理论，还是具有非线性特征的价值星系、虚拟价值链、价值网理论，它们的共同特征是围绕传统企业/供应链以研发、制造与销售为核心业务活动的产品生产制造过程，并试图将用户的使用过程有效融合到供应链的完整生产过程，产品主导逻辑的思维贯穿始终，价值创造过程是由企业/供应链单独完成的，用户是价值的耗费者或使用者。

在服务互联网环境下，服务生态系统通过以互联网为代表的信息技术强大的整合能力，将服务供应商与用户群体链接起来，实现信息流、物流、资金流的有机融合，优化改善从用户需求分析、服务准备到服务开展的全流程服务链，进行价值的协同共创。阿里巴巴是全流程服务链模式的标杆。阿里巴巴不仅构建了淘宝和天猫电子商务集团、菜鸟智能物流骨干网、以支付宝为代表的蚂蚁金融服务，更是借助阿里云和大数据技术平台，成功地将三者融合起来，打造出信息流、物流和资金流无缝衔接的互联网服务产业生态，从而大大增强了服务业的运作效率和服务水平。

③催生新的增值服务，改变服务业价值链的价值分布，重心由传统的"硬价值"转向"软价值"。

这里，"软价值"的概念是相对于"硬价值"来说的，后者是指有形的物质产品的价值，而前者是指无形的非物质产品的价值。

服务主导逻辑下的服务生态系统用大数据、知识、能力和创新来替代产品生产系统中的物质资源和信息作为价值创造的主要来源。通过互联网、大数据、人工智能等技术，企业可以准确把握消费者特质、深度挖掘其潜在需求，进而提供更多个性化增值服务，将价值链中的更多环节转化成自身的竞争优势。例如，阿里巴巴、百度、京东、亚马逊等行业巨头通过对网民搜索数据信息的积累，构建了相应的消费者行为数据库。通过对用户行为大数据信息进行深度挖掘和多维分析，精准定位用户的地域分布、消费偏好、行为习惯等信息，从而使企业更有针对性地拓展增值服务，开辟新的收益渠道。

④现有的价值创造系统逐渐向价值生态系统转变。

随着以互联网、大数据、云计算、物联网、人工智能、移动应用为代表的新一代信息技术的迅猛发展，计算赋能的服务化趋势不断加剧，这使得现有的产业系统环境从网络、平台、信息、服务、应用、商务等角度逐步展现出了网络服务化、平台服务化、信息服务化、应用服务化、信息物理系统服务化、商务过程服务化、现实事物虚拟化/服务化的发展业态，并逐渐形成了一个个现实的服务互联网业务系统。在这样的服务系统里，每个服务由服务提供商提供以满足特定的功能需求；服务根据服务消费者的需求，通过第三方服务组合开发者进行个性化定制或者动态组合形成服务组合从而创造价值增值。这些海量的服务在长期的竞争协作过程中形成了复杂的关联关系，并具备了动态演化、持续增长、自组织等生态系统特性，从而形成了众多服务生态系统。这些服务生态系统并不是凭空出现，而是由生态系统在社会–经济–技术等人工系统的成功应用及面向服务的思想的广泛应用而逐渐发展形成的，其产生的目标在于对分布于互联网当中的海量的服务进行有效的管理，促进服务的应用，从而创造价值增值。

例如，随着互联网对传统行业的深度渗透和颠覆变革，众多互联网企业也不断通过投资入股、并购、战略合作等多种方式进行横向业务布局，以构建包含更多服务资源的开放性平台生态系统，实现跨业态、跨行业、跨领域的多元化经营。典型实例：基于生态平台战略，阿里巴巴早在 2014年上半年就相继收购了中信 21 世纪、1stdibs、高德软件、文化中国、银泰百货、魅族科技、优酷土豆、新加坡邮政、恒大足球俱乐部、UC 优视、21世纪经济报等诸多企业，然后将其与此前的业务布局相结合，使阿里巴巴的触角延伸到了电商、社交网络、物流、金融、旅游、导航、视频娱乐、医疗、教育、文化、体育等各个服务领域，通过横向整合业务，催生无所不包的全业务运营商，从而极大地丰富了自身的平台商业价值生态系统。

以上种种变化都表明：基于传统产业，以产品为价值载体，从传统价值链理论立足于制造业到虚拟价值链关注信息技术和电子商务的发展，再到价值星系、价值网的以用户为中心、注重感知和体验价值，目前的价值创造理论主要适用于工业经济时期以及传统互联网时代的 Web 1.0 时期。随着服务互联网时代的到来，我们迫切需要寻找和构建新的理论方法来解释新环境下的服务生态系统的价值创造机制。

4.2　服务价值的广义内涵

正如 2.1 节所述，目前文献中虽然已有较多的价值方面的定义和解释，但其概念针对不同的应用领域、不同的学科，有不同的界定。目前，针对研究对象服务系统，大多数有关价值的研究并未将其与服务参与主体间的协同创造过程结合起来。因此，有必要重新从服务系统中所有服务提供者和服务消费者两方面来重新理解价值的概念，以支持服务系统的设计、运行与管理。

基于现有价值理论方法，鉴于服务价值依托服务业务流程进行生产创造的基本原理，综合现有经济学、管理学、价值工程、服务科学与工程、市场营销学等多学科的价值理念，考虑服务系统在服务全生命周期过程中实现价值的协同共创过程，我们将服务价值内涵分为以下三个方面[49]。

①服务内生价值：首先是指依附于服务系统的服务生产主体过程，由服务系统内部以及其与用户的交互协同过程而共同创造的使用方面的效用。这部分价值是依附于可见的物理实体以及服务的具体生产过程，可以看作是物理功能层面的客观效用。

②服务外生价值：相对于内生价值，这部分可看作是精神层面的主观效用。首先是指依附于服务系统服务主体的内外部条件和环境，通过参与交互的用户感知所带来的精神方面的效用而体现的价值；其次是指通过领先用户对服务的推广、传播等方式而产生的用户精神价值、社会价值等。并且，在当今人类社会文明程度日益发达的社会环境下，此类精神层面的效用价值在社会生活中的比例会越来越大。

③条件价值：相对于上述服务内生价值、服务外生价值，这部分价值既可能是精神层面的主观效用、也可能是物理层面的客观效用。它是在特定的社会环境或者条件下，能够完成特定使命或具有特殊效用的服务。

上述的服务价值定义，既继承了现有价值理论的客体事实存在、主体需求及其对客体事实的认知，又包括了对主体所在社会环境的外在认知（如社会、环保、传播、条件价值等），可以系统全面地反映信息社会产品服务价值的真实内涵。

上述服务价值的概念可以更进一步说明，在目前传统的大规模工业化生产导致市场供给进入相对饱和乃至过剩的"后工业化"时期，科学技术的进步引发了社会价值系统各生产构成要素权重的转变，即从传统的以企业生产产品创造价值为中心转变为以服务生产为基础、服务互联网为交易环境、用户为中心的价值协同创造。与之相对应的是，伴随着工业、信息、网络、服务、体验、注意力经济等诸多社会形态，价值的定义也经历了从劳动价值论到效用论、生产成本论、边际效用价值论到供需均衡价格论、基于主观评价的边际成本论、边际效用论，再到目前各种"基于主体、客体之间相对关系"的理念演变。

基于上述服务价值的定义和内涵，我们提出了衡量服务价值的广义指标体系，见表4-1。

表 4-1　服务价值广义内涵

服务价值	服务价值分类		服务价值具体内涵	常见属性
内生价值 (物理价值)	基于服务主体客观产品的物理效用		服务产品自身特性及其在功能、功利和物理性能等方面的效用	服务的可用性、实用性、先进性、经济性、适应性、可维护性、环保性等；服务内容的多样性、服务模式、服务条件、服务能力、服务环境、服务效果等
	响应性		提供产品服务的及时性	服务反应时间、服务效率、服务周期等
	可靠性		在正确的时间、地点、条件交付正确的产品服务的能力	适用性、持久性、可用性、可获得性
	柔性		服务生产主体对用户个性化要求变化的生产柔性	产品服务资源可替代性、服务交付柔性等
	其他		其他尚未提及的在服务主体生产交付过程中直接产生的物理层面的效用	
外生价值 (精神价值)	用户精神价值	认知价值	针对服务产生好奇、提供新颖感和满足知识愿望的效用	好奇心、新颖性、获得新知识
		感情价值	产品服务产生用户情感的效用	用户忠诚度、精神慰藉
		社会价值	用户针对产品服务获得的社会认同感、荣誉感、优越感等	社会认同感、荣誉感、优越感
	社会价值	社群价值	领先用户催生的具有同样消费价值观的用户社群对该服务的认同感、购买或使用期望	

服务价值	服务价值分类		服务价值具体内涵	常见属性
外生价值 （精神价值）	社会价值	传播价值	领先用户的服务体验结果导致的广播扩散而引起的社会影响力	
		环保价值	服务减少排放、污染、资源消耗的能力	
		其他	其他尚未提及的精神层面的效用	
特殊价值	条件价值	条件价值	在某些特殊的条件、环境下，服务能暂时提供的额外的功能、效用与社会价值	

注：本表有关服务价值广义内涵的内容是在本团队相关研究文献［45］基础上进一步改进和完善的。

需要说明的是，本服务价值指标体系不仅可以用于无形的服务的价值衡量，也可以用于有形的产品的价值的衡量，即不仅可以用于第三产业（服务产业），也同样可以适用于生产物理产品的第一产业（农林牧副渔产业）和第二产业（工业产业），以及目前适应服务化趋势的上述产业的混合产业（如产品–服务融合体产品），可以适应当前以互联网为代表、信息技术为主导的信息、网络、服务、体验、注意力经济等诸多社会形态的现实需求和发展趋势。

4.3　服务互联网环境下服务价值的定义

在服务工程研究领域中，我们把服务价值定义为"服务提供者和用户通过服务的提供与使用所获得的好处或者收益"，可通过用户或者提供者在某一方面状态的改善及其程度进行度量。因此，服务互联网环境下的服务价值可定义为"服务互联网环境中的众多利益相关者通过参与服务生产的协同交互过程所获得的好处或收效程度"。从上述定义可以看出，从服务工程研究领域中的服务价值到服务互联网环境下的服务价值，其概念内涵并没有发生变化，因此在本节以及后续章节中，我们将基于本研究相关成果文献［28］中的内容来探讨互联网环境下服务价值的定义、分类、指标体系、特性以及度量方法等相关内容。

　　基于上述内容，服务互联网环境下的服务价值可定义为服务生态系统中的众多利益相关者获得的好处或收效程度，这种好处或者收效最终可以表现或换算为经济收益（经济收益＝经济收入−经济成本）来衡量。进一步地，从时间维度深入分析，经济收益可以被扩展为当前经济收益加上潜在经济收益。其中，当前经济收益等于当前的实际经济收入减去实际经济成本，而潜在经济收益指的是服务交互过程中参与者之间建立的供需关系等及在未来的某一段时间内可能为参与者带来的经济收益。

　　此外，我们认为潜在经济收益与当前经济收益的重要程度是否一致应由价值接收者决定，因此引入影响系数来反映潜在经济收益相对于当前经济收益的重要程度，将潜在经济收益与影响系数相乘，然后再与当前经济收益相加。当"影响系数＝1"，它表示潜在经济收益与当前经济收益的重要程度一样；当"影响系数<1"，它表示潜在经济收益没有当前经济收益重要；当"影响系数>1"，它表示潜在经济收益比当前经济收益重要。

　　综上所述，我们认为服务互联网环境下的服务价值 v 是当前经济收益加上潜在经济收益对当前经济收益产生的贡献，可以表示为

$$v = B - C + \alpha \times E \tag{4-1}$$

式中，$B-C$ 表示价值接收者获得的当前经济收益，其中，B 表示价值接收者当前获得的实际经济收入，C 表示价值接收者当前付出的实际经济成本；$\alpha \times E$ 表示潜在经济收益对当前经济收益的贡献，其中，E 表示价值接收者获得的潜在经济收益，α 表示影响系数。

　　如图 4-1 所示，服务互联网环境下的服务价值 v 的实现值实际上主要是由 B、C 和 E 的实现值决定的。因此，可以将 B、C 和 E 统称为价值度量指标（Value Measurement Indicator，VI）。

　　从价值定义中可以看出，价值接收者某一方面的状态改善或程度改善影响着价值度量指标 VI 的实现值，因此引入价值收益约束（Value Profit Constraint，CON）这一概念来度量状态或程度改善的情况。价值收益约束 CON 由一系列性能参数组成，可以表示为 CON＝$\{p_1, p_2, \cdots, p_m\}$。CON 中性能参数从多个维度的特性度量价值接收者某一方面的状态改善或程度改善的情况。表 4-2 是价值收益约束 CON 中可能包含的典型性能参数。

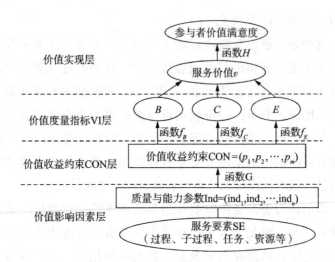

图 4-1　服务互联网环境下的服务价值 v 的构成因素

表 4-2　价值收益约束 CON 中典型性能参数

维度	性能指标	说明
P_1 服务时间 （效率方面）	p_{11} 服务响应时间	从收到服务请求到提供服务的时间
	p_{12} 服务执行时间	从服务开始执行到执行结束的时间
	p_{13} 服务提供准时性	按照与用户约定时间提供服务的时间准确度，如发货准时性，货物送达准时性等
P_2 服务价格 （成本方面）	p_{21} 用户可接受的服务价格	度量服务价值及价格合理性
	p_{22} 提供服务的成本	度量实现服务的成本
P_3 服务内容 （质量方面）	p_{31} 服务质量符合性	服务项目内容（如服务产品、服务质量较长期稳定性、服务水平等）本身的质量，度量用户对服务本身内容的满意程度或服务内容达到用户要求（或规定服务等级要求）的程度，如货物损坏率、航线信息准确性、货物差错率等
	p_{32} 服务可靠性	服务成功执行次数与执行总次数的比或者服务正常运行的时间与服务总时间的比
	p_{33} 服务可用性	包括建立服务、进入服务和使用服务的易用性，例如是否具备货物跟踪能力
	p_{34} 用户友好性	用户个性化感受、服务态度等，度量用户享受服务环境的程度

维度	性能指标	说明
P_4 服务资源与 条件方面	p_{41} 资源数量	度量服务资源在数量方面的可满足性
	p_{42} 资源能力	度量服务资源在能力方面的可满足性
	p_{43} 资源的可持续性	度量资源保持其能力水平的持续时间上的可满足性
P_5 服务风险与 信用方面	p_{51} 服务质量保证的可信度	度量服务提供商兑现所承诺的服务质量的可信度及风险
	p_{52} 服务信用与信誉	度量服务提供商以往服务质量的信誉度及按质提供服务 的信用

　　我们将价值接收者被改善的某一方面称为价值的实现载体（Realization Carrier，rc）。价值的实现载体 rc 可以是某一"有形"或"无形"的事物，如信息、知识和资源使用权等，其对应的服务价值可以通过将 rc 从价值生产者转移到价值接收者来产生。价值实现载体 rc 也可以是价值接收者的某一物理或精神状态，其对应的服务价值可以通过改善 rc 来产生。

　　进一步地，价值接收者某一方面的状态改善或程度改善可以表示为价值实现载体 rc 的状态转移 $rc.s^{\mathrm{I}} \to rc.s^{\mathrm{O}}$，其中 $rc.s^{\mathrm{I}}$ 表示价值实现载体的初始状态，$rc.s^{\mathrm{O}}$ 表示价值实现载体被期望达到的结束状态。因此可以说，CON 中某一性能参数 p_i 是被用来度量状态转移 $rc.s^{\mathrm{I}} \to rc.s^{\mathrm{O}}$ 某一方面的执行性能。

　　综上所述，价值实现载体的状态转移 $rc.s^{\mathrm{I}} \to rc.s^{\mathrm{O}}$ 为价值接收者带来了经济收益"$B-C+\alpha \times E$"。而经济收益的大小由 CON 中众多性能参数的实现值共同决定。

　　此外，从服务和服务价值的定义中可以看出，服务价值是由服务中的服务要素（如过程、子过程、任务、资源等）实现的，也就是说服务价值的状态转移 $rc.s^{\mathrm{I}} \to rc.s^{\mathrm{O}}$ 是由一组相互之间存在一定逻辑结构关系的服务要素实现的。因此，价值收益约束 CON 中的性能参数实现值是由服务要素的质量与能力参数集合 Ind 中相应质量和能力参数的实现值决定的。可以说服务要素及其 Ind 是服务价值实现的影响要素。它们通过直接影响 CON 中性能参数，从而间接地对价值度量指标（B、C 和 E）、服务价值产生影响，最后影响到服务参与者的价值满意度。

4.4 服务互联网环境下的服务价值分类及其指标体系

在明确了服务互联网环境下的服务价值的内涵之后，还需要对服务互联网的服务价值的细分类别进行深入探讨。由于服务互联网环境下的服务价值定义为"服务生态系统中的众多利益相关者通过参与协同交互过程所获得的好处或收效程度"，进一步地，我们提出通过度量这些利益相关者在参与服务协同交互过程中，在某一方面状态的改善及其程度来度量服务互联网环境下的服务价值。

我们认为某一方面的状态改善或程度改善为价值接收者带来服务价值的情况可以分为两大类：①通过在服务参与者之间交换某些"事物"（如信息、知识、金钱等）而带来的价值转移，即这些事物的所有权从其创造方（或拥有方）转移到接收方，从而为价值接收者带来服务互联网环境下的服务价值；②通过对价值接收者的状态（如身体状态、精神状态、拥有的某些事物的物理状态等）进行改善而带来的新服务互联网环境下的服务价值。更细化地，将服务价值分为事物交换类和状态变换类两大类共计 10 个小类的价值，其含义和示例见表 4-3。

表 4-3 服务互联网环境下的服务价值细分类型

大类	小类		价值含义	价值示例
事物交换类价值	ECV	经济类价值	在完成服务之后，提供者从用户处获取金钱上的收益，提供者的金钱数量发生变化	调研公司向企业提供调研报告之后，从企业处获得的调查报告服务费用
	CAV	用户聚集类价值	提供者通过提供服务所获得的用户信息数据，对其进行挖掘可以获得有价值的需求特征，便于后续的精准服务。提供者获得用户信息数据	第四方科技服务平台通过提供大量信息的免费浏览，吸引到大量的用户（企业、政府部门、专业科研机构等用户参与者）聚集

续表

大类	小类		价值含义	价值示例
事物交换类价值	PRV	产品类价值	参与方之间所转移的有形产品的价值。用户获得有形产品所有权	企业购买了供应商的零部件，获得了它们的所有权
	INV	信息类价值	参与方之间所转移的信息所带来的价值（提供者对信息进行收集、处理、展示等），用户获得信息	企业从第四方科技服务平台处获得零部件供应商、在制品代加工商、技术能力协作商等的信息
	RUV	资源使用类价值	参与方之间所转移的"资源使用权"所带来的价值，即"一个参与方通过利用其他方所提供的资源来完成其特定的业务功能"。这种资源可能是设备、软件、人员、环境等四类。资源的"所有权"并不转移。用户获得资源使用权	1. 使用软件类资源：软件就是服务（SaaS），如三维模拟装配软件的按需租用 2. 使用设备类资源：企业租用具有特定试验能力的设备 3. 使用人员类资源：企业雇佣高校科研人员进行技术研发 4. 使用环境类资源：企业租用场地进行新产品发布
状态变换类价值	PXV	经验类价值	通过向用户提供服务所积累的经验或教训。提供者获得从业经验	在完成某一调研报告服务后，调研公司获得了提供调研报告服务的经验
	MIV	市场影响类价值	在某一领域中市场影响力的扩展。提供者的市场影响力发生变化	1. 化妆品牌请明星带货直播后，提高了产品销量，增加了市场份额，进而提升了其市场影响力 2. 第四方科技服务平台通过提供科技服务一站式服务解决方案，来实现服务口碑提升，进而提升了其市场影响力

续表

大类	小类		价值含义	价值示例
状态变换类价值	TIV	事物状态改变类价值	将某一物理对象从当前状态转换为另一个状态。用户的某一物理对象的某一状态发生变化	"货物"从北京运输到了南京，其物理位置发生了变化
	KSV	知识与技能类价值	知识或职业技能的提升。用户获得知识或技能	用户购买、学习了在线编程课程，从而具备了从事软件系统开发的职业知识
	EJV	享受类价值	将某一人员从当前状态转换为另一种状态（物理状态或精神状态）。用户的某一状态发生变化	用户在接受 SPA 服务之后，其精神状态从"劳累"变为"舒适"

　　一般地，服务价值实现程度大小需要靠一组具体度量指标的数值来衡量，而其度量指标一般是指服务质量指标，且不同类型的价值具有不同的服务质量指标集合。表 4-4 是一些常见的服务价值类型及其衡量指标。

表 4-4　各种类型服务价值的典型服务质量指标集合

价值类型	指标类型	
	收益类业务质量指标	成本类业务质量指标
ECV 经济	收入金额	金钱、人员、工具
CAV 用户聚集	数据规模、数据质量	金钱、人员、工具
PXV 经验	用户数量与来源范围、服务复杂度	金钱、人员、工具
MIV 市场影响	市场份额增长率、品牌信誉提升率	金钱、人员、工具
PRV 产品	可用性、易用性、耐用性、个性化	费用、持续时间
INV 信息	可提供性、召回率、准确率、信息可信性	信息价格、获取信息的时间
RUV 资源使用	质量、可靠性	费用、持续时间
TIV 事物状态改变	可靠性、成功率	费用、持续时间、非期望状态变化程度
KSV 知识技能	能力提高程度	费用、持续时间
EJV 享受	状态改变时间、可靠性、状态改善程度	费用、持续时间

4.5　服务互联网环境下服务价值的特性及其价值间依赖关系

4.5.1　服务价值的特性

一般来说，服务价值具有可传递性、可转换性、可分解性（或可拆分性）、可组合性（或可聚合性）和依赖关联性。下面通过详细给出这些特性的形式化定义来对其进行进一步的解释和表达。

（1）可传递性

先描述一个服务系统内部价值传递常见的过程。

在某个服务系统业务进行的任意一次价值交换过程中，若参与者 Partcipant$_1$ 通过改变价值实现载体 rc 的状态向参与者 Partcipant$_2$ 交付了服务价值 v_1，紧接着在相邻的价值交换过程中，参与者 Partcipant$_2$ 又通过作用载体 rc，使 rc 再次发生状态转移，从而向参与者 Partcipant$_3$ 交付了服务价值 v_2。在这个过程中，服务价值 v_1 和 v_2 的实现载体是相同的，并在相邻的两个价值交换过程中被传递，且在被传递的过程中实现载体 rc 的本质未发生变化，我们就称之为服务价值的可传递性，形式化表示为 $\text{Partcipant}_1 \xrightarrow[\text{rc}]{v_1}$

$\text{Partcipant}_2 \xrightarrow[\text{rc}]{v_2} \text{Partcipant}_3$。显然，服务价值的可传递性可能使得相邻价值交换过程中的两个服务价值之间在某方面的实现程度上存在关联。

例如，在我国某航天企业研制微型发动机过程所需要的科技服务中，该企业委托第四方科技服务平台代为办理设备租用；第四方科技服务平台在接受委托之后，向试验设备提供商发送设备租用请求；试验设备提供商在接受请求之后，进行内部审核，如果同意请求，则将"设备使用权"交付第四方科技服务平台；第四方科技服务平台在获得"设备使用权"之后，将其传递给该企业，如图 4-2 所示。

在这个过程中，试验设备提供商通过改变实现载体"设备使用权"的状态向第四方科技服务平台交付了价值 cv_1，接着第四方科技服务平台也通过改变实现载体"设备使用权"的状态向企业交付了价值 cv_2。实现载体"设

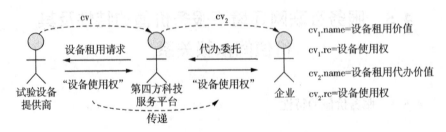

图4-2　某企业"设备租用"服务场景示意

备使用权"从前一个价值交换过程中以不改变本质的方式被传递到后一个价值交换过程中，在此过程中科技服务价值的可传递性可以形式化表示为

$$\text{试验设备提供商} \xrightarrow[\text{设备使用权}]{cv_1} \text{第四方科技服务平台} \xrightarrow[\text{设备使用权}]{cv_2} \text{企业}$$

（2）可转换性

同样地，在一次价值交换过程中，若参与者 $Partcipant_1$ 通过改变实现载体 rc_1 的状态向参与者 $Partcipant_2$ 交付了服务价值 v_1；紧接着，在相邻的价值交换过程中，参与者 $Partcipant_2$ 将实现载体 rc_1 转换成 rc_2，通过改变实现载体 rc_2 的状态向参与者 $Partcipant_3$ 交付了服务价值 v_2。那么，服务价值 v_2 的实现载体 rc_2 则是由服务价值 v_1 的实现载体 rc_1 转换而来的。

在这相邻的两个价值交换过程中，实现载体的本质发生了变化，前一个过程中的实现载体 rc_1 在后一个过程中被转换成了实现载体 rc_2，我们称之为服务价值的可转换性，形式化表示为 $Partcipant_1 \xrightarrow[rc_1]{v_1} Partcipant_2 \xrightarrow[rc_2]{v_2}$ $Partcipant_3$。显然，服务价值的可转换性可能使得相邻价值交换过程中的两个价值之间在某方面的实现程度上存在关联。

例如，在上述企业研制微型发动机过程所需要的科技服务中，如图4-3所示，企业向第四方科技服务平台发出设计方案合理性分析委托；第四方科技服务平台接受委托后向辅助分析软件服务提供商发出软件租用请求；辅助分析软件服务提供商接受请求并将软件使用权交付第四方科技服务平台，第四方科技服务平台利用获得的软件使用权向企业提供设计方案合理性分析服务。在这个过程中，辅助分析软件服务提供商通过改变实现载体"软件使用权"的状态向第四方科技服务平台交付了服务价值 cv_1，接着第四方科技服务平台利用"软件使用权",将实现载体"设计方案合理性状态"从初始状态"未分析"转移到期望的最终状态"已分析(合理/不合理)",从而向企业交付了服务价值 cv_2。

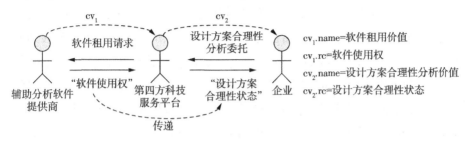

图4-3　"设计方案合理性分析"服务场景的示意

这里,实现载体"软件使用权"从前一个价值交互过程中以改变本质的方式被转换到后一个交付过程中变成实现载体"设计方案合理性状态"。在此过程中,科技服务价值的可转换性可以表示为

$$\text{辅助分析软件提供商} \xrightarrow[\text{软件使用权}]{cv_1} \text{第四方科技服务平台} \xrightarrow[\text{设计方案合理性状态}]{cv_2} \text{企业}$$

(3)可分解性/可拆分性

如果服务价值的粒度较粗,无法被可执行的服务要素直接实现,则需要将它分解成若干粒度较细的服务价值。服务价值无法被直接实现主要是因为服务价值实现载体的状态转移的粒度较粗,其在服务模型中对应的服务要素无法被可执行的服务构件直接实现。因此,需要将服务价值实现载体的状态转移分解为若干粒度较细的实现载体的状态转移。

通过将服务价值的实现载体的状态转移分解为若干粒度较细的实现载体的状态转移,从而实现了将粒度较粗的服务价值 v_1^{i-1} 分解为若干粒度较细的服务价值 $v_{11}^i, v_{12}^i, \cdots, v_{1n}^i$,我们称之为服务价值的可分解性/可拆分性。

在分解过程中,若所有服务价值实现载体是相同的,即服务价值分解时,实现载体的本质不发生变化,称为服务价值的可拆分性,可以形式化表示为 $\text{SPL}(v_1^{i-1}) = \{v_{11}^i, v_{12}^i, \cdots, v_{1n}^i\}$。

在分解过程中,如果存在两个服务价值实现载体是不相同的,即服务价值分解时,实现载体的本质发生了变化,称为服务价值的可分解性,可以形式化表示为 $\text{DEC}(v_1^{i-1}) = \{v_{11}^i, v_{12}^i, \cdots, v_{1n}^i\}$。

服务价值的可分解性和可拆分性可能使得分解前后的两组服务价值之间在某方面的实现程度上存在关联。

如图 4-4 所示，在第 i-1 层的设计微型发动机科技服务的业务场景中，上述企业向服务提供方发出产品设计科技服务请求；服务提供方组织接受请求，通过将实现载体"产品设计方案状态"从初始状态"无"转移到期望的最终状态"已分析的定型方案"，从而实现了向企业交付服务价值 cv_1^{i-1}。但是服务价值 cv_1^{i-1} 实现载体的状态转移粒度较粗，无法直接实现，因此需要分解第 i 层的上述企业设计微型发动机科技服务的业务场景，并且将服务价值 cv_1^{i-1} 分解为一组粒度较细的服务价值 cv_{11}^{i}、cv_{12}^{i}、cv_{13}^{i}、cv_{14}^{i}、cv_{15}^{i}，这些粒度较细的服务价值的详细信息见表 4-5，可以看到这些服务价值的实现载体是不同的，因此可以将价值分解过程形式化表示为 DEC $(cv_1^{i-1}) = \{cv_{11}^{i}, cv_{12}^{i}, cv_{13}^{i}, cv_{14}^{i}, cv_{15}^{i}\}$。

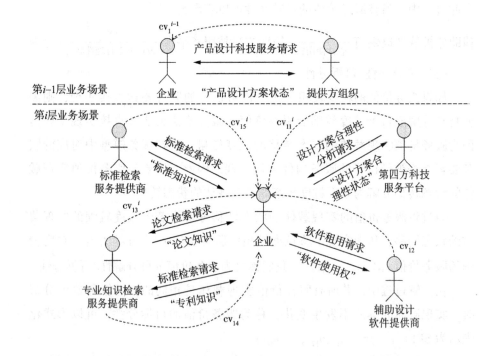

图 4-4 上述企业设计微型发动机的科技服务的分层业务场景示意

表 4-5　业务场景中服务价值的详细信息

ID	Name	P	R	rc	s^{I}	s^{O}
cv_1^{i-1}	产品设计科技服务	提供方组织	企业	产品设计方案状态	无	已分析的定型方案
cv_{11}^{i}	设计方案合理性分析服务	第四方科技服务平台	企业	设计方案合理性状态	未分析	已分析（合理/不合理）
cv_{12}^{i}	软件租用服务	辅助设计软件提供商	企业	软件使用权	未获得	已获得
cv_{13}^{i}	论文检索服务	专业知识检索服务提供商	企业	论文知识	未获得	已获得
cv_{14}^{i}	专利检索服务	专业知识检索服务提供商	企业	专利知识	未获得	已获得
cv_{15}^{i}	标准检索服务	标准检索服务提供商	企业	标准知识	未获得	已获得

（4）可组合性/可聚合性

对若干粒度较细的服务价值进行组合，将形成一个粒度较粗的新服务价值。新服务价值的大小一般不等于原来所有服务价值的大小加和，而是大于这些服务价值的大小加和，这便是服务价值组合过程的价值增值。服务价值的这种性质可以帮助服务模式创新人员实现新服务价值的发现。

在上述服务价值的组合过程中，如果被组合的服务价值 $v_{11}, v_{12}, \cdots, v_{1n}$ 的实现载体均是相同的，且新服务价值 v_1 的实现载体也与组合前的服务价值的实现载体相同，且 $v_1 > v_{11} + v_{12} + \cdots + v_{1n}$，则称为服务价值的可聚合性，可以形式化表示为 $\mathrm{AGG}(v_{11}, v_{12}, \cdots, v_{1n}) = v_1$。

例如，在上述研制微型发动机过程所需要的科技服务中，第四方科技服务平台收集了多家外协厂商的技术能力信息，并对这些信息进行了加工处理，然后将处理后的信息提供给企业。在这个过程中，多家外协厂商向外提供了一组服务价值 $\mathrm{cv}_{11}, \mathrm{cv}_{12}, \cdots, \mathrm{cv}_{1n}$，其中 cv_{1i} 是第 i 个外协厂商向外提供的信息价值，$\mathrm{cv}_{1i} \cdot \mathrm{rc}$ 是技术能力信息。企业可以分别从这些外协厂商处获得这些信息价值，这种方式获得的价值总和是 $\mathrm{cv}_{11} + \mathrm{cv}_{12} + \cdots + \mathrm{cv}_{1n}$；企业也可以从第四方科技服务平台处获得组合后的新服务价值 cv_1、$cv_1 \cdot rc$ 也是技术能力信息；并且能够知道 $cv_1 > cv_{11} + cv_{12} + \cdots + cv_{1n}$，因此，可以将第四方科技服务平台的价值组合过程形式化表示为 $AGG(cv_{11}, cv_{12}, \cdots, cv_{1n}) = cv_1$。

在服务价值的组合过程中，如果在被组合的服务价值 $v_{11}, v_{12}, \cdots, v_{1n}$ 的实现载体和新服务价值 v_1 的实现载体中存在不同的实现载体，且 $v_1 > v_{11} + v_{12} + \cdots + v_{1n}$，则称为服务价值的可组合性，可以形式化表示为 $COM(v_{11}, v_{12}, \cdots, v_{1n}) = v_1$。

如图 4-5 实例所示，在上述研制微型发动机科技服务中，如果企业选择普通的服务模式，它需要亲自向多个不同的服务提供者（如辅助设计软件提供商、辅助分析软件提供商、标准检索服务提供商等）发出服务请求，然后才能在他们的帮助下获得产品设计科技服务。如果企业选择一站式产品设计科技服务模式，它只需要向第四方科技服务平台发出一站式产品设计科技服务请求，就能获得产品设计科技服务。

在一站式产品设计科技服务模式下，第四方科技服务平台通过整合多个服务提供者的资源向企业提供一体化服务。第四方科技服务平台从多个服务提供者处获得了一组服务价值 cv_{11}、cv_{12}、cv_{13}、cv_{14}、cv_{15}，并将这些服务价值组合成新的服务价值 cv_1，然后向企业提供，这些服务价值的详细信息见表 4-6。服务价值 cv_1 的实现载体与服务价值 cv_{11}、cv_{12}、cv_{13}、cv_{14}、cv_{15} 中的实现载体不同，并且 $cv_1 > cv_{11} + cv_{12} + cv_{13} + c_{14} + cv_{15}$，因此可以将第四方科技服务平台的价值组合过程形式化表示为 $COM(cv_{11}, cv_{12}, cv_{13}, cv_{14}, cv_{15}) = cv_1$。

（5）依赖关联性

前面是从单个服务价值的角度阐述服务系统中服务价值的多个特征：服务价值的可传递性含义是一个服务价值能够以实现载体不变的方式被传递到相邻的价值交互过程中。服务价值的可转换性含义是一个服务价值能够通过实现载体被改变而转换成另一个服务价值，然后在相邻的价值交互过程中继续被交付。服务价值的可分解性/可拆分性含义是一个服务价值可以根据服务建模的需要被分解为一组粒度较细的服务价值；服务价值的可组合性/可聚合性含义是为了实现价值增值，一个服务价值可以根据一组存在的服务价值被创造出来。

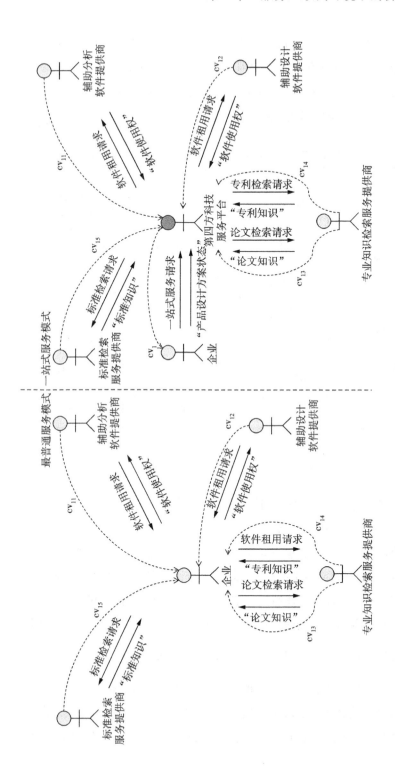

图 4-5　研制微型发动机科技服务中不同模式业务场景示意

与上述特性不同，服务价值的依赖关联性是从多种服务价值之间关系的角度阐释服务价值的性质。服务价值的依赖关联性含义是指多个服务价值之间在实现程度、产生次序、提供者等方面存在约束关系。在 4.5.2 节将详细阐述服务价值依赖的相关内容。

表 4-6　一站式产品设计科技服务模式中服务价值的详细信息

ID	Name	P	R	rc	s^I	s^O
cv_1	一站式服务	第四方科技服务平台	企业	产品设计方案状态	无	已分析的定型方案
cv_{11}	设计方案合理性分析服务	辅助分析软件提供商	第四方科技服务平台	软件使用权	未获得	已获得
cv_{12}	软件租用服务	辅助设计软件提供商	第四方科技服务平台	软件使用权	未获得	已获得
cv_{13}	论文检索服务	专业知识检索服务提供商	第四方科技服务平台	论文知识	未获得	已获得
cv_{14}	专利检索服务	专业知识检索服务提供商	第四方科技服务平台	专利知识	未获得	已获得
cv_{15}	标准检索服务	标准检索服务提供商	第四方科技服务平台	标准知识	未获得	已获得

4.5.2　服务价值间的依赖关系

为了更好地阐述服务价值的依赖关联性，服务价值依赖的概念被提出。

（1）服务价值依赖的定义与分类

服务价值依赖定义：两类服务价值（或两个价值集合）在实现程度、产生次序、提供者等方面存在约束关系。即前者若达不到某些条件，后者无法产生，或受到影响。若存在上述情况，则称它们存在服务价值依赖关系。

按照方向性，服务价值依赖分为有向服务价值依赖和无向服务价值依赖。有向服务价值依赖可以形式化表示成 $d = \{v_{11}, v_{12}, \cdots, v_{1n}\} \xrightarrow[X-D]{g} \{v_{21}, v_{22}, \cdots, v_{2m}\}$，其中 $X-D$ 表示有向服务价值依赖的类型，包括支持依赖、时序依赖、组合依赖和聚合依赖；g 表示价值依赖函数；$\{v_{11}, v_{12}, \cdots, v_{1n}\}$ 表示起决定作用的价值集合，记为 $ante(d)$，$\{v_{21}, v_{22}, \cdots, v_{2m}\}$ 表示被影响的价值集合，

记为 cons（d），且 | ante（d）| $\geqslant 1$，| cons（d）| $\geqslant 1$；无向服务价值依赖仅包括生产者依赖。由于特定领域业务规则的限制或由于服务参与者声明的需求，服务价值之间可能存在生产者依赖。生产者依赖包括同生产者依赖和异生产者依赖，同生产者依赖被表示为 $\text{SameProducer}(v_1, v_2, \cdots, v_n)$，其含义是价值集合 $\{v_1, v_2, \cdots, v_n\}$ 中所有服务价值必须由同一生产者创造，异生产者依赖表示为 $\text{DiffProducer}(v_1, v_2, \cdots, v_n)$，其含义是价值集合 $\{v_1, v_2, \cdots, v_n\}$ 中所有服务价值的生产者彼此均不同。

生产者依赖函数可以表示成

$$\forall v_i \in \{v_1, v_2, \cdots, v_n\}, v_i = \begin{cases} \tilde{v}_i & \text{iff } \text{CC}_{\text{SPD}} \text{ is true} \\ 0 & \text{otherwise} \end{cases}$$

$$\text{or } v_i = \begin{cases} \tilde{v}_i & \text{iff } \text{CC}_{\text{DPD}} \text{ is true} \\ 0 & \text{otherwise} \end{cases}$$

(4 - 2)

其中 $\tilde{v}_i$ 表示将价值 v_i 作为独立价值或仅考虑支持依赖时进行计算得到的价值实现值。CC_{SPD} 和 CC_{DPD} 均是一个逻辑表达式，用于表示生产者依赖应该满足的约束。对于同生产者依赖，CC_{SPD} 的具体形式是 $\forall v_j, v_k \in \{v_1, v_2, \cdots, v_n\}$，$v_j.\text{Producer} = v_k.\text{Producer}$"，对于异生产者依赖，$\text{CC}_{\text{DPD}}$ 的具体形式是 $\forall v_j, v_k \in \{v_1, v_2, \cdots, v_n\}$，$v_j.\text{Producer} \neq v_k.\text{Producer}$。

进一步地，可以将有向服务价值依赖分为直接服务价值依赖和间接服务价值依赖。生产者依赖是无向价值依赖，不存在间接生产者依赖。下面先介绍直接服务价值依赖。

（2）直接服务价值依赖

直接服务价值依赖包括直接支持依赖、直接时序依赖、直接组合依赖和直接聚合依赖。

1）直接支持依赖

服务要素质量参数之间关联的不确定性将导致相对应的服务价值之间存在支持依赖。直接支持依赖是指两项服务价值（或两个价值集合）之间在实现程度方面存在约束关系。

如图 4-6 所示，服务价值 v_{11} 与服务价值 v_{21} 之间存在直接依赖关系 $d = v_{11} \xrightarrow[\text{SD}]{g_{12}} v_{21}$，服务价值 v_{11} 和 v_{21} 分别与服务要素 se_{11} 和 se_{21} 存在对应关

系。直接依赖关系 d 是由服务要素 se_{11} 的质量参数 q_x 与服务要素 se_{21} 的质量参数 q_x 之间关联的不确定性导致的。这是因为服务要素质量参数 $se_{11}.q_x$ 的实现值直接影响服务要素质量参数 $se_{21}.q_x$ 的实现值，从而能够间接影响服务价值 v_{21} 的收益约束中相关性能参数的实现值、相关价值度量指标的实现值，最终影响服务价值的实现值，使得服务价值 v_{11} 与服务价值 v_{21} 之间在实现程度方面存在约束关系。

如前所述，质量和能力参数 $se_{11}.ind_x$ 与质量参数 $se_{12}.ind_x$ 之间关系的不确定性可以表示为 $P(Bh|Ak)$（for $k=1,2,\cdots,n;h=1,2,\cdots,m$）。因此，图 4-6 中函数 $g_{12}(ind_x)$ 的具体形式可以表示为 $g_{12}(ind_x)=[P(Bh|Ak)]n.m$，其中 $[P(Bh|Ak)]nm$ 是条件概率集合 $P(Bh|Ak)$（for $k=1,2,\cdots,n;h=1,2,\cdots,m$）的矩阵表达形式。

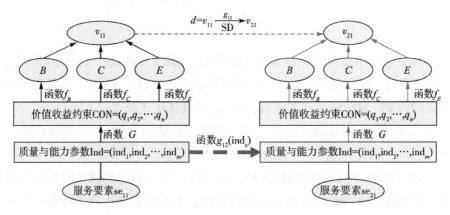

图 4-6 两项服务价值之间直接支持依赖示意

一般地，两个价值集合（或两项服务价值）之间的直接支持依赖可以表示为 $d=\{v_{11},v_{12},\cdots,v_{1n}\}\{v_{21},v_{22},\cdots,v_{2m}\}$，其含义是价值集合 $\{v_{21},v_{22},\cdots,v_{2m}\}$ 中服务价值的实现值被价值集合 $\{v_{11},v_{12},\cdots,v_{1n}\}$ 中服务价值相应的某些服务要素质量和能力参数影响。$v_{ij}\{v_{11},v_{12},\cdots,v_{1n}\}\{v_{21},v_{22},\cdots,v_{2m}\}$，服务价值 v_{ij} 相对应的服务要素记为 se_{ij}，那么可以说直接支持依赖 d 是由集合 $\{se_{11},se_{12},\cdots,se_{1n}\}$ 中服务要素的质量和能力参数与集合 $\{se_{21},se_{22},\cdots,se_{2m}\}$ 中服务要素的质量和能力参数之间关联的不确定性导致的。这里的质量和能力参数可能是一个或一组质量和能力参数，记为 $I(d)$。

直接支持依赖函数可以表示为 $g_{12}(I(d))=\{g_{12}(ind_1),g_{12}(ind_2),\cdots,$

$g_{12}(\text{ind}_l)\}$，其中 $\forall \text{ind}_x \in I\ (d)$，函数 $g_{12}\ (\text{ind}_x)$ 的计算公式如下

$$g_{12}(\text{ind}_x) = \left[P(B_h \mid A_k)\right]_{n \times m} \qquad (4-3)$$

在式 4-3 中，A_k 表示事件 $A = a_k$，A 是离散型随机变量，它被用来描述质量和能力参数集合 $\{se_{11}.\text{ind}_x, se_{12}.\text{ind}_x, \cdots, se_{1p}.\text{ind}_x\}$ 的取值情况，且 A 的所有可能值是 $a_k(k = 1, 2, \cdots, n)$；B_h 表示事件 $B = b_h$，B 也是离散型随机变量，它被用来描述质量和能力参数集合 $\{se_{21}.\text{ind}_x, se_{22}.\text{ind}_x, \cdots, se_{1q}.\text{ind}_x\}$ 的取值情况，且 B 的所有可能值是 $b_h(h = 1, 2, \cdots, m)$。

2）直接时序依赖

特定服务领域中某些业务规则的限制使得服务模型中某些服务要素之间存在时序上的约束关系，这将导致这些服务要素对应的服务价值之间存在时序依赖。直接时序依赖可以表示为 $d = \{v_{11}, v_{12}, \cdots, v_{1n}\} \xrightarrow[\text{TD}]{g_{12}} \{v_{21}, v_{22}, \cdots, v_{2m}\}$，其含义是价值集合 $\{v_{21}, v_{22}, \cdots, v_{2m}\}$ 中的服务价值必须在价值集合 $\{v_{11}, v_{12}, \cdots, v_{1n}\}$ 中的所有服务价值被交付之后才能够被创造 $\forall v_{2k} \in \{v_{21}, v_{22}, \cdots, v_{2m}\}$，$v_{2k} = g_{12}(v_{11}, v_{12}, \cdots, v_{1n}, v_{2k})$，函数 g_{12} 即直接时序依赖函数，它的计算如下：

$$\forall v_{2k} \in \{v_{21}, v_{22}, \cdots, v_{2m}\}, v_{2k} = \begin{cases} \widetilde{v_{2k}} & \text{iff } CC_{12} \text{ is true} \\ 0 & \text{otherwise} \end{cases} \qquad (4-4)$$

在式 4-4 中，$\widetilde{v_{2k}}$ 表示将服务价值 v_{2k} 作为独立价值或仅考虑支持依赖时进行计算得到的价值实现值。CC_{12} 是一个逻辑表达式，用于表示时序依赖应该满足的约束。

CC_{12} 的具体形式是 $\max(\text{ENT}(v_{11}), \text{ENT}(v_{12}), \cdots, \text{ENT}(v_{1m})) < \text{STT}(v_{2k})$，其中 ENT (v) 表示服务价值 v 对应的服务要素的执行结束时间，STT (v) 表示服务价值 v 对应的服务要素的开始执行时间。

3）直接组合/聚合依赖

在服务建模过程中，随着服务要素的逐层细化，服务价值也需要被逐层分解。由服务价值的可分解性知道，一个粗粒度的服务价值 v_1^{i-1} 能够被分解为若干异构的细粒度的服务价值 $v_{11}^{i}, v_{12}^{i}, \cdots, v_{1n}^{i}$。前者与后者是整体与局部的关系，这使得二者之间存在直接组合依赖关系，直接组合依赖可以

表示成 $d = \{v_{11}{}^i, v_{12}{}^i, \cdots, v_{1n}{}^i\} \xrightarrow[\text{CD}]{g} v_1{}^{i-1}$。直接组合依赖函数可以表示成 $v_1{}^{i-1} = g(v_{11}{}^i, v_{12}{}^i, \cdots, v_{1n}{}^i)$，它的具体形式是 $v_1{}^{i-1} = \displaystyle\sum_{k=1}^{n} v_{lk}^i$。

与直接组合依赖类似，直接聚合依赖也是价值分解导致的。不同的是直接聚合依赖是服务价值的可拆分性产生的。由服务价值的可拆分性知道，一个粗粒度的服务价值 $v_1{}^{i-1}$ 被分解后得到的一组细粒度的价值 $v_{11}{}^i, v_{12}{}^i, \cdots, v_{1n}{}^i$ 与服务价值 $v_1{}^{i-1}$ 是同构的。前者与后者也是整体与局部的关系，并且二者是同构的，即二者的实现载体的本质是相同的，这使得二者之间存在直接聚合依赖关系，直接聚合依赖关系表示为 $d = \{v_{11}{}^i, v_{12}{}^i, \cdots, v_{1n}{}^i\} \xrightarrow[\text{AD}]{g} v_1{}^{i-1}$。直接聚合依赖函数也可以表示为 $v_1{}^{i-1} = g(v_{11}{}^i, v_{12}{}^i, \cdots, v_{1n}{}^i)$，它的具体形式也是 $v_1{}^{i-1} = \displaystyle\sum_{k=1}^{n} v_{lk}^i$。

（3）服务价值依赖的性质

在服务建模过程中，存在多个层次的服务模型，与这些服务模型相对应，服务价值被分成多个层次。从前面的阐述中可以发现，生产者依赖、直接时序依赖和直接支持依赖属于层内的服务价值依赖。而直接组合依赖和直接聚合依赖则属于层间的服务价值依赖。

针对层内的服务价值依赖，随着相对应的服务价值从上层分解到下层，服务价值依赖也被分解，上层的一个服务价值依赖在下层被分解为一组服务价值依赖，称为服务价值依赖的可分解性。因为服务价值依赖具有可分解性，所以在某一层建立价值依赖模型时，需要保证本层的服务价值依赖与上层对应的服务价值依赖保持一致。

此外，对于有向服务价值依赖，它们还具有可传递性，并且恰是由于有向服务价值依赖的可传递性，才存在间接的服务价值依赖，包括间接时序依赖、间接支持依赖、间接聚合依赖和间接组合依赖。

（4）间接服务价值依赖

1）间接支持依赖

假设存在直接支持依赖 $d_{i\cdot i+1} = \{v_{i\cdot 1}, v_{i\cdot 2}, \cdots, v_{i\cdot m_1}\} \xrightarrow[\text{SD}]{g_{i\cdot i+1}} \{v_{i+1\cdot 1}, v_{i+1\cdot 2}, \cdots, v_{i+1\cdot m_2}\}$ 和直接支持依赖 $d_{h-1\cdot 1} = \{v_{h-1\cdot 1}, v_{h-1\cdot 2}, \cdots, v_{h-1\cdot m_3}\} \xrightarrow[\text{SD}]{g_{h-1\cdot h}} \{v_{h\cdot 1}, v_{h\cdot 2}, \cdots,$

$v_{h \cdot m_4}\}$。如果满足条件 $i+1 = h-1$，$m_2 = m_3$，且 I（$\mathrm{ind}_{i \cdot h}$）$= I$（$d_{i \cdot i+1}$）$\cap$ I（$d_{h-1 \cdot h}$），I（$\mathrm{ind}_{i \cdot h}$）$\neq \varnothing$，那么就可以说$\{v_{h \cdot 1}, v_{h \cdot 2}, \cdots, v_{h \cdot m_4}\}$间接依赖于$\{v_{i \cdot 1}, v_{i \cdot 2}, \cdots, v_{i \cdot m_1}\}$，记为 $\mathrm{ind}_{i \cdot h} = \{v_{i \cdot 1}, v_{i \cdot 2}, \cdots, v_{i \cdot m_1}\} \xrightarrow[\mathrm{SD}]{g_{i \cdot h}} \{v_{h \cdot 1}, v_{h \cdot 2}, \cdots, v_{h \cdot m_4}\}$。

同理可推，间接支持依赖的一般形式是 $\mathrm{ind}_{1 \cdot n} = \{v_{1 \cdot 1}, v_{1 \cdot 2}, \cdots, v_{1 \cdot m_1}\} \xrightarrow[\mathrm{SD}]{g_{1 \cdot n}}$ $\{v_{n \cdot 1}, v_{n \cdot 2}, \cdots, v_{n \cdot m_n}\}$，其展开形式是 $\{v_{1 \cdot 1}, v_{1 \cdot 2}, \cdots, v_{1 \cdot m_1}\} \xrightarrow[\mathrm{SD}]{g_{1 \cdot 2}} \{v_{2 \cdot 1}, v_{2 \cdot 2}, \cdots,$ $v_{2 \cdot m_2}\} \xrightarrow[\mathrm{SD}]{g_{2 \cdot 3}} \{v_{3 \cdot 1}, v_{3 \cdot 2}, \cdots, v_{3 \cdot m_3}\} \cdots \xrightarrow[\mathrm{SD}]{g_{n-1 \cdot n}} \{v_{n \cdot 1}, v_{n \cdot 2}, \cdots, v_{n \cdot m_n}\}$，其中 I（$\mathrm{ind}_{1 \cdot n}$）$= I$（$d_{1 \cdot 2}$）$\cap I$（$d_{2 \cdot 3}$）$\cdots \cap I$（$d_{n-1 \cdot n}$），I（$\mathrm{ind}_{1 \cdot n}$）$\neq \varnothing$，那么就可以说$\{v_{n \cdot 1}, v_{n \cdot 2}, \cdots, v_{n \cdot m_n}\}$分别间接依赖于$\{v_{1 \cdot 1}, v_{1 \cdot 2}, \cdots, v_{1 \cdot m_1}\}$、$\{v_{2 \cdot 1}, v_{2 \cdot 2}, \cdots, v_{2 \cdot m_2}\}$、$\cdots$、$\{v_{n-2 \cdot 1}, v_{n-2 \cdot 2}, \cdots, v_{n-2 \cdot m_{n-2}}\}$。

可以看出，间接支持依赖实际上是一组价值集合的偏序关系，将其中的一个价值集合看做图中的一个点，则间接支持依赖就表现为一条通路 $\mathrm{path} = \mathrm{node}_1 \mathrm{node}_2 \cdots \mathrm{node}_n = <v_{1 \cdot 1}, v_{1 \cdot 2}, \cdots, v_{1 \cdot m_1}> <v_{2 \cdot 1}, v_{2 \cdot 2}, \cdots, v_{2 \cdot m_2}> \cdots <v_{n \cdot 1}, v_{n \cdot 2}, \cdots, v_{n \cdot m_n}>$。

对于价值集合$<v_{n \cdot 1}, v_{n \cdot 2}, \cdots, v_{n \cdot m_n}>$，在路径 path 中的任意价值集合在实现程度方面均对其产生影响，因此需要找出其所在的最大路径。对于任意的依赖路径 path，若不存在依赖路径 path′，使得 path 是 path′的子序列，则称 path 是一条最大依赖路径。

对于间接支持依赖 $\mathrm{ind}_{1 \cdot n}$，其间接依赖度函数可以表示成 $g_{1 \cdot n}$（I（$\mathrm{ind}_{1 \cdot n}$））$= <g_{1 \cdot n}$（ind_1），$g_{1 \cdot n}$（ind_2），$\cdots$，$g_{1 \cdot n}$（ind_m）$>$，其中 $\forall \mathrm{ind}_x \in I$（$\mathrm{ind}_{1 \cdot n}$），$g_{1 \cdot n}$（$\mathrm{ind}_x$）$= g_{1 \cdot 2}$（$\mathrm{ind}_x$）$\times g_{2 \cdot 3}$（$\mathrm{ind}_x$）$\cdots \times g_{n-1 \cdot n}$（$\mathrm{ind}_x$），它可以具体表示成：

$$g_{1 \times n}(\mathrm{ind}_x) = \left[P(B_h \mid A_k) \right]_{n_1 \times n_2} \times \left[P(C_j \mid B_h) \right]_{n_2 \times n_3} \cdots \left[P(E_p \mid F_q) \right]_{n_{m-1} \times n_m} \tag{4-5}$$

图 4-7 是多个间接支持依赖对应的依赖路径构成的超图示例，在图中存在直接支持依赖，如 $d = v_1 \xrightarrow[\mathrm{SD}]{g(q_i)} v_2$，$d = \{v_2, v_3\} \xrightarrow[\mathrm{SD}]{g(q_j)} v_5$；同时也存在间接支

持依赖，如 $\text{ind} = v_1 \xrightarrow[\text{SD}]{g(q_i)} v_4$，$\text{ind} = \{v_2, v_3\} \xrightarrow[\text{SD}]{g(q_j)} v_8$。图 4-7 中存在两条最大支持依赖路径 $\text{path}_1 = v_1 v_2 v_4 v_6$ 和 $\text{path}_2 = <v_2, v_3> v_5 <v_6, v_7> v_8$。对于价值 v_8 由 $<v_2, v_3>$、v_5、$<v_6, v_7>$ 共同影响，其中 v_8 直接支持依赖于 $<v_6, v_7>$，v_8 分别间接支持依赖于 $<v_2, v_3>$ 和 v_5。

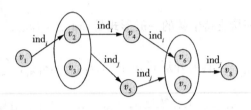

图 4-7 多个间接支持依赖对应的依赖路径构成的超图示例

2）间接时序依赖

一般地，假设存在 $\{v_{1\cdot1}, v_{1\cdot2}, \cdots, v_{1\cdot m_1}\} \xrightarrow[\text{TD}]{g_{1\cdot2}} \{v_{2\cdot1}, v_{2\cdot2}, \cdots, v_{2\cdot m_2}\} \xrightarrow[\text{TD}]{g_{2\cdot3}}$

$\{v_{3\cdot1}, v_{3\cdot2}, \cdots, v_{3\cdot m_3}\} \cdots \xrightarrow[\text{TD}]{g_{n-1\cdot n}} \{v_{n\cdot1}, v_{n\cdot2}, \cdots, v_{n\cdot m_n}\}$，那么就说 $\{v_{n\cdot1}, v_{n\cdot2}, \cdots,$

$v_{n\cdot m_n}\}$ 间接依赖于 $\{v_{1\cdot1}, v_{1\cdot2}, \cdots, v_{1\cdot m_1}\}$，$\{v_{2\cdot1}, v_{2\cdot2}, \cdots, v_{2\cdot m_2}\}$，$\cdots$，

$\{v_{n-2\cdot1}, v_{n-2\cdot2}, \cdots, v_{n-2\cdot m_{n-2}}\}$，记为 $\text{ind}_{1\cdot n} = \{v_{1\cdot1}, v_{1\cdot2}, \cdots, v_{1\cdot m_1}\} \xrightarrow[\text{SD}]{g_{1\cdot n}} \{v_{n\cdot1},$

$v_{n\cdot2}, \cdots, v_{n\cdot m_n}\}$。

可以看出，间接时序依赖实际上也是一组价值集合的偏序关系，将其中的一个价值集合看作图中的一个点，则间接实现依赖就表现为一条通路 $path = node_1 node_2 \cdots node_n = <v_{1\cdot1}, v_{1\cdot2}, \cdots, v_{1\cdot m_1}> <v_{2\cdot1}, v_{2\cdot2}, \cdots, v_{2\cdot m_2}> \cdots$ $<v_{n\cdot1}, v_{n\cdot2}, \cdots, v_{n\cdot m_n}>$。与间接支持依赖类似，对于价值集合 $<v_{n\cdot1}, v_{n\cdot2}, \cdots, v_{n\cdot m_n}>$，在路径 $path$ 中的任意价值集合均对其产生影响，因此需要找出其所在的最大路径。

对于间接时序依赖 $ind_{1\cdot n}$，其间接依赖度函数可以表示为

$$\forall v_{n\cdot k} \in \{v_{n\cdot1}, v_{n\cdot2}, \cdots, v_{n\cdot m_n}\},$$

$$v_{n\cdot k} = \begin{cases} \widetilde{v_{n\cdot k}} & \text{iff } CC_{1\cdot2} \wedge CC_{2\cdot3} \wedge CC_{n-1\cdot n} \text{ is true} \\ 0 & \text{otherwise} \end{cases} \quad (4-6)$$

其中，$\widetilde{v_{n \cdot k}}$ 表示将服务价值 $v_{n \cdot k}$ 作为独立价值或仅考虑支持依赖时进行计算得到的价值实现值。$CC_{1 \cdot 2}, CC_{2 \cdot 3}, \cdots, CC_{n-1 \cdot n}$ 均是一个逻辑表达式，用于表示间接时序依赖应该满足的约束。$CC_{n-1 \cdot n}$ 的具体形式是 max $(ENT(v_{n-1 \cdot 1}), ENT(v_{n-1 \cdot 2}), \cdots, ENT(v_{n-1 \cdot m_{(n-1)}})) < STT(v_{n \cdot k})$，而 $\forall CC_{i-1 \cdot i} \in \{CC_{1 \cdot 2}, CC_{2 \cdot 3}, \cdots, CC_{n-2 \cdot n-1}\}$，$CC_{i-1 \cdot i}$ 的具体形式是 max $(ENT(v_{i-1 \cdot 1}), ENT(v_{i-1 \cdot 2}), \cdots, ENT(v_{i-1 \cdot m_{(i-1)}})) < min(STT(v_{i \cdot 1}),$ $STT(v_{i \cdot 2}), \cdots,$ $STT(v_{i \cdot m_i}))$。

图 4-8 是多个间接时序依赖对应的依赖路径构成的超图示例，在图 4-8 中存在两条最大支持依赖路径 $path_1 = v_1 v_2 v_4 v_8$ 和 $path_2 = v_1 <v_2, v_3> <v_5, v_6, v_7> v_8$。

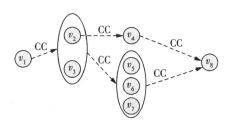

图 4-8　多个间接时序依赖对应的依赖路径构成的超图示例

3) 间接组合/聚合依赖

假设存在直接组合依赖 $d = \{v_{11i}, v_{12i}, \cdots, v_{1ni}\} v_{1i-1}$，且 $v_{1ji} \{v_{11i}, v_{12i}, \cdots, v_{1ni}\}$，均存在直接组合依赖 $d = \{v_{j1i} + 1, v_{j2i} + 1, \cdots, v_{jmi} + 1\} v_{1ji}$，那么就存在间接组合依赖 $ind = \{v_{11i} + 1, v_{12i} + 1, \cdots, v_{1mi} + 1, \cdots, v_{n1i} + 1, v_{n2i} + 1, \cdots, v_{nmi} + 1\}$ v_{1i-1}。间接聚合依赖的情况与间接组合依赖类似，不再赘述。

图 4-9 是多个间接组合依赖和间接聚合依赖相对应的超图示例，在图 4-9 中存在间接聚合依赖 $ind = \{v_{111}^{i+1}, v_{112}^{i+1}, v_{113}^{i+1}, v_{121}^{i+1}, v_{122}^{i+1}\} \xrightarrow[AD]{g}$ v_1^{i-1}、$ind = \{v_{3211}^{i+2}, v_{3212}^{i+2}, v_{322}^{i+2}\} \xrightarrow[AD]{g} v_{32i}$；在图 4-9 中存在间接聚合依赖 $ind = \{v_{211}^{i+1}, v_{212}^{i+1}, v_{221}^{i+1}, v_{222}^{i+1}, v_{23}^{i+1}\} \xrightarrow[CD]{g} v_2^{i-1}$。

研究间接时序依赖和间接支持依赖是为了找出影响服务价值实现的各

种因素，更好地对服务价值进行度量。而研究间接组合依赖和间接聚合依赖则是为了分析某个层次的服务价值对顶层的根价值的贡献程度。根据服务价值的间接聚合依赖和间接组合依赖就可以建立多层服务价值的分解森林（由多个分解树构成），图4-9就是一个分解森林的例子。根据分解森林以及实际计算得到的各个服务价值的实现值，就可以获得服务价值对根价值的贡献度。

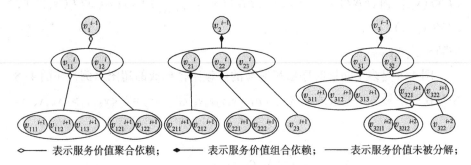

图4-9　多个间接组合依赖和间接聚合依赖对应的超图示例

4.6　基于服务语义的服务价值度量方法

服务价值度量的目标是对服务价值实现进行定量评价，即价值量化。本书在4.1节对服务价值的定义进行阐述时，借鉴了基于结构化电子商务模型的服务价值度量方法[50,51]的思想，给出了式（4-1），它是进行服务价值度量的基础。

进一步地，对式（4-1）中 B、C 和 E 进行度量时，采用建立价值指标体系的方法[29,52-54]为不同的价值度量指标 VI 建立对应的收益约束 CON。在具体计算收益约束中的某个性能参数 $p \in CON$ 对相应的价值度量指标 VI 的影响程度时，借鉴了文献［53］中 $SERPVAL$ 模型法的思想，通过对比性能参数 p 的期望值与它的实现值之间差距程度来计算此影响程度。

最后，为了支持对服务模型的分析与优化，在服务价值的性能参数和服务模型中服务元素的质量参数 QoS 之间进行映射关系，根据服务要素质量参数 QoS 来计算性能参数的实现值，从而实现了基于服务语义的服务价值度量方法。下面分别给出独立价值和非独立价值的具体度量方法。

4.6.1 独立价值的度量方法

独立价值是指在实现程度方面不受其他服务价值影响的服务价值，即独立价值不支持依赖于其他服务价值。本节针对用户方的独立价值和提供方的独立价值，分别给出它们的度量方法。

（1）用户方的独立价值 cv 的度量方法

对于用户方的独立价值 cv 来说，价值度量指标 $cv.B$ 受它的初始值 $cv.B_{best}$ 和对应的收益约束 $cv.CON_B$ 的影响，价值度量指标 $cv.C$ 是经过协商后确定的固定值，价值度量指标 $cv.E$ 受它的初始值 $cv.E_{best}$ 和对应的收益约束 $cv.CON_E$ 的影响。因此，根据服务价值的度量公式，即 4.3 节中式（4-1），给出独立价值 cv 的计算公式：

$$\mathrm{cv} = f_B(\mathrm{cv}.B_{\mathrm{best}}, \mathrm{cv}.\mathrm{CON}_B) - \mathrm{cv}.C + \\ \alpha \times f_E(\mathrm{cv}.E_{\mathrm{best}}, \mathrm{cv}.\mathrm{CON}_E) \tag{4-7}$$

在式（4-7）中，函数 f_B 的具体形式是

$$f_B(\mathrm{cv}.B_{\mathrm{best}}, \mathrm{cv}.\mathrm{CON}_B) = \mathrm{cv}.B_{\mathrm{best}} \times \\ \left(\sum w_x^{\mathrm{S}} \times g_x(p_x^{\mathrm{S}}) \right) \times \prod f_x(p_x^{\mathrm{H}}) \tag{4-8}$$

在式（4-8）中，$\forall p_x^{\mathrm{S}}, p_x^{\mathrm{H}} \in cv.CON_B$，$p_x^{\mathrm{H}}$ 表示硬性性能参数，p_x^{S} 表示软性性能参数。硬性性能参数 p_x^{H} 的含义是 p_x^{H} 的期望约束必须被它的实现值满足。硬性性能参数 p_x^{H} 的期望约束由用户声明，它的约束区间包括期望区间和不可接受区间，它们的具体形式如图 4-10 所示。

硬性性能参数 p_x^{H} 的实现值由与服务价值 cv 相对应的一个（或一组）服务要素的质量参数决定。服务要素之间的逻辑结构、服务要素质量参数的实际类型及服务要素质量参数的取值情况均影响硬性性能参数 p_x^{H} 的实现值。

如果服务价值 cv 与单一服务要素 se 对应，那么 $cv.p_x^{\mathrm{H}}$ 的计算公式可以简单地表示成 $cv.p_x^{\mathrm{H}} = se.q_x$，其中 $se.q_x \in se.QoS$。$cv.p_x^{\mathrm{H}}$ 可能是某个值或某段取值区间，也可能需要利用离散型随机变量的概率分布来描述其取值的动态变化情况。

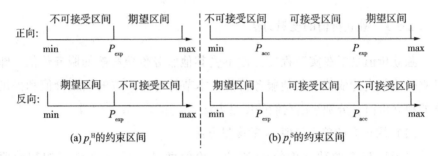

(a) p_i^H 的约束区间   (b) p_i^S 的约束区间

图 4-10　收益约束 CON_B 中性能参数的约束区间

如果服务价值 cv 与多个服务要素 $se_1, se_2, \cdots, se_n$ 对应，那么 $cv.\mathrm{p}_x{}^H$ 的计算公式可以表示成 $cv.\mathrm{p}_x{}^H = \mathrm{G}_x(se_1.\mathrm{q}_x, se_2.\mathrm{q}_x, \cdots, se_n.\mathrm{q}_x)$，其中 $se_i.\mathrm{q}_x \in se_i.QoS$。当 $se_1.\mathrm{q}_x, se_2.\mathrm{q}_x, \cdots, se_n.\mathrm{q}_x$ 这些质量参数的取值情况均是静态的某个值或某段区间时，根据质量参数 q_x 的实际类型和服务要素之间的实际逻辑结构，函数 G_x 是连乘、累加、取最小值、取最大值这些简单运算或是由这些运算组合构成的一个计算公式。

当 $se_1.\mathrm{q}_x, se_2.\mathrm{q}_x, \cdots, se_n.\mathrm{q}_x$ 这些质量参数的取值情况均是动态变化的，函数 G_x 不再是一个计算公式，而是一系列计算公式，即涉及概率运算，并且根据质量参数的个数、表示质量参数取值情况的随机变量的值域空间等因素的实际情况，函数 G_x 可能是非常复杂的。但是，最终 $cv.\mathrm{p}_x{}^H$ 的实现值是固定的形式，它或（表示）为某个值或某段取值区间，或需要利用离散型随机变量的概率分布来表示。

在式（4-8）中，函数 f_x 被用来度量 $\mathrm{p}_x{}^H$ 的期望约束被它的实现值满足的程度，它的值域是枚举类型的 $\{0,1\}$，且函数 f_x 的权重被设为 1。假设 $\mathrm{p}_x{}^H$ 的值域是 $[min, max]$，如果 $\mathrm{p}_x{}^H$ 属于第一类，那么函数 f_x 的形式是 $f(p_x^H) = \begin{cases} 1 & \text{iff} \quad p_x^H \subseteq [P_{exp}, max], \\ 0 & \text{otherwise} \end{cases}$ 如果 $\mathrm{p}_x{}^H$ 属于第二类，那么函数 f_x 的形式是 $f(p_x^H) = \begin{cases} 1 & \text{iff} \quad p_x^H \subseteq [min, P_{exp}] \\ 0 & \text{otherwise} \end{cases}$。

依据函数 f_x 的计算公式可以知道，如果 $\mathrm{p}_x{}^H$ 的实现值属于期望区间，即 $\mathrm{p}_x{}^H$ 的实现值满足期望约束，那么 $\mathrm{f}_x(\mathrm{p}_x{}^H) = 1$；如果 $\mathrm{p}_x{}^H$ 的实现值不属于

期望区间，即 p_x^H 的实现值不能满足期望约束，那么 $f_x(p_x^H) = 0$，且因为函数 f_x 的权重等于 1，那么 $cv.B$ 等于 0。

在式 (4-8) 中，软性性能参数 p_x^S 的含义是 p_x^S 的期望约束被满足的程度没有被严格限定。函数 g_x 被用来度量性能参数 p_x^S 的期望约束被它的实现值满足的程度。w_x^S 表示函数 g_x 的权重，$w_x^S \in (0,1]$。根据 p_x^S 对 $cv.B$ 的重要程度，设置 w_x^S。w_x^S 可以是由相关领域专家直接设定，也可以采用模糊层次分析法确定。

与硬性性能参数 p_x^H 类似，p_x^S 的实现值也由与服务价值 cv 对应的一个（或一组）服务要素的质量参数决定，且 $cv.p_x^S = se.q_x$，其中 $se.q_x \in se.QoS$ 或 $cv.p_x^S = G_x(se_1.q_x, se_2.q_x, \cdots, se_n.q_x)$，其中 $se_i.q_x \in se_i.QoS$。软性性能参数 q_x^S 的期望约束由用户声明，它的约束区间包括期望区间、可接受区间和不可接受区间，它们的具体形式在图 4-10 中已经给出。

在式 (4-8) 中，函数 g_x 的值域是 $[0,1]$，对于属于第一类的 p_x^S，函数 g_x 的几种典型的计算公式及其函数图象如图 4-11 所示。

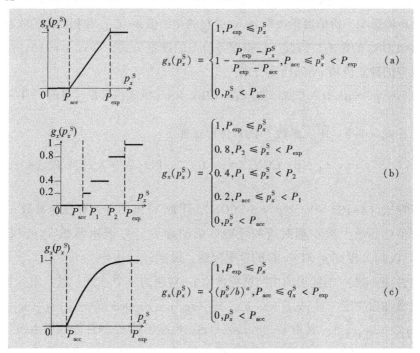

$$g_x(p_x^S) = \begin{cases} 1, P_{exp} \leqslant p_x^S \\ 1 - \dfrac{P_{exp} - P_x^S}{P_{exp} - P_{acc}}, P_{acc} \leqslant p_x^S < P_{exp} \\ 0, p_x^S < P_{acc} \end{cases} \quad (a)$$

$$g_x(p_x^S) = \begin{cases} 1, P_{exp} \leqslant p_x^S \\ 0.8, P_2 \leqslant p_x^S < P_{exp} \\ 0.4, P_1 \leqslant p_x^S < P_2 \\ 0.2, P_{acc} \leqslant p_x^S < P_1 \\ 0, p_x^S < P_{acc} \end{cases} \quad (b)$$

$$g_x(p_x^S) = \begin{cases} 1, P_{exp} \leqslant p_x^S \\ (p_x^S/b)^a, P_{acc} \leqslant q_x^S < P_{exp} \\ 0, p_x^S < P_{acc} \end{cases} \quad (c)$$

图 4-11　函数 g_x 的计算公式及其函数图象

在图 4-11 中，式（a）表示当 $p_x{}^S$ 处于不可接受区间 $[\min,\ P_{\mathrm{acc}})$ 时，函数值等于 0；当 $p_x{}^S$ 处于可接受区间 $[P_{\mathrm{acc}},\ P_{\mathrm{exp}})$ 时，$p_x{}^S$ 的变化对 cv. B 的影响是线性的；当 $p_x{}^S$ 处于期望区间 $[P_{\mathrm{exp}},\ \max]$ 时，函数值等于 1。式（b）表示当 $p_x{}^S$ 处于 $[P_{\mathrm{acc}},\ P_{\mathrm{exp}})$ 时，$p_x{}^S$ 的变化对 cv. B 的影响是阶段变化的；当 $p_x{}^S$ 分别处于 $[P_{\mathrm{exp}},\ \max]$ 和 $[\min,\ P_{\mathrm{acc}})$ 时，相应的函数值分别为 1 和 0。在式（c）中，$0<a<1$，$b>0$，它表示当 $p_x{}^S$ 处于 $[P_{\mathrm{acc}},\ P_{\mathrm{exp}})$ 时，$p_x{}^S$ 的变化对 cv. B 的影响是符合边际效应规律的；当 $p_x{}^S$ 分别处于 $[P_{\mathrm{exp}},\ \max]$ 和 $[\min,\ P_{\mathrm{acc}})$ 时，相应的函数值分别为 1 和 0。

在式（4-7）中，函数 f_E（cv. E_{best}，cv. CON_E）与函数 f_B（cv. B_{best}，cv. CON_B）的计算方法基本相同，唯一的区别是 cv. B_{best} 和 cv. CON_B 中性能参数由用户声明，而 cv. E_{best} 和 cv. CON_E 中性能参数由服务提供者声明。

（2）提供方的独立价值 pv 的度量方法

对于提供方的独立价值 pv 来说，价值度量指标 pv. B 是经过协商后确定的固定值，价值度量指标 pv. E 受它的初始值 pv. E_{best} 和对应的用户满意度（Sat）的影响，价值度量指标 pv. C 受它的初始值 pv. C_{best} 和相对应的收益约束 pv. CON_C 的影响。因此，根据服务价值的度量公式，即式（4-1），给出提供方的独立价值 pv 的计算公式：

$$\mathrm{pv} = \mathrm{pv}.\,B - f_C(\mathrm{pv}.\,C_{\mathrm{best}}, \mathrm{pv}.\,\mathrm{CON}_C) + \alpha \times f_E(\mathrm{pv}.\,E_{\mathrm{best}}, \mathrm{Sat}) \quad (4-9)$$

在式（4-9）中，函数 f_C 的具体形式如下：

$$f_C(\mathrm{pv}.\,C_{\mathrm{best}}, \mathrm{pv}.\,\mathrm{CON}_C) = \mathrm{pv}.\,C_{\mathrm{best}} \times \left(\sum w_x \times h_x(p_x) \right) \quad (4-10)$$

在式（4-10）中，$\forall p_x \in \mathrm{pv}.\,\mathrm{CON}_C$，函数 h_x 被用来计算性能参数 p_x 的实现值达到最大成本相对应的性能约束的程度。w_x 表示函数 h_x 的权重，$w_x \in (0,1]$。根据 p_x 对 pv. C 的重要程度，设置 w_x。

性能参数 p_x 的实现值由与服务价值 pv 对应的一个（或一组）服务要素的质量参数决定，且 pv. p_x＝se. q_x，其中 se. $q_x \in$ se. QoS 或 pv. $p_x = G_x($se$_1.\,q_x,$ se$_2.\,q_x, \cdots,$ se$_n.\,q_x)$，其中 se$_i.\,q_x \in$ se$_i.$ QoS。性能参数 p_x 的性能约束由服务提供者声明，它的约束区间包括最大成本区间、变动成本区间和最小成本区间，它们的具体形式在图 4-10 中已经给出。

在实际服务中，服务提供者需要付出的成本不可能随着他向用户尽可能地提供更低质量的服务而无限地变小，也不可能无限地通过增加成本而提供更高质量的服务。因此，当 pv.CON_C 中所有性能参数的实现值均属于最小成本区间时，pv.C = pv.$C_{\min}$，当 pv.CON_C 中所有性能参数的实现值均属于最大成本区间时，pv.C = pv.C_{best}，pv_ $C_{\min}$ 和 pv.C_{best} 是由服务提供者根据实际情况声明的。

在式（4-10）中，函数 h_x 的值域为 $[\beta,\ 1]$，β = pv.C_{best}/pv.$C_{\min}$。对于属于第一类的 p_x，函数 h_x 的几种典型形式及其图象如图 4-12 所示。

在图 4-12 中，式（a）表示当 p_x 处于最小成本区间 $[\min,\ P_{\mathrm{start}})$ 时，函数值等于 β；当 p_x 处于变动成本区间 $[P_{\mathrm{start}},\ P_{\mathrm{end}})$ 时，p_x 的变化对 pv.C 的影响是线性的；当 p_x 处于最大成本区间 $[P_{\mathrm{end}},\ \max]$ 时，函数值等于 1。式（b）表示当 p_x 处于 $[P_{\mathrm{start}},\ P_{\mathrm{end}})$ 时，p_x 的变化对 pv.C 的影响是阶段变化的；当 p_x 分别处于 $[P_{\mathrm{end}},\ \max]$ 和 $[\min,\ P_{\mathrm{start}})$ 时，相应的函数值分别为 1 和 β。在式（c）中，$a>1$，$b>0$，它表示当 p_x 处于 $[P_{\mathrm{start}},\ P_{\mathrm{end}})$ 时，p_x 的变化对 pv.C 的影响是符合边际效应规律的；当 p_x 分别处于 $[P_{\mathrm{end}},\ \max]$ 和 $[\min,\ P_{\mathrm{start}})$ 时，相应的函数值分别为 1 和 β。

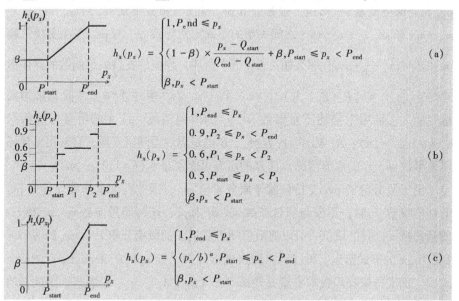

图 4-12　函数 h_x 的计算公式及其函数图象

在公式（4-10）中，函数 f_E 的具体形式是 f_E（pv. E_{best}，Sat）= pv.
E'_{best} Sat，其中 Sat 的值域是 [0，1]。Sat = H（cv），其中 H（cv）是模糊
子集满意度 Sat 的隶属度函数，cv 是与 pv 对应的用户方价值。函数 H（cv）
的计算公式及其函数图象如图 4-13 所示。

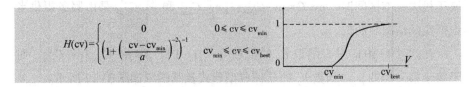

图 4-13　函数 H（cv）的计算公式及其函数图象

4.6.2　非独立价值的度量方法

无论是用户方的还是提供方的服务价值，只要它支持依赖于其他价值，
那么就称该服务价值为非独立价值。非独立价值与独立价值之间在度量方
法方面唯一的区别是度量非独立价值的性能参数时，需要用到支持依赖函
数。下面以提供方的非独立价值为例，给出它的性能参数的度量方法。

假设价值收益约束中仅有一个性能参数 p_x 受不确定性影响，且服务价值
pv_1 仅与服务要素 se_1 对应，服务价值 pv_2 也仅与服务要素 se_2 对应。$se_1.q_x \in$
se_1. QoS 和 $se_2.q_x \in se_2$. QoS 之间关系的不确定性导致 pv_1 与 pv_2 存在支持依赖
关系 $d = pv_1 \xrightarrow[SD]{g} pv_2$，那么如 4.5.2 节中所述，相应的支持依赖函数的具体形
式是 g（q_x）= [P（$B_h | A_k$）]$_{n \times m}$，其中 A_k 表示事件 $A = a_k$，A 是离散型随
机变量，它被用来描述质量参数 $se_1.q_x$ 的取值情况，且 A 的所有可能值是
a_k（$k = 1,2,\cdots,n$）；B_h 表示事件 $B = b_h$，B 也是离散型随机变量，它被用来描述
质量参数 $se_2.q_x$ 的取值情况，且 B 的所有可能值是 b_h（$h = 1,2,\cdots,m$）。

由于服务价值 pv_2 支持依赖于服务价值 pv_1，因此在度量非独立价值 pv_2
的性能参数 p_x 时，不仅与质量参数 $se_2.q_x$ 有关，还与质量参数 $se_1.q_x$ 相关。
质量参数 $se_1.q_x$ 的取值一般以离散型随机变量 A 的概率分布 $P\{A = a_k\} = p_k$，$k =$
$1,2,\cdots,n$ 的形式给出，可以将它转换成矩阵 [$P\{A = a_1\}$，$P\{A = a_2\}$，$\cdots$，$P\{A =$
$a_n\}$]，而支持依赖函数本身就是矩阵 [P（$B_h | A_k$）]$_{n \times m}$ 的形式，因此，质
量参数 $se_2.q_x$ 的计算公式为

$$se_2.\,q_x = \left[P\{A = a_1\},P\{A = a_2\},\cdots,P\{A = a_n\}\right] \times$$
$$\left[P(B_h \mid A_k)\right]_{n \times m} \tag{4 - 11}$$

在式（4-11）中，支持依赖函数的具体形式应在服务建模时由服务模型设计者给出，而概率分布 $P\{A = a_k\} = p_k,k = 1,2,\cdots,n$ 的取值则可以通过分析历史数据获得。

价值性能参数 $pv_2.\,p_x = se_2.\,q_x$，因此，非独立价值 pv_2 的性能参数 $pv_2.\,p_x$ 可以利用式（4-11）计算得到。$pv_2.\,p_x$ 的实现值是 $\{P\{B = b_h\} = p_h,h = 1,2,\cdots,m\}$，它是离散型随机变量 B 的概率分布。将 $pv_2.\,p_x$ 的实现值代入式（4-10）中的函数 h_x 进行计算时，可以发现 $h_x\,(pv_2.\,p_x)$ 的实现值可能是概率集合，最终可能导致 pv_2 的实现值也是概率集合。

假设价值收益约束中存在两个性能参数 p_x 和 p_y 受不确定性影响，且服务价值 pv_1 对应服务要素 se_1，服务价值 pv_2 对应服务要素 se_2。$se_1.\,q_x$ 和 $se_2.\,q_x$ 之间关系的不确定性与 $se_1.\,q_y$ 和 $se_2.\,q_y$ 之间关系的不确定性共同导致 pv_1 与 pv_2 存在依赖关系 $d = pv_1 \xrightarrow[SD]{g} pv_2$，那么依赖度函数 $g = \{[P(B_h \mid A_k)]_{n \times m},[P(D_h \mid C_k)]_{n \times m}\}$，其中 C_k 表示事件 $C = c_k$，C 是离散型随机变量，它被用来描述质量参数 $se_1.\,q_y$ 的取值情况，且 C 的所有可能值是 $c_k(k = 1,2,\cdots,n)$；D_h 表示事件 $D = d_h$，D 也是离散型随机变量，它被用来描述质量参数 $se_2.\,q_y$ 的取值情况，且 D 的所有可能值是 $d_h(h = 1,2,\cdots,m)$。

利用上面的方法可以分别得到 $\{P\{B = b_h\} = p_h,h = 1,2,\cdots,m\}$ 和 $\{P\{D = d_h\} = p_h,h = 1,2,\cdots,m\}$，将它们代入函数 h_x 的计算公式，可以得到 $h_x(pv_2.\,p_x)$ 的实现值和 $h_x(pv_2.\,p_y)$ 的实现值，分别是 K 个事件的概率集合和 L 个事件的概率集合，最后将它们进行综合计算，可以得到 pv_2 的实现值，该实现值也是概率集合，其中事件的最大数目 $= K \times L$。

在上述方法中，无论是根据质量参数的实现值计算函数 h 的实现值，还是根据函数的实现值计算价值度量指标 $pv.\,C$ 的实现值时，都可能由于输出结果中有些事件是相同的，使得输出结果的事件数目小于输入参数的事件数目，最极端的情况是 pv_2 的实现值只是一个事件，且该事件发生的概率是 100%。

收益约束中存在两个以上的性能参数受不确定性影响的情况与上述情况相同，不再赘述。

4.7 基于服务活动成本–增值效应的服务价值链服务价值量化方法

从4.3节至4.6节服务价值的定义、衡量指标体系乃至度量方法可以看出，这些指标从服务系统的内生和外生两个侧面系统反映了服务的全部价值，因此可以为服务系统的设计提供较明确的决策目标，并且也可以把其服务价值及其实现程度的高低作为衡量服务价值系统运作质量高低的关键指标。从当前服务系统的生产–消费现实环境来讲，这些指标体系确实可以反映服务价值的本质内涵。

但是，这些指标虽然可以直接、系统、全面和准确的度量价值，但其完成度量的任务必须有一个前提，就是需要等服务全部生产交付完成后才能进行。对于当今服务互联网环境下的服务价值系统的供需多方而言，由于各方需要在服务全部交付之前甚至在其开始设计时就对可能的价值量进行比较客观准确的估计才能继续进行后续的生产，所以直接套用上述指标体系进行度量存在着一定约束，并且这些指标繁多且每个指标随着服务本身、服务个体、时间和环境的变化而变化。因此，我们还需要一个在现实当中可操作性较强、指标易于计算的度量方法。

正如第2章所述，目前文献中存在一些对于传统产品价值的衡量方法，它们一般通过多因素的投入/产出来确定。例如，对于无形的服务价值的衡量，有些是通过服务质量、服务提供达到预期的程度进行衡量。当前有关价值衡量的研究还是将服务的一些价值属性指标尽量清晰划分，然后分别进行衡量。这些基于衡量指标结果的度量方法对于价值乃至服务的市场定价是有益的，但针对一些聚焦于服务价值系统运作管理优化的研究则不能提供细致的指导。鉴于服务内生价值的创造业务过程是系统中一系列创造价值的活动的组合，本研究参考价值工程中价值定义公式的内涵，提出了基于服务活动成本–增值效应的服务价值衡量方法。

（1）服务系统中服务成本与服务价值的关系

一个独立的服务系统可以看作一个由不同服务提供者提供的服务资源所进行的市场服务订单、服务研发设计、服务生产、服务组合和再生产、服务交付、维护服务等一系列服务业务活动（作业）形成的一条"服务作业活动流程链"。在这条服务作业链中，每进行一项服务作业活动，都要消耗一定的服务资源，付出相关的服务成本，同时创造一定的服务价值。因此，该服务供需作业链同时也是一条"服务供需价值链"。同时，在服务供需价值链中，前一项服务活动为该服务价值链的后一项服务活动提供相关的服务，以满足其服务活动的需要。从这个角度来说，后序服务活动则是前序服务活动的用户。因此，从这个角度来说，该服务价值链又是一条用户服务链。在这条用户服务链中，前后服务活动的责任清晰，前序服务活动依据后序服务活动的要求来进行。这样，每一个服务活动便可作为一个责任中心，对用户服务链进行服务质量和服务成本的有效控制，并创造尽可能多的服务价值。基于上述分析可以看出，可以把服务价值链看作一个用户服务链、服务作业链、责任链和服务价值链的混合体。从形式上看，它是一个服务作业链、用户服务链，而从本质上看是一个服务价值链、责任链。

从作业成本管理的角度来看，服务价值链及其所述节点成员的服务活动集合，从价值链角度来说是一系列的价值活动，而从作业成本管理角度来说是一系列作业活动。在此过程中，针对每一个作业活动，都需要耗用相关数量的作业资源，伴随着作业活动的完成则有该活动所创造的价值流向后序的作业活动。因此，从这一点来说，服务价值链作为一种以创造最大化服务价值为目标的"作业链-价值链"统一体，在一定条件下和范围内，其所投入的生产创造服务价值的服务作业量（即作业成本投入）越多，创造的服务价值量也就越大。这里所说的一定条件和范围，就是服务价值链在相关服务作业系统的投入需要符合边际效用递减规律的约束条件。其中，边际效用或者边际收益指的是消费者从一单位新增商品或服务中得到的效用（满意度或收益）。这和本书所定义的服务价值的概念的内容也是一致的。

这里对边际效用递减规律作一说明。作为微观经济学的基本规律之一，它是指在其他投入固定不变时，连续地增加某一种投入，所新增的产出最终会减少的规律（图4-14）。该规律另一种等价的说法是超过某一水平之后的边际投入的边际产出出现下降。同样，此规律也适用于服务价值链，即在一定时期内，伴随着某一方面的服务产出的增加，产品的平均固定成本会降低，因而会使平均成本下降，创造更多的服务价值，这就是所谓的规模效应。但这是有条件的，这个条件就是"一定服务产出范围内"，即当服务产出增加到一定程度时，随着服务变动成本的增加，平均可变成本将会上升。把平均固定成本和平均变动成本结合起来，在服务产出上升时，平均固定成本下降，平均变动成本上升，两者相互抵消。当平均变动成本的上升量超过平均固定成本的下降量时，服务平均成本就会上升。因此，服务生产规模并非越大越好，在服务价值链的管理决策中，不仅要考虑平均服务成本，更要考虑边际服务成本。

这也从另外一个角度说明了服务价值链的成本效益原则，即单纯地缩减价值链的服务成本不是服务供应链/价值链节点企业及其系统成本控制的最终目标，服务价值链的主要目标之一是通过成本控制获得持续的成本竞争优势，实现整个系统的服务价值最大化，也即所谓的成本效益/效用最大化原则。在市场环境中，服务价值链服务成本控制必须以创造最大化服务价值、提高经济效益为目标，一项支出服务业务是否允许发生，主要看支出后能带来多少价值和利润。成本控制措施是否有效，表面上看能否降低服务成本，实质上要看控制作业是否是增值作业，如果是增值作业但同时带来了额外的成本费用，那就必须在不降低增值作用的前提下进行服务成本作业的控制。

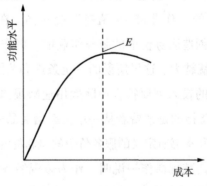

图4-14　边际效用递减规律

基于上述分析，结合图 4-15 所示的产品/服务成本与功能/效用水平关系图可知，在符合边际效用递减规律以及一定的范围条件（即边际服务成本达到图 4-14 中的临界值点 E 时）下，服务价值链的服务成本的投入与代表服务价值的服务功能效用方面的产出呈正比例[55]。因此，服务价值链系统所创造的内在服务价值的数量可以通过计算其相关的服务成本来实现。

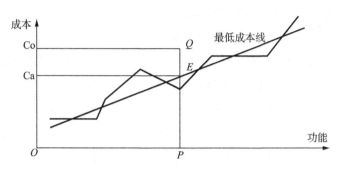

图 4-15　产品/服务成本与功能/效用水平关系示意

（2）常见的服务成本核算方法

从有关供应链管理的概念可以看出，若要对其进行有效的管理，必须进行成本分析和控制，而实现这一步的前提是进行成本核算。供应链成本核算是供应链管理的关键组成部分，通过成本核算可以全面、系统地提供其服务成本信息，从而使得相关企业准确了解各项成本的大小及其各自在总成本中的比例。本节主要介绍基于产品的供应链成本核算的步骤和常见的几种方法。

基于产品的供应链成本核算的步骤一般如下。

①确定服务价值链服务业务活动范围。价值链服务业务活动的范围是指从供应链活动的起点到终点之间的所有作业活动。它包括整个供应链服务运作业务流程，即用户需求→计划→设计→采购/外包→生产→交付→售后→持续服务等相关过程。

②确定成本核算对象。

③确定成本项目。

④跨期费用分摊。

⑤成本归集和分配。

⑥设置和登记成本明细账。

目前，国内外尚未建立起统一的产品服务供应链成本的核算准则，不同企业一般采取不完全相同的核算标准。当前比较常用的几种成本核算方法主要有会计核算法、产品/服务成本核算法、完全成本法、变动成本法以及比较先进的作业成本法（Activity-Based Costing，ABC），等等。有关这些方法的比较详细的描述，参见相关文献所述。下面详细介绍一下 ABC 法的内容。

ABC 法，又称作业量基准成本计算法，是西方发达国家于 20 世纪末基于制造行业领域提出并逐步应用和发展起来的企业管理理论方法。目前，它在发达国家得到了比较广泛的应用。最早提出"作业成本"概念的是著名会计学家埃里克·柯勒（Eric Kohler），美国教授乔治·J. 斯托伯斯（George J. Staubus）在他的相关著作中对作业会计的基本概念和理论进行了全面的阐述和讨论，形成了 ABC 法的初步理论框架[56]。经过不断发展，该方法已逐步演变为一种比传统的企业成本核算方法更精细、更准确的成本核算方法。

ABC 法的作业成本计算是一个以作业为基础的管理信息系统。该系统以作业为核心，通过对相关产品的全生命周期过程（产品和工艺设计→物料采购供应→储存→生产制造→质量检验→子装、总装→发运销售→维护服务等过程）的作业活动及其成本的关联和对应，可比较容易得到产品形成过程的系列作业成本。同时，通过对产品形成的全生命周期过程关联作业活动的综合分析（灵敏度分析、关键点分析等）、比较（行业最佳实践表等），便可找到全过程的"增值作业"点并改进和完善，减少和控制"非增值作业"点，优化"作业链"和"价值链"，创造更多的用户价值，达到提高企业盈利能力，提高核心竞争力和管理水平的终极目标。

ABC 法具体的计算途径和方法是：以作业为单位，首先，准确地关联和计量产品全生命周期过程中的作业活动及其所耗用的作业资源；其次，确定产品生命周期过程作业活动的成本动因和成本动因率；最后，通过累积相关成本核算对象（产品或服务）所有作业所耗用的作业资源的成本数量，得到产品或服务最终的成本数量信息。其指导思想是"成本对象消耗作业，作业消耗资源"。ABC 法通过上述计算途径，把产品/服务生产过程中的间接成本和直接成本同等处理，更准确、真实地反映了产品/服务的成本信息。因此，ABC 法突破了传统"成本会计与生产相连"的思想，使成本会计在制造业以外的行业（如物流行业、金融行业、商业零售和批发等行业）得到了推广应用。

在应用 ABC 法对供应链进行成本核算时，需要重点注意以下三个方面的内容：即成本动因、成本核算对象及成本计算步骤。

（3）基于服务活动成本-增值效应的服务价值链服务价值量化方法

显然，在服务价值链系统的实际运作管理过程中，需要对服务系统的各项服务价值指标进行衡量，以为服务价值链的运作管理、价值创造过程和最终利益分配提供基础数据。为了度量这些服务价值，则需要将那些附属于某类价值的所有价值属性进行量化和综合。考虑到上述价值指标及其属性量化综合的复杂性和不确定性等因素，利用上节所述的服务价值链价值量与其成本投入的正相关关系，基于 4.2.1 节提出的服务价值指标，本研究提出了基于服务活动成本-增值效应和专家评判法相结合的服务系统服务价值量化方法，以增强其可操作性。其中，基于服务活动成本-增值效应的方法用于计算服务价值链系统的内生服务价值，专家评判法用于确定服务价值链的最终外生服务价值及每一个内生服务活动单元的增值系数。

这里的服务活动，可以是服务互联网系统中的服务组合，也可以是组成服务组合的每一个基本服务。但到底应该使用哪一种方法，则依据具体的服务价值系统能够提供的具体数据基础。

由服务组合/服务基本单元组成的服务价值链系统提供的服务产品的价值计算表达式为：

$$V = \sum_{i=1}^{N} \sum_{j=1}^{M_k} \alpha_{ij} C_{ij} + V_{em} + V_{es} + V_{con} \qquad (4-12)$$

式中，N 表示服务价值链系统中服务组合或基本服务等服务活动的节点数目。M_k 表示第 k 个服务价值链服务节点内部的服务业务活动数目。这里所指的服务业务活动，对于服务组合而言是指组成服务组合的各个基本服务，对于服务单元而言则是组成它的各个服务业务活动（$k=1,2,\cdots,N$）。C_{ij} 表示服务价值链系统中第 i 个服务节点的第 j 个服务活动 VA_{ij} 过程发生的成本/费用，而 $\alpha_{ij} C_{ij}$ 代表 VA_{ij} 活动所创造的服务的内生价值。α_{ij} 表示服务活动 VA_{ij} 创造服务价值过程的服务成本-价值增值系数。对于不同类型的服务活动，由于其服务生产要素不同，α_{ij} 也是不一样的。在实际操作时，可以选

取 VA_{ij} 中某一类型活动的调节系数为参照物，其他类型活动的 α_{ij} 可以采取专家评判法的方法通过对比获得。V_{em} 表示服务价值链系统向服务消费者提供的最终服务产品的精神层面的价值（包括认知价值、感情价值、社会价值）。V_{es} 表示服务价值链系统向服务消费者提供的最终服务产品在社会公共层面精神层面的价值（包括社群价值、传播价值、环保价值等）。V_{con} 表示服务价值链系统向服务消费者提供的最终服务产品在特殊环境、特殊条件下所具有的物理层面、精神层面的价值，一般情况下该部分价值为 0。

特殊地，对于式（4-12），当 $N=1$ 时，表现为整个服务供应链的服务活动由一个服务提供商提供的一个服务组合或者服务来完成，或该服务价值链可以看作一个由多个合作节点/企业组成的非常稳定的供应链系统。

4.8 面向价值创造的服务化系统案例分析

4.8.1 海运物流产品服务价值系统案例分析

某海运公司是一家以中韩贸易海运物流为主营业务的物流企业。在该公司海运物流出口服务系统中，除了涉及负责运输业务的船运公司之外，还包括货运代理、场站、船代、陆运车队、理货公司、海关、报关公司等一系列辅助性的服务提供者。这些提供者之间相互协作，共同完成对货主的进出口物流业务的支持。其主要业务流程是货主想要将货物出口，首先需要向货运代理请求舱位并委托其代办货物出口的相关事项。货运代理在接受货主的请求和委托之后，需要找船运公司申请或确认舱位，接着需要租赁车辆和集装箱，通知货主备货，通知车队去货主仓库取货，向场站申请使用堆存区，委托报关公司向海关报关。最后通知场站将货物集港、交与船运公司装船，进行海上运输。在其中，车队主要负责陆上运输，将货物从货主仓库运往场站堆存区。场站负责准备集装箱、提供堆存区暂存货物及将货物集港。报关公司主要是接受货运代理或货主委托，为他们代办报关事项。海关负责对出口的货主进行查验。船运公司提供预订舱位服务以及海上运输服务。

该海运物流出口服务系统是一个典型的面向价值增值的服务化系统，

本节采用该服务系统中若干服务业务流程片段作为案例背景。图 4-16 是服务价值与服务行为之间关联实例，其中每一个服务行为的上面均标注了价值标注表 VAT，VAT 中记录了与服务行为存在对应关系的若干项服务价值的各种相关信息。

以图 4-16 和表 4-7 给出的用于度量服务价值 cv_1、cv_2、pv_1 和 pv_2 的关键信息为基础，下面给出服务价值度量方法的实例。表 4-8 给出了图 4-16 中 7 个服务行为的用于度量服务价值的关键信息。

表 4-7　Vat4 和 Vat7 中服务价值与度量相关的关键信息

vID	B	B_{best}	CON_B	C	C_{best}	CON_C	E_{best}	CON_E	Sat	相关服务行为
cv_1	—	200	$p_1{}^S,p_2{}^S,p_3{}^S,p_4{}^H$	100	—	—	10	$p_5{}^S$	—	T_1,T_2,T_3,T_4,T_5,T_6
cv_2	—	100	$p_1{}^S,p_2{}^S,p_3{}^S,p_4{}^H$	40	—	—	20	$p_5{}^S$	—	T_4,T_5,T_7
pv_1	100	—	—	—	60	p_1,p_2,p_3,p_4	30	—	0.8	T_3,T_4,T_5,T_6
pv_2	40	—	—	—	10	p_1,p_2,p_3,p_4	20	—	0.8	T_7

注：p_1 代表请求响应时间；p_2 代表执行时间；p_3 代表可用性；p_4 代表可靠性；p_5 代表消费金额。

表 4-8　服务行为的关键信息

se. ID	se. Name	QoS of se
T_1	发送舱位代办请求	CA = [100,200]
T_2	接收舱位信息	CA = [100,200]
T_3	接收舱位代办请求	RRT = [0.05,0.1], ET = [0.1,0.5], US = [85%,100%], RE = [99%,100%]
T_4	发送舱位预订请求	ET = [0.1,0.5], RE = [99%,100%], CA = [500,800]
T_5	接收舱位信息	ET = [0.6,2.5], RE = [97%,100%], CA = [500,800]
T_6	传递舱位信息	ET = [0.1,0.5], US = [80%,100%], RE = [99%,100%]
T_7	接收请求并返回舱位信息	RRT = [0.08,0.15], ET = [0.5,2], US = [90%,100%], RE = [98%,100%]

注：RRT 代表请求响应时间（h）；ET 代表执行时间（h）；US 代表可用性（%）；RE 代表可靠性（%）；CA 代表消费金额（Yuan）。

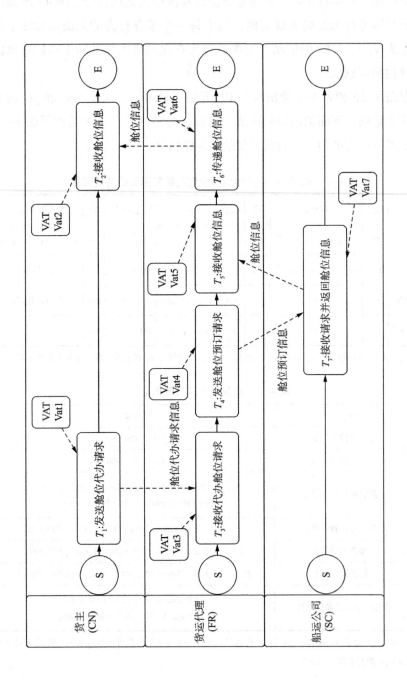

图 4-16　服务价值与服务行为之间关联实例

在"预订舱位子服务"的业务场景中，服务行为 T_7 和服务行为 T_5 之间在执行时间 ET 方面存在不确定的关联关系，表 4-9 给出了此关联关系的相关信息。此二者之间的不确定的关联关系导致"服务价值 cv_1 支持依赖于服务价值 cv_2"。

表 4-9　质量参数 T_7. ET 和 T_5. ET 之间的不确定的关联关系

$\{A_1, A_2\}$	$\{B_1, B_2, B_3\}$	$P(B_h|A_k)$ (for $k=1, 2; h=1, 2, 3$)
事件 A_1：$\{A=[0.5,1]\}$	事件 B_1：$\{B=[0.6,1]\}$	$P(B_1|A_1) = 5\%$
事件 A_1：$\{A=[0.5,1]\}$	事件 B_2：$\{B=[1,2]\}$	$P(B_2|A_1) = 80\%$
事件 A_1：$\{A=[0.5,1]\}$	事件 B_3：$\{B=[2,2.5]\}$	$P(B_3|A_1) = 15\%$
事件 A_2：$\{A=[1,2]\}$	事件 B_1：$\{B=[0.6,1]\}$	$P(B_1|A_2) = 0\%$
事件 A_2：$\{A=[1,2]\}$	事件 B_2：$\{B=[1,2]\}$	$P(B_2|A_2) = 70\%$
事件 A_2：$\{A=[1,2]\}$	事件 B_3：$\{B=[2,2.5]\}$	$P(B_3|A_2) = 30\%$

下面依次给出表 4-7 中 4 项服务价值的度量过程实例。服务价值 cv_2 的计算公式是 $cv_2 = cv_2. B - cv_2. C + \alpha \times cv_2. E$，其中 $cv_2. B$ 和 $cv_2. E$ 的详细计算过程如下。

①价值度量指标 $cv_2. B$ 的计算公式是

$$cv_2. B = cv_2. B_{best}[w_1^S \times g_1(p_1^S) + w_2^S \times \\ g_2(p_2^S) + w_3^S \times g_3(p_3^S)] \times f_4(p_4^H) \qquad (4-13)$$

在式（4-13）中，价值性能参数 p_1^S、p_2^S、p_3^S、p_4^H 的实现值是

$p_1^S = T_7. RRT = [0.08, 0.15]$；

$p_2^S = T_7. ET = [0.5, 2]$；

$p_3^S = T_7. US = [90\%, 100\%]$；

$p_4^H = T_7. RE = [98\%, 100\%]$。

②$cv_2. E = cv_2. E'_{best} g_5(p_5^S)$，其中价值性能参数 p_5^S 的实现值是 $p_5^S = T_4. CA + T_5. CA = [1000, 1600]$。

图 4-17 是函数 $g_1(p_1^S)$、$g_2(p_2^S)$、$g_3(p_3^S)$、$f_4(p_4^H)$ 和 $g_5(p_5^S)$ 的计算过程示意图。通过计算可以得到 $g_1(p_1^S) = 0.8$、$g_2(p_2^S) = 0.8$、$g_3(p_3^S) = 1$、$f_4(p_4^H) = 1$ 和 $g_5(p_5^S) = 0.4$。

$$g_1(p_1^S) = \begin{cases} 0, P_{acc} < p_1^S \\ 0.2, 0.2 < p_1^S \leqslant P_{acc} \\ 0.4, 0.15 < p_1^S \leqslant 0.2 \\ 0.8, P_{exp} < p_1^S \leqslant 0.15 \\ 1, p_1^S \leqslant P_{exp} \end{cases} , 当P_{exp} = 0.1, P_{acc} = 0.25$$

$$g_2(p_2^S) = \begin{cases} 0, P_{acc} < p_2^S \\ 0.2, 4 < p_2^S \leqslant P_{acc} \\ 0.4, 2 < p_2^S \leqslant 4 \\ 0.8, P_{exp} < p_2^S \leqslant 2 \\ 1, p_2^S \leqslant P_{exp} \end{cases} , 当P_{exp} = 0.5, P_{acc} = 6$$

$$g_3(p_3^S) = \begin{cases} 1, P_{exp} \leqslant p_3^S \\ 0.8, 0.6 \leqslant p_3^S < P_{exp} \\ 0.4, 0.5 \leqslant p_3^S < 0.6 \\ 0.2, P_{acc} \leqslant p_3^S < 0.5 \\ 0, p_3^S < P_{acc} \end{cases} , 当P_{exp} = 0.9, P_{acc} = 0.3$$

$$f_4(p_4^H) = \begin{cases} 1, P_{exp} \leqslant p_4^H \\ 0, p_4^H < P_{exp} \end{cases} , 当 P_{exp} = 0.9$$

$$g_5(p_5^S) = \begin{cases} 1, P_{exp} \leqslant p_5^S \\ 0.8, 1500 \leqslant p_5^S < P_{exp} \\ 0.4, 1000 \leqslant p_5^S < 1500, 当P_{exp} = 2000, P_{acc} = 500 \\ 0.2, P_{acc} \leqslant p_5^S < 1000 \\ 0, p_5^S < P_{acc} \end{cases}$$

图 4-17　函数 $g_1(p_1^S)$、$g_2(p_2^S)$、$g_3(p_3^S)$、$f_4(p_4^H)$ 和 $g_5(p_5^S)$ 的
计算过程

在式（4-13）中，函数 $g_1(p_1^S)$、$g_2(p_2^S)$ 和 $g_3(p_3^S)$ 的对应权值 w_1^S、w_2^S、w_3^S 分别被赋值 0.4、0.4 和 0.2。因此，服务价值的实现值 $cv_2 = 84-40+8=52$（Yuan）。

服务价值 cv_1 支持依赖于服务价值 cv_2，且支持依赖函数为 $P(B_h) = \sum_{}^{2} P(B_h \mid A_k) \times P(A_k)$，$h = 1,2,3$。服务价值 cv_1 的度量过程与服务价值 cv_2 的度量过程类似，唯一的区别是价值性能参数 p_2^S 的计算过程。$cv_1.p_2^S$ 的计算过程不仅与质量参数 $T_3.ET$、$T_4.ET$、$T_5.ET$ 和 $T_6.ET$ 有关，还与支持服务价值 cv_2 实现的质量参数 $T_7.ET$ 有关。服务价值 cv_1 的计算公式是 $cv_1 = cv_1.B - cv_1.C + \alpha \times cv_1.E$，其中 $cv_1.B$ 和 $cv_1.E$ 的详细计算过程如下所述。

①价值度量指标 $cv_1.B$ 的计算公式是

$$
\begin{aligned}
cv_1.B = cv_1.B_{best} \times \big[& w_1^S \times g_1(p_1^S) + w_2^S \times g_2(p_2^S) + \\
& w_3^S \times g_3(p_3^S) \big] \times f_4(p_4^H)
\end{aligned} \tag{4-14}
$$

在式（4-14）中，价值性能参数 p_1^S、p_2^S、p_3^S、p_4^H 的实现值：

$p_1^S = T_3.RRT = [0.05, 0.1]$；

$p_2^S = T_3.ET + T_4.ET + T_5.ET + T_6.ET = [0.3, 1.5] + T_5.ET$；

$p_3^S = \min(T_3.US, T_6.US) = [80\%, 100\%]$；

$p_4^H = T_3.RE \times T_4.RE \times T_5.RE \times T_6.RE = [94\%, 100\%]$。

式（4-14）中函数 $g_1(p_1^S)$、$g_3(p_3^S)$ 和 $f_4(p_4^H)$ 的计算公式与图 4-17 中对应价值性能参数的函数计算公式相同，函数 $g_2(p_2^S)$ 的计算公式为

$$
g_2(p_2^S) = \begin{cases}
0, P_{acc} < p_2^S \\
0.2, 4 < p_2^S \leqslant P_{acc} \\
0.4, 3 < p_2^S \leqslant 4, \text{当 } P_{exp} = 2, P_{acc} = 6 \\
0.8, P_{exp} < p_2^S \leqslant 3 \\
1, p_2^S \leqslant P_{exp}
\end{cases} \tag{4-15}
$$

假设对海运物流服务领域相关历史数据进行分析，可以得到 $P\{A = [0.5, 1]\} = 80\%$ 和 $P\{A = [1, 2]\} = 20\%$，其中变量 A 表示质量参数

T_7. ET 的可能取值区间，那么质量参数 T_5. ET 可以利用支持依赖函数计算得到，T_5. ET 的结果是 P（$B=$［0.6，1］）$=4\%$，P（$B=$［1，2］）$=78\%$ 和 P（$B=$［2，2.5］）$=18\%$。经过进一步计算，可以得到式（4-15）中价值性能参数 p_2^S 和函数 g_2（p_2^S）的结果：

B_1 是 $B=$［0.6，1］，如果事件 B_1 发生，那么 $p_2^S=$［0.9，2.5］，g_2（p_2^S）$=0.8$；

B_2 是 $B=$［1，2］，如果事件 B_2 发生，那么 $p_2^S=$［1.3，3.5］，g_2（p_2^S）$=0.4$；

B_3 是 $B=$［2，2.5］，如果事件 B_3 发生，那么 $p_2^S=$［2.3，4］，g_2（p_2^S）$=0.4$。

利用图 4-18 中对应价值性能参数的函数计算过程，可以计算得到式（4-14）中函数 g_1（p_1^S）、g_3（p_3^S）和 f_4（p_4^H）的结果是 g_1（p_1^S）$=1$，g_3（p_3^S）$=0.8$ 和 f_4（p_4^H）$=1$。并且在式（4-14）中，权值 w_1^S、w_2^S、w_3^S 分别被赋值成 0.4、0.4 和 0.2。因此，可以得到价值度量指标 cv_1. B 的计算结果是（P｛cv_1. $B=176$｝$=4\%$，P｛cv_1. $B=144$｝$=96\%$）。

$$h_1(p_1) = \begin{cases} 0.3, 0.25 < p_1 \\ 0.5, 0.2 < p_1 \leqslant 0.25 \\ 0.6, 0.15 < p_1 \leqslant 0.2 \\ 0.9, 0.05 < p_1 \leqslant 0.15 \\ 1, p_1 \leqslant 0.05 \end{cases}$$

$$h_2(p_2) = \begin{cases} 0.3, 6 < p_2 \\ 0.5, 4 < p_2 \leqslant 6 \\ 0.6, 2 < p_2 \leqslant 4 \\ 0.9, 0.5 < p_2 \leqslant 2 \\ 1, p_2 \leqslant 0.5 \end{cases}$$

$$h_3(p_3) = \begin{cases} 1,0.85 < p_3 \\ 0.9,0.6 \leqslant p_3 < 0.85 \\ 0.6,0.4 < p_3 \leqslant 0.6 \\ 0.5,0.2 < p_3 \leqslant 0.4 \\ 0.3,p_3 \leqslant 0.2 \end{cases}$$

$$h_4(p_4) = \begin{cases} 1,0.95 < p_4 \\ 0.9,0.8 \leqslant p_4 < 0.95 \\ 0.6,0.7 < p_4 \leqslant 0.8 \\ 0.9,0.6 < p_4 \leqslant 0.7 \\ 0.3,p_4 \leqslant 0.6 \end{cases}$$

图 4-18　函数 h_1（p_1）、h_2（p_2）、h_3（p_3）和 h_4（p_4）的计算过程

②$cv_1.E = cv_1.E_{best} \times g_5(p_5^S)$，其中价值性能参数 p_5^S 的实现值是 $p_5^S = T_1.CA + T_2.CA = [200, 400]$。且函数 $g_5(p_5^S)$ 的计算公式是

$$g_5(p_5^S) = \begin{cases} 1,P_{exp} < p_5^S \\ 0.8,200 \leqslant p_5^S < P_{exp} \\ 0.4,100 \leqslant p_5^S < 200,\text{当 } P_{exp} = 500,P_{acc} = 50 \\ 0.2,P_{acc} \leqslant p_5^S < 100 \\ 0,p_5^S < P_{acc} \end{cases} \quad (4-16)$$

利用式（4-16），可以计算得到函数 $g_5(p_5^S)$ 的结果是 $g_5(cv_1.p_5^S) = 0.8$。综上所述，可以得到服务价值 cv_1 的计算结果是（$P\{cv_1 = 84\} = 4\%$，$P\{cv_1 = 52\} = 96\%$）。

服务价值 pv_1 的计算公式是 $pv_1 = pv_1.B - pv_1.C + \alpha \times pv_1.E$，其中 $pv_1.C$ 和 $pv_1.E$ 的计算公式如下：

$$\begin{aligned} pv_1.C = pv_1.C_{best}[& w_1 \times h_1(p_1) + w_2 \times h_2(p_2) + \\ & w_3 \times h_3(p_3) + w_4 \times h_4(p_4)] \end{aligned} \quad (4-17)$$

$$pv_1.E = pv_1.E_{best} \times Sat \quad (4-18)$$

式（4-17）中价值性能参数 p_1、p_2、p_3、p_4 的计算结果与服务价值 cv_1 中对应价值性能参数的计算结果一样，且函数 h_1（p_1）、h_2（p_2）、h_3（p_3）和 h_4（p_4）的计算公式如图4-18所示。

在式（4-17）中，函数 h_1（p_1）、h_2（p_2）、h_3（p_3）和 h_4（p_4）的对应权值 w_1、w_2、w_3 和 w_4 分别被赋值成 0.3、0.3、0.2、0.2。因此，价值度量指标 $pv_1.C$ 的结果是（$P\{pv_1.C=55.8\}=82\%$，$P\{pv_1.C=50.4\}=18\%$）。接着利用式（4-18），可以计算得到价值度量指标 $pv_1.E$ 的结果是 $pv_1.E=24$。综上所述，服务价值 pv_1 的结果是（$P\{pv_1=68.2\}=82\%$，$P\{pv_1=73.6\}=18\%$）。类似地，可以得到服务价值 pv_2 的计算结果是 $pv_2=40-9+16=47$（Yuan）。

4.8.2　某地毯制造企业服务化案例分析

（1）案例公司及其背景介绍

A公司是一家高端商业和住宅地毯制造商，其产品市场遍及全球，并拥有地毯供应链的生产工厂和上下游合作伙伴。在历史上，A公司主要专注于传统的地毯研发、制造和销售。随着现代市场竞争的加剧和以服务为主导的经济模式的快速发展，A公司面临着围绕其主营业务重建其地毯供应链新商业模式的挑战。

在系统分析其他行业存在的一些"服务化悖论"现象的基础上，结合行业的一些成功和失败的实践，A公司实施了以产品服务化转型为核心的运营模式改革，一方面满足市场日益个性化的需求和客户更高的价值期望；另一方面为行业服务化转型的路径和方法提供有益的探索。

（2）案例公司服务化转型过程案例

首先，通过分析在多个不同国家注册的1万多家公司的服务化实证财务数据，A公司首先确定了那些能为客户创造和提供更多价值潜力的核心业务，这些业务被视为A公司及其合作伙伴进行下一步服务化的重点。它们包括设计、小样、安装、售后服务、维护等主营业务，以及客户订单项目管理等附加服务。进而，他们确定了整个地毯供应链的服务化整体解决方案，即如何在已识别的业务流程中逐步添加更多的增值服务要素。

例如，针对具有不同需求的客户群体、不同的订单类型和不同的订单规模提供新颖设计服务；他们还为客户提供了不同层级的安装服务；在产品维护方面，他们建立了一个精心规划的定期维护和护理程序，以确保他

们的地毯符合其规格要求，并保持更长时间的美观度要求，等等。表 4-10
显示了该公司改进或添加的服务化业务类型及其相关活动。

表 4-10　A 公司地毯供应链改进或增加的服务化业务类型及其相关活动

产品服务业务类型	改进或增加的增值产品服务业务、服务活动或流程
设计服务	全球设计工作室网络、创新的在线设计工作室和业界最大的地板覆盖物设计档案库
小样	全面的定制样品服务、定制颜色开发、设计打印展示和编织试验
安装	安装方法和底层材料的使用推荐，与全球伙伴网络一起提供咨询、技术监督、现场咨询等全套安装服务
护理	不同环境下各种地毯的推荐护理方法和方案
维护	不同环境下的各种地毯推荐清洁和维护方案
项目管理	专业人士对客户项目进行从头到尾的全过程管理

最后，当一个新的地毯产品服务订单到来，采用本书作者所提出的产
品服务化供应链业务流程组织方法就可以为该订单组织一个具有最佳投入
产出比的供应链业务流程系统。

为了验证作者提出的价值定义和价值度量方法，结合文献［49］提出
的产品制造服务链业务流程组织方法，我们选取了 A 公司及其合作伙伴近
年来的 9 个典型住宅和商业订单（表 4-11）的完成过程来进行说明。这些
流程也显示了 A 公司如何使用此方法开展的服务化转型过程，描述如下。

表 4-11　A 公司的一些典型地毯产品服务订单

订单类型	小批量订单	中等规模订单	大规模订单
订单类型 1：强调设计服务	订单 1： 订单量：1 500m² 应用行业：居住	订单 2： 订单量：10 000m² 应用行业：公共空间	订单 3： 订单量：32 000m² 应用行业：航海
订单类型 2：强调设计和安装服务	订单 4： 订单量：2 500m² 应用行业：休闲	订单 5： 订单量：9 000m² 应用行业：酒店	订单 6： 订单量：20 000m² 应用行业：机场

续表

订单类型	小批量订单	中等规模订单	大规模订单
订单类型3： 强调设计、安装、护理 和维护服务	订单7： 订单量：4 000m² 应用行业：健康护理	订单8： 订单量：18 000m² 应用行业：公共空间	订单9： 订单量：40 000m² 应用行业：机场

　　为了完成9个客户订单，首先进行相关数据的采集。采集对象包括：A公司，其上下游合作伙伴、客户，以及3个非常熟悉地毯行业、地毯生产量-本-利数据，并能代表地毯供应链所有利益相关者的专家。随后的业务流程组织以及产品服务价值的核算也得到这些专家的支持。此外，式（4-12）的内在产品服务价值的成本数据是直接从A公司、合作伙伴和客户调查中收集的，而外在产品服务价值是由3位专家通过访谈和德尔菲法确定的。

　　为了避免数据采集和分析过程中的潜在偏差，本案例所确定的9个客户订单分别来自于酒店、游戏、休闲、公共空间和住宅等5个不同的行业。考虑成本效益和可比性等因素，根据订单规模将其分为小型、中型和大型三种类型。值得注意的是，考虑原始订单和供应链相关实际数据的敏感性，在不影响本研究的情况下，我们对原始数据进行了技术性处理。9个客户订单的后续供应链业务决策过程如下所述。

　　步骤1：根据各类订单的个性化需求和每个客户的偏好（表4-11），供应链服务集成商A公司首先确定或调整其相关的业务策略和业务重点；然后对每个订单进行评估并选择合格的供应链合作伙伴（包括原材料、设计、制造、交付、安装、售后和维修服务商）；通过供应链各个参与者之间的协商，确定地毯供应链及其参与者针对每个客户订单的业务目标。最后，为所有选定的参与者确定服务资源并设计起相关业务流程，最终为每个订单建立一个相关的产品服务供应链系统。

　　步骤2：基于设计的业务流程，使用本书第6章提出的扩展的 e^3-value 建模方法为上述订单分别构建相应的供应链产品服务化系统。在统一的 e^3-value 价值模型（图4-19）中，与A公司相关的价值参与者及其价值创造活动（Value Activity Set，VAS）/流程见表4-12。

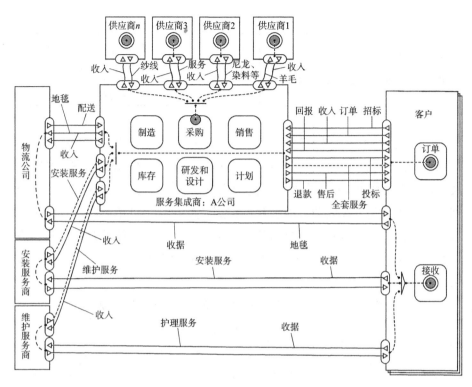

图 4-19 基于业务流程的 A 公司地毯产品服务化供应链价值模型

表 4-12 地毯产品服务化供应链系统 A 公司的价值创造活动（VAS）集合

业务流程子系统	VAS1	VAS2	VAS3	VAS4	VAS5	VAS6	VAS7	VAS8
市场和订单	市场需求分析	商业机会评估	能力和提前期评估	成本核算	投标和协商	协商和订单	订单履行	售后服务
研发和设计	概念设计	初步设计	详细设计	再设计				
计划	主计划	设计计划	采购计划	制造计划	质量计划	风险缓解计划	配送计划	售后计划
采购	采购设计	供应商选择	收货、转移和存储	支付授权				
制造	最终制造工程	生产计划	采购执行和领料	生产和质量测试	包装	库存	出库发运	
配送	物流商选择	配送外包	配送	支付授权	配送评价			
安装	安装设计	安装商选择	安装培训	安装	安装反馈和服务提升	技术监督和现场建议		

91

业务流程子系统	VAS1	VAS2	VAS3	VAS4	VAS5	VAS6	VAS7	VAS8
护理和维护	护理和维护设计	合作商选择	合作商培训	护理和维护	反馈和服务提升	技术监督和现场建议		

步骤3：参考供应链管理协会（Association for Supply Chain Management，ASCM）提出的 SCOR 模型（Supply Chain Operations Reference，SCOR）的成本指标以及从供应链各参与方收集的成本信息[57]，表4-12和表4-13分别列出了 A 公司及其安装、护理和维护服务商在每个订单供应链系统中所有业务流程子系统的成本项及其预期成本。为了便于后续的对比分析，表4-13还提供了 A 公司及其合作伙伴实施服务化之前同类订单的历史统计成本数据。

表4-13 各个订单需要开展的价值创造活动的成本预测

业务流程子系统	业务流程子系统成本								
	订单1	订单2	订单3	订单4	订单5	订单6	订单7	订单8	订单9
市场和订单	20 000	32 200	78 840	18 500	31 300	53 280	36 000	100 440	174 000
研发和设计	50 000	64 400	157 680	29 600	50 080	79 920	44 000	117 180	174 000
计划	12 000	12 880	59 130	11 100	18 780	39 960	20 000	50 220	104 400
采购	40 000	289 800	748 980	46 250	250 400	559 440	72 000	502 200	1113 600
制造	54 000	225 400	847 530	55 500	219 100	506 160	96 000	502 200	939 600
配送	24 000	32 200	78 840	12 950	31 300	53 280	32 000	66 960	139 200
安装	N/A	N/A	N/A	11 100	25 040	39 960	16 000	50 220	104 400
护理和维护	N/A	N/A	N/A	N/A	N/A	N/A	84 000	284 580	730 800
总成本	200 000	644 000	1 971 000	185 000	626 000	1 332 000	400 000	1 674 000	3 480 000
类似订单历史成本	170 000	590 000	1 870 000	153 000	563 000	1 265 000	300 000	1 339 000	2 993 000
案例订单和历史类似订单成本比	118%	109%	105%	121%	111%	105%	133%	125%	116%

步骤4：使用式（4-12）分别计算上述9个订单供应链系统各自所创造的产品服务价值。

步骤4.1：邀请上述3位专家使用专家评价法确定每个参与者的业务流

程子系统的增值系数 α_i 值（表 4-14）。注意，α_i 取代了 α_{ij}，后者是每个供应链参与者的业务流程子系统的价值系数。

表 4-14　业务流程子系统各业务服务活动的增值系数 α_i 值

业务流程子系统	各业务流程子系统的增值系数 α_i 值		
	订单类型 1	订单类型 2	订单类型 3
市场和订单	1.10	1.10	1.10
设计	1.25	1.25	1.25
计划	1.05	1.05	1.05
采购	1.00	1.00	1.00
制造	1.05	1.05	1.05
配送	1.00	1.00	1.00
安装	N/A	1.05	1.05
护理和维护	N/A	N/A	1.10

步骤 4.2：使用公式（4-14）分别计算上述 9 个订单供应链系统各自所创造的预期内在产品服务价值（表 4-15）。

表 4-15　每个订单所创造的产品服务总价值(预测值) α_i 值

订单	订单 1	订单 2	订单 3	订单 4	订单 5	订单 6	订单 7	订单 8	订单 9
内在产品服务价值	217 800	688 114	2 063 637	198 135	654 796	1 386 612	429 600	1 771 929	3 671 400
外在产品服务价值	6 534	20 643	61 909	7 925	26 192	55 464	25 776	106 316	22 0284
产品服务总价值	224 334	708 757	2 125 546	206 060	680 988	1 442 076	455 376	1 878 245	3 891 684
预测收入	224 334	815 071	238 0612	212 242	783 136	1 615 126	478 145	2 253 894	4 475 437
实际收入	222 000	795 000	2 400 000	210 000	780 000	1 650 000	475 000	2 200 000	4 500 000
历史类似订单收入	200 000	708 000	2 206 000	180 000	700 000	1 530 000	360 000	1 675 000	3 700 000
案例订单收入与历史类似订单收入比	111%	112%	109%	117%	111%	108%	132%	131%	122%

步骤 4.3：使用德尔菲法计算每个订单的预期外在产品服务价值（表 4-15）。这里，由于每个订单类型的客户有不同的偏好，相关的外在产品服务价值也因订单类型的不同而不同。

步骤 4.4：计算表 4-12 中 9 个订单所创造的预期总产品服务价值（表

4-15)。同样，表4-15也提供了类似订单和历史订单的价值数据。

步骤5：计算每个订单的预期毛利润（表4-16），并判断其是否符合所有参与者的预期业务目标。若未达到预期目标，则回到步骤1继续优化设计；否则，输出优化的系统设计结果。

表4-16　每个订单的毛利润(预测值)

订单	订单1	订单2	订单3	订单4	订单5	订单6	订单7	订单8	订单9
毛利润	22 000	151 000	429 000	25 000	154 000	318 000	75 000	526 000	1 020 000

（3）结果分析

在成本分析方面，从表4-13可以看出，9个订单的预测成本与其相似的历史成本之间的差异很大。其中，小规模订单之间的差异最大，而大规模订单之间的差异最小。

从表4-15和表4-16可以看出，预测的收入与实际数据大致相符，每一个订单对相关供应链贡献的毛利润的数量也不尽相同。与订单类型1和订单类型2相比，服务化程度最高的订单类型3获得了比历史类似订单更高的收入比，而订单类型1的这个比例与订单类型2相似，尽管实际上它有更少的服务。

从表4-11和表4-15可以看出，订单类型1、订单类型2和订单类型3的"外在产品服务价值与总产品服务价值之比"分别为3%、4%和6%。这预示着外在的产品服务价值与每种订单类型所强调的业务服务数量之间存在某种正相关关系。这种关系在后续对A公司营销经理的一次采访中得到了证实。她对这一现象的解释是：客户的偏好/个性化要求越多，就越需要供应链提供更多的业务服务和创造更多的外在服务价值，由此导致客户提供的回报也就越高。

在表4-17中，小规模的订单1、4、7的毛利率低于类似历史订单的毛利率，它们之间的差异分别为-6.6%、-4.1%和-1.2%；而中等规模的订单2、5、8和大规模的订单3、6、9的利润率则更大，差异为3.4%、0.3%、6.3%、3.8%、3%和5.7%。

表 4-17　案例订单和历史类似订单收入的毛利润率

订单	订单 1	订单 2	订单 3	订单 4	订单 5	订单 6	订单 7	订单 8	订单 9
案例订单	11.0%	23.4%	21.8%	13.5%	24.6%	23.9%	18.8%	31.4%	29.3%
历史类似订单	17.6%	20.0%	18.0%	17.6%	24.3%	20.9%	20.0%	25.1%	23.6%

从表 4-13 到表 4-17 我们还可以计算出 9 个订单的所有业务流程子系统的平均贡献率。市场和订单、设计、计划、采购、制造、交付、安装、善后和维护等子系统的贡献率分别为 9.8%、34.4%、2.9%、0、30.9%、0、2.2% 和 19.7%。

根据上述过程和结果，还可以得到如下分析结果。

①所有的产品服务化供应链参与者在每个订单上的投资/花费比以往更多。

②产品供应链的服务化可以带来更多的利润和收入，如大规模订单 2、订单 3、订单 5、订单 6、订单 8 和订单 9；而它也可以使利润减少，如小规模订单 1、4 和 7。因此，出现了服务化悖论现象，因为高成本或高投资无法得到高回报。而订单规模对最终利润有重大影响，这是服务化过程中的规模经济现象。然而，由于收益递减效应的存在，并非订单规模越大，利润越多。例如，中等规模的订单 8 比大规模的订单 9 的利润率更高。

③不同的订单类型与客户在不同情况下有不同的关注点或偏好，这会形成不同的个性化供应链业务流程。通常情况下，业务流程的个性化程度越高，其创造的价值越多。然而，这些不同的服务化业务流程也会或多或少地产生不同的回报。例如，强调设计、安装、护理和维护服务的类型 3 的订单 7、订单 8、订单 9 比包含较少服务的类型 1 和类型 2 的订单有更高的利润率。

还有，强调设计和安装服务的订单类型 2 的利润率与订单类型 1 几乎相同。这表明，护理和维护服务可以比安装服务创造更多的价值。此外，在订单类型 1 的订单 2 和 3 中，设计服务也是一个高附加值的业务流程，只有设计服务被强调。

通过综合分析还可以发现，在这个案例中，围绕地毯进行的设计、制造、护理和维护、市场和订单这四类业务流程的增值贡献最大。这表明 A 公司及其合作伙伴的服务化主要集中在这几个业务领域，而非传统的"纯制造"业务。

项目实施两年后，A 公司及其供应链合作伙伴的服务化程度逐步提高，转型后的营销、财务和战略效益日益提升。到 2018 年，A 公司的服务收入占营业收入的比例已经达到了 25% 以上，利润率提高了 17%，竞争力和客户忠诚度也大大提升，市场份额逐年递增。

（4）A 公司地毯供应链服务化案例的启示和发现

对于 A 公司及其合作伙伴来说，我们提出的这种方法恰好为之提供了一种通过业务流程转型运作方法来实现服务化的目标。通过在案例公司中实施该方法，我们发现它不但为该供应链提供了一个将独立的业务实体、业务流程、业务指标和最佳实践连接到一起的整体解决方案，而且还可以通过对相关业务流程的建模以及优化来建立最终的服务化供应链系统。它可以全面融合客户以及产品服务提供者的价值需求，并反映系统的客户-产品服务供应商协同创造新的更多的价值的服务化本质。

这种方法与本书第 6 章提出的扩展 e^3-value 建模技术相结合，可以确定供应链系统的哪些业务流程或活动与客户价值直接相关。通过加快这些数据收集过程，可以帮助管理者做出快速有效的决策。此外，通过严谨的方法优化创建的产品服务供应链系统业务流程模型，可为如下常见的基本问题提供相应的答案。

①如何以可视化、可计算的方式进行企业的服务化过程？

②如何确定系统价值的生产者，这些价值是在哪里以及如何被系统地创造、交付、分解、交换和消费的？

③如何量化收入和价值，以评估潜在产品服务系统盈利能力，以避免服务化悖论？

这些能力可以使计划开展服务化的企业快速评估和确定它可以在多大程度上进行服务化。如果其正在进行服务化，那么可以通过模拟分析来指导它如何开展后续的工作，以及随之而来的变化。简言之，这种方法将使一个组织在以下几个方面受益。

①将产品服务化供应链系统成员的价值创造与其战略目标相结合。

②从客户、供应商和业务流程等各自的角度理解产品服务化供应链和产品服务价值。

③有效建模和组织优化产品服务化供应链系统的业务服务流程。

④产品服务化供应链系统业务服务流程性能的快速计算和评估。

⑤明确产品服务化供应链系统价值创造过程。

⑥产品服务化供应链系统网络的再设计和优化。

⑦推出新业务和新产品的详细计划。

通过对 A 公司地毯供应链服务化案例的深度参与和案例结果分析，可以看到一个成功的服务化项目的实施不仅需要战略上的改变，还需要从价值的角度对组织的业务流程进行有效的改造和重组。进一步地，图 4-20 从业务流程转型和价值增值的角度展示了案例公司地毯供应链的服务化路线。它显示了一个传统的产品生产供应链是如何通过逐步的业务升级和转型来实施其服务化战略的。这个转型改造与重组过程不但是一个循序渐进、从易到难的过程，而且是一个从量变到质变的过程。

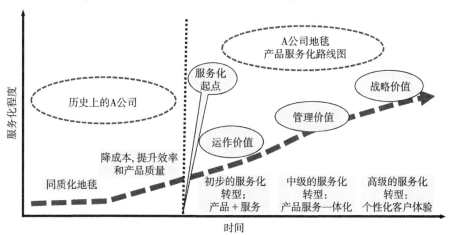

图 4-20　A 公司地毯供应商产品服务化路线

①早期初级的服务化：简单地增加一些独立于产品的单项增值服务，这些服务有些是依附于产品本身的，有些是增加供应链业务服务过程便捷性和效能的。这些活动/流程大大提升了产品供应链的运作价值。

②中级的服务化：基于物理产品自身或其相关附属功能、性能等因素，为客户提供一体化、集成化和系统化产品解决方案的基于产品整合的服务化增值系统。企业/供应链服务化开展一定阶段时，一般不再满足于简单的单项增值服务的累加，而是通过提供一整套解决方案来满足客户要求，这些活动体现了一个产品供应链的卓越管理价值。

③高级的服务化：在向服务化转型升级过程中，无论是基于产品效能的提升，还是基于产品整合的增值服务，乃至系统集成解决方案的中级服务化，都是供应商从自身出发向市场提供的产品服务。制造业服务化转型的高级阶段是着眼于企业战略价值的、面向客户个性化需求和个性化体验的产品服务解决方案提供商。在这个阶段，企业利用其价值链上的运营优势，不是提供依托于自身产品服务的专业服务，而是着力于挖掘和洞察客户的潜在需求，最终交付给客户"一站式"解决方案和实施成果。其创造的价值体现在为客户运营企业核心业务，帮助其提升竞争力、运转效率以及减低成本，为客户创造更多价值。

第二部分

服务互联网价值链/网模型与方法

第5章　服务互联网环境下的服务价值链/网生态系统

在服务互联网环境下，企业/组织之间通过服务之间的高效协同实现"跨界""敏捷"服务聚合，构建"大粒度""复合式"服务组合，相互协作，创造更多、更新的服务价值来满足市场不同的需求。创造社会财富的服务业务链条与价值网络不断扩展，价值创造活动具备了动态演化、相互依存、持续增长、自组织等生态系统特性，一种新型的服务价值创造生态系统逐步形成，即服务价值链/网生态系统。本章首先介绍服务价值链/网生态系统的产生背景，之后深入剖析服务价值链/网系统的企业商业模式演化过程和价值创造机制，最后给出服务价值链/网生态系统的模型架构。

5.1　引　　言

近年来，以从事制造服务为代表的实体企业开始依托云计算、互联网、大数据、物联网等新一代信息技术进行服务模式创新、价值创新并持续深化，通过逐渐融合零售、金融、信息、物流等上下游产业而逐步升级为平台型企业。

在此背景下，企业的价值创造逻辑、产业组织结构不断变革，价值创造过程及其核心环节不断演化，传统产业组织正在被基于互联网平台的服务互联网系统所取代，并进一步扩展到全社会所在的诸多行业。例如，家电行业的海尔卡奥斯（COSMOPlay）智能互联系统、航天领域的航天云网、以 Apple 的 IOS 开发平台为核心形成的智能移动服务互联网系统，以谷歌的相关产品和应用为核心的创新生态系统，等等。这些著名的平台系统具有明显的生态系统和价值链/网特征。结合文献［58］中有关价值生态系统的概念（互联网经济环境下形成的具有生态系统特征的新型产业组织，没有明确的产业边界和企业边界，每一个进驻并栖息于价值生态系统的参与者，都是直接参与或主导价值创造流程的价值创造者），笔者将这些典型的价值生态系统称为服务价值链/网生态系统。

目前，针对服务互联网价值生态系统的形成有一些相关的研究成果。例如，金帆强调价值生态系统的产生源于价值创造活动的生态系统化，主要包括价值载体变化引发用户栖息行为、用户需求数量由量变向质变过渡、用户/企业间的竞争关系向多形态的合作竞争关系演化、基于价值种群及价值群落的层级系统出现与开放共享以实现可持续发展等几个方面[47]；杨林等认为互联网信息技术的发展推动了产业的融合，模糊了产业之间的边界，企业通过商业模式在用户价值、战略合作关系、价值共创三项关键性因素创新实现企业以内生式和外生式跨界成长[59]；孙凤娇等认为在服务互联网环境下，技术环境与组织结构使服务供应链正在发展成为具有复杂、动态、协同交互特征的服务生态系统网络[60]；钟琦等认为平台生态系统价值共创区别于一般的价值共创活动，是生态系统各利益相关者通过竞合互动和资源整合而共同创造价值的动态过程，商业模式与价值共创活动变化是平台生态系统产生的原因[61]。

从已有的工作来看，尽管已有不少文献分别从不同的视角对服务价值生态系统产生的原因进行了研究，但对该类系统的演化过程、价值创造机制、系统模型等方面尚缺乏比较系统的研究。基于相关理论和实践研究，笔者以服务互联网环境下的企业商业模式演化与跨边界的多维度价值创造机制革新为切入点对服务互联网环境下的服务价值链/网生态系统展开了如下研究。

5.2　服务生态系统相关企业商业模式的演化

随着云计算、大数据、物联网与人工智能等技术的广泛应用，平台经济逐步取代传统的"线下"模式，核心企业开始不断构建工业互联网平台实现上下游产业资源整合，以服务组合/聚合的形式为客户提供优质产品与服务。不断涌现的一个个平台导致组成服务生态系统相关企业的商业模式发生了极大的变化，从而促生了日益繁荣的服务互联网经济，逐渐形成服务价值链/网生态系统。可见，服务价值链/网生态系统的出现本质上是产业资源在基于信息技术的商业模式演化下动态聚合与按需配置。而在商业模式的演化过程中，价值的创造机制也随之变化，为进一步揭示价值创造机制的变化，首先需要对商业模式的演化路径进行分析。本研究利用著名的商业模式设计工具——商业模式画布（Business Model Canvas），对相关企业的商业模式变化进行简要分析，并给出商业模式的演化途径。

商业模式像一个战略蓝图，可以通过企业组织结构、流程和系统来实现它。商业模式画布是一种用来描述商业模式、可视化商业模式、评估商业模式以及改变商业模式的通用语言。图 5-1 是商业模式画布基本结构，它由 9 个基本模块构成，图 5-2 是各个模块之间的潜在关系[62]。

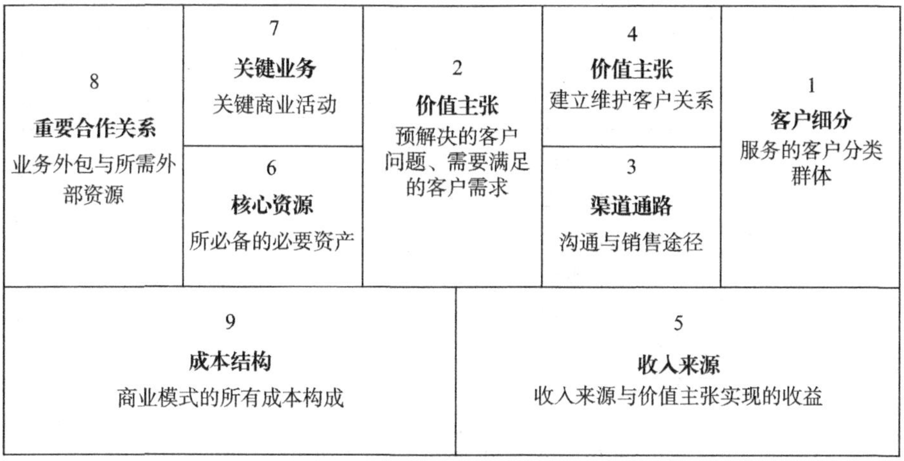

8 **重要合作关系** 业务外包与所需外部资源	7 **关键业务** 关键商业活动	2 **价值主张** 预解决的客户问题、需要满足的客户需求	4 **价值主张** 建立维护客户关系	1 **客户细分** 服务的客户分类群体
	6 **核心资源** 所必备的必要资产		3 **渠道通路** 沟通与销售途径	
9 **成本结构** 商业模式的所有成本构成			5 **收入来源** 收入来源与价值主张实现的收益	

图 5-1　商业模式画布基本结构

结合商业模式画布，我们从以下 9 个方面对上述类型企业的商业模式变化前后进行对比分析。

①用户细分（Customer Segements，CS）。

这一部分是确定目标群体是谁？潜在的用户是谁？

在平台构建之前，企业用户主体以购买企业产品与服务的传统用户为主，而潜在用户是尚未购买产品与服务的用户。

在平台构建之后，企业用户主体演变为购买产品与服务的传统用户，以及产品生产制造、服务提供与平台维护等上下游企业级服务提供商，企业

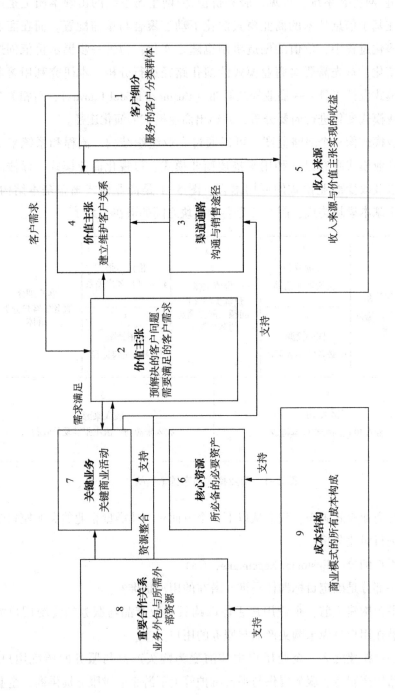

图 5-2 商业模式画布结构关系

的用户群体与涵盖范围变广；而企业的潜在用户，既包含未购买和使用产品与服务的用户，也包含未加入平台的中下游制造企业与服务提供商。当然，针对不同的用户，平台构建之前与之后的细分门类也有较大变化，在这里不再赘述。

②价值主张（Value Proposition，VP）。

价值主张是用户细分中明确用户群体的差别。价值主张模块需要思考价值主张的差别是什么。

在平台构建之前，针对传统用户，企业的价值主张是基本产品与服务，并以产品性能、服务效率与水平、出色设计为主。

由于用户群体的变化，在平台生态系统下，企业的价值主张不再是传统的产品与服务，高效系统、成本节约、价值创新与产品服务定制能力建设等成为平台相关企业的新的价值主张。

③渠道通路（Channels）。

在渠道方面差别更为突出，传统商业模式下渠道的建立以多级代理商形式为主，通过逐级管控、宣传推广等搭建有效的销售与经营渠道。

在平台生态系统下，企业渠道建设逐步转变为以网络页面、App 推送、网红推介、参与公共服务事件、建立行业企业标准等手段扩大平台的知名度，建立新的基于互联网的营销渠道。

④用户关系（Customer Relationships，CR）。

在用户关系管理方面，传统商业模式下通过售后服务和增值服务与用户建立稳定的用户关系。而在平台生态系统下，企业通过用户全程参与产品设计与制造过程与用户建立用户关系。同时，用户的设计方案等可以为其他用户所采用，用户与企业的关系由用户关系转变为稳定的合作关系。

⑤收入来源（Revenue Streams，RS）。

传统商业模式下，企业通过产品或服务提供的方式使用户支付费用，用户与企业之间、企业与企业之间为零和博弈，价格是企业收入的核心。

在新的商业模式下，企业与用户合作共赢，为所有用户（现有用户与潜在用户）提供服务，企业与用户本质为合作互利与共生关系。企业与用户之间为合作博弈，企业收入的核心是如何为所有用户提供更优质的服务，定价不再是企业收入的核心，如何分配收益更为重要。

⑥核心资源（Key Resources，KR）。

传统商业模式下，企业的核心资源包括物理设备、人力与资金等实体资产，以及设计方案、专利、品牌等知识资产。

在新的商业模式下，数据与信息技术也成为企业的重要资产，合理利用信息技术与数据、挖掘有效的知识，一方面可以为企业自身服务，另一方面也可服务其他企业，形成新的收益来源。此外，合作关系成为企业的核心资源。建立良好稳固的协作关系网络不仅可以为自己的客户服务，也可以为其他合作伙伴的客户服务。

⑦关键业务活动（Key Activities，KA）。

显然，有了核心的资源，价值链中的主要活动是企业传统商业模式的核心业务，而在新的商业模式下，除了价值网的协作活动之外，辅助活动成为企业的关键业务，如搭建网络平台、利用网络推广产品服务等。

⑧重要合作伙伴（Key Partnerships，KP）。

传统商业模式下，企业的重要合作伙伴主要包括上下游供应商与服务提供商。在新的商业模式下，平台的所有参与者均为企业的重要合作伙伴。关系网络由传统的链式网转变为具有动态性、分层性与协同交互等特征的复杂网络。

⑨成本结构（Cost Structure，CS）。

与传统商业模式的以制造成本为核心的成本结构不同，新商业模式成本结构更为复杂，涉及平台维护、合作网络维护、知识资源挖掘与利用等各个方面。

从以上几个方面可以看出，正是新一代信息技术在推动这些行业企业进行商业模式的演化，其演化路径如图 5-2 所示，由用户细分出发，途经价值主张、关键业务等，最后影响企业的成本结构与收益来源，这也进一步促使其服务价值创造机制发生重要变换，推动这些企业的价值链/网系统具有一定的生态系统特征。

5.3 服务生态系统价值创造机制的变化

在行业企业商业模式不断演化的情况下，服务互联网/平台对现实世界中的海量服务资源进行了逐层聚合，逐渐形成了复杂的网络系统结构。在此过程中，相关价值创造活动由价值链系统向价值链/网生态系统演化，并呈现出服务生态系统化的特征，其价值创造机制也随之发生了一系列变化，具体表现在以下四个方面。

(1) 价值创造的载体变化

传统的价值理论中，价值创造活动主要围绕产品生产过程，价值的载体一直是产品或"产品+服务"。而在服务互联网时代，价值创造活动集中在线上与线下的服务过程，用户可以参与产品设计、制造与服务等若干环节，价值载体转变为"过程+产品+服务+内容"。例如，在网络平台购买电器产品，价值创造活动时刻围绕线上购物与线下的配送与安装活动，传统依赖于生产制造的价值创造活动对用户价值的影响权重日趋弱化。再有，各类线上内容服务的蓬勃发展引领着价值载体由有形的、有寿命期限的产品逐渐转化为无形的、持久性的服务体验。例如，淘宝、微信、抖音、头条等通过服务集成、即时通信、广泛互动、深度嵌入等为用户提供广泛的售前、售中与售后体验，用户的产品与服务使用过程超越产品制造过程成为价值创造活动的核心环节。这些平台为用户创造了一个有归属感、依附感的栖息地，用户通过观看产品介绍、产品试用反馈与围绕产品使用的实时互动等了解产品特性，购买产品后还可通过平台进行售后服务，使用户长时间驻留其中。这些特性均与以传统的产品和售后服务为载体的价值创造不同，尽管后者力图通过售后服务、用户参与研发等活动尽可能延长用户在价值创造流程中停留的时间，但是传统产品的实物性质、服务的即时性特征难以将用户完全嵌入价值链或价值网中。这种聚集各种类型服务并提供差异化的服务体验的平台类 App 促使大量用户"栖息"于网络服务空间。用户的这种栖息一方面表现为时间的长久性，另一方面表现为心理的依赖性与归属感，进一步吸引更多异质化服务加入服务互联网，形成了类似自然界的生态环境[43,54]。

随着接入互联网的用户数量不断增加与价值载体的变化，更多的用户可以通过网络体验各种集成服务，一方面吸引更多的用户与服务提供者加入互联网，另一方面改变传统服务的协作链条，使服务体验能够以极低的变动成本大量供给，服务空间中用户的数量剧增。随着大量用户的不断涌入，服务提供者也应声而来，各种服务平台如雨后春笋般出现并集成各式各样的服务，以提供差异化与创新服务吸引用户。例如，微信以公众号、小程序等平台为用户提供各种服务；抖音、快手等短视频服务平台，在为用户提供文娱服务的同时也为用户提供购物、鉴赏等其他服务。用户需求不断变化与细粒度服务的提供相互促进与影响，使用户需求完全脱离传统的单一模式向混合个性化发展，并最终向个性化转变。例如，传统食品销售模式，正被短视频中的实地探查广告、商品试吃等在线销售模式取代，用户的需求不单是食品本身，也包括了"探查"与"试吃"等安全方面的服务体验需求。在不同的服务平台上，用户的个性化需求的满足需要集成不同的服务共同实现，传统静态的、单一的制造/服务链条不再适用，被动态的、自组织的多价值链/网所替代，每个需求均可直达服务提供商，抵消传统供应模式的"牛鞭"效应，提高资金流动速度，极大提高价值创造效率，既有效满足用户需求又能提高服务提供商的经济效益。因此，大量的用户与各类服务提供商围绕不同平台协作，形成新的价值创造模式，并在此模式下不断自我调整，自我适应。

（2）价值创造协作关系变化

传统的价值链、价值网理论一直将用户与服务或产品提供企业之间的博弈视为零和博弈，用户不参与企业的价值创造过程，用户与服务提供商的界限清晰。在服务互联网中，用户可能会直接参与企业的价值创造过程，甚至有可能转变为服务提供商与企业合作。例如，在海尔的 cosmoplat 工业互联网平台中，用户可以自行设计产品的配置及外观方案，用户不但直接参与企业价值的创造过程，还可以将所设计的方案分享给其他用户；如果被采用，用户可直接转变为服务提供商与其他企业合作，服务其他用户。再如，在抖音与快手等短视频平台，用户可以作为消费者浏览使用其他用户的服务，也可以作为服务提供商为其他用户服务。

此外，在服务互联网中同类型企业间的竞争也不再是零和博弈，转变成一种既竞争又合作的新关系。例如，海尔与美的作为同类型公司，在电商平台的促使下，其售后服务相互合作，在某些一线城市，海尔售后服务任务繁重时会将任务转包给美的，在一些偏远的城乡地区，美的售后服务则由海尔完成。将用户与服务提供者看作生态系统的"物种"，那么竞争和合作是两种最基本的关系。我们将其进一步细分，得到更具体的关系类型。需要指出的是，在以下讨论中提及的"物种"，既可以是原子服务或服务提供商，也可以是原子服务构成的利益共同体（包括共生体、服务链、服务超链）。

①合作关系（互补、不可替代）：个体 A 和 B 在参与满足同一用户产品

或服务需求的时候，为用户所提供的产品或服务功能特征存在明显不同，或者虽然其功能特征相同或类似，但其时间、空间特征方面存在显著差异，且可能存在互补情况，故 A 和 B 之间不能相互替换，形成了互补，即合作关系，而这种合作关系也分为不同的情况，具体如下。

●共生关系（Symbiont）：个体 A 和 B 在满足不同用户的产品与需求时，经常共同出现在特定的解决方案中，单独的 A 或 B 无法形成有效的解决方案，必须同时存在。此时，针对该类产品或服务需求，A 与 B 形成了互利共生体。

●寄生关系（Parasite）：在共生关系中，并无明确的主导关系，但如果个体 A 可独立参与满足用户需求，个体 B 不能，但 A 在参与满足用户需求的过程中需要借助 B 的相关产品与服务功能，此时，可将 B 看作 A 类个体的一个寄生体，A 是 B 的宿主，B 对外不可见，这种关系称为寄生关系。可以认为寄生关系是共生关系的一种特例。

②竞争关系（可替代、支配）：个体 A 和 B 所提供的产品与服务功能具有显著的相似性/趋同性，但其所提供的服务质量、能力方面可能存在差异，彼此之间形成竞争关系。具体可细分为以下类型。

●可替代关系（Substitutability）：针对产品或服务功能完全等价的两个个体 A 和 B，以及用户关注的一组服务质量参数 $\{Q_1, Q_2, \cdots, Q_n\}$，如果对任意 Q_i（$1 \leqslant i \leqslant n$），都有 $|Q_i(A) - Q_i(B)| \leqslant \delta_i$，$\delta_i$ 是阈值，表示用户在产品或服务上可接受的质量差距，那么 A 和 B 在参与满足同一个需求的时候可以相互替换。

●支配关系（Dominance）：针对产品或功能等价的个体 A 和 B，以及用户关注的一组服务质量参数 $\{Q_1, Q_2, \cdots, Q_n\}$，如果对任意 Q_i（$1 \leqslant i \leqslant n$），都有 $|Q_i(A) - Q_i(B)| > \delta_j$，那么 A 与 B 在质量上存在支配关系（A 支配 B，或 B 支配 A）。

●边际线关系（Skyline）：针对功能等价的个体 A 和 B，以及用户关注的一组服务质量参数 $\{Q_1, Q_2, \cdots, Q_n\}$，如果存在 Q_i 满足 $\delta_i < |Q_i(A) - Q_i(B)| < \delta_j$，那么 A 和 B 的质量不可替代也不可支配，二者之间形成边际线关系。

③竞争合作关系：个体 A 和 B 的产品和服务功能特征相同或类似，但其时间、空间特征方面存在显著差异，在竞争中存在可替代或支配关系。

同时，在针对特定需求时，A 与 B 可以共同出现在具体的解决方案中，产品或服务在时间或空间特征方面呈现互补协作状态，即二者也存在特定共生关系，这种关系被称为竞争与合作关系。

（3）基于层级的价值群落出现

服务生态中，"食物源"是用户的需求，"物种/个体"是能够提供满足产品或服务需求的服务提供商，"食物源"与不同"物种"之间通过协作形成一个价值交换团体，称为价值群落。"食物源"向"物种"提供"能量"，"能量"在"物种"之间流转并最后以价值为载体转至"食物源"（与生态系统的区别），"食物源"获得价值后，有一定的概率再为"物种"提供"能量"。各个利益共同体的最高目标是通过捕获更多的、具备更高"能量"的用户需求，从而获得更长的"生存周期"，促进了不同层级的价值种群及价值群落的出现。

针对不同级别能量的"食物源"，由用户和服务提供者构成的价值创造网络称为价值群落。相较于基于传统价值网形成的单一层级价值群落，服务互联网中价值链/网生态系统的价值群落可分为多个层次，具体可分为组织/地域价值群落、领域内价值群落、跨领域价值群落。

①组织/地域价值群落：由用户与同一个组织内的服务提供者或同一个地域范围内的服务提供者所聚合形成的价值群落。其中的个体类型包括：原子服务提供商、服务共生体的利益集团，前者为现实世界中能够提供基本服务、资源、事物、设备、人力的组织或隶属于某个特定地域的服务商；后者是指频繁在一起协作的多个服务提供商，它们在参与需求满足的时候经常共同出现。典型的例子包括以集团为主导的私有云制造平台、区域资源共享平台等。这种价值群落是针对不同的价值个体有目的或自发形成的，组织内部/地域内部的决策者根据自身的竞争战略和市场竞争结果决定发展哪些服务或退出哪些服务。

②领域内价值群落：由来自不同组织、不同地域但隶属于同一个业务领域的服务提供商和用户形成的价值创作协同网络。该价值群落的出发点是"业务领域"，将来自于不同组织、不同地域的服务提供者根据业务领域进行聚合。业务领域有大有小，对业务领域的划分形成层次结构（如养老领域内又可细分为居家养老领域、机构养老领域、设计养老领域等），且每一个业务领域内部均包含了一系列服务功能特征和非功能特征。在服务互

联网中，可以按照服务特征对服务提供者进行聚合，提供相同/相似特征服务的服务提供者被聚在一起，他们之间形成竞争关系，并与用户一起形成领域价值群落。此外，考虑具备不同特征服务的提供者之间的合作关系，多个服务提供者连接与协作在一起形成跨组织的服务链（利益共同体），多条具备相似特征的服务链之间也存在竞争关系。

以制造领域为例，海尔的 COSMOPlat 工业互联网平台与航天领域的云制造平台就是典型的领域内价值群落。

③跨领域价值群落：由多个业务领域的服务提供者跨越领域边界所聚合形成的价值创造协作网络。该价值群落进一步突破了"领域"的边界，进一步聚合形成更大粒度的服务超链（利益共同体），目的是迎合用户的个性化需求（即其出现和存在的价值在于"捕获食物"）。它的聚合逻辑与上一层价值群落类似，这里不再重述。

以交通出行领域为例，飞猪、携程等服务平台进一步突破领域边界，推出出行等服务，还引入了中转酒店、机场泊车、出境上网等领域的服务（分别来自于住宿、停车、通信领域），并与其核心服务（航空运输）开展聚合，可直接满足用户在旅途中的大部分需求。

天猫与京东等电商平台已经呈现出若干跨领域价值群落。例如，线上的汽车配件销售配置线下的安装服务，使大量的车辆服务商聚集电商平台提供服务。

可见，服务互联时代，针对不同的用户需求，领域内外的服务围绕用户不断聚合，逐渐形成层次化的价值群落，类似于自然界中的不同生态群体。

（4）开放共享以实现可持续发展[43]

越来越多的企业将构建服务生态圈、投资生态链、生态化、建设商业生态等作为发展战略之一，其本质是建立开放共赢的格局，追求可持续发展。腾讯致力于利用微信做连接器，力图通过公众号、小程序、企业微信、微信支付等功能实现从通信社交工具向包括人、组织、服务在内的万物连接器的转变，通过开放和共享实现长久发展。小米广泛投资生态链企业，不断拓展小米的成长边界，夯实小米的发展根基，努力实现从手机生产商向全球化生态平台的转变。

总体来看，关于价值创造机制的研究，主要经历了从一维到二维的视角转变。价值链一维视角被价值星系、价值网理论拓展为二维。一维视角着眼于单个企业内的供应—生产—销售活动，具备简单的线性特征，随着价值星系开启了价值创造流程的非线性化研究，领导企业、供应商、合作伙伴等组成的二维协作网络具有更大的竞争优势。随着服务互联网的到来，二维的价值创造网络正在被拓展为三维价值创造生态空间。大数据和人工智能技术正在构建第三个维度，从深度上有效拓展价值空间。用户参与的价值创造过程成为价值创造的核心环节，任意数量的用户栖息于价值空间中进行价值创造，难以容纳用户栖息行为的扁平二维网络逐渐升级为三维空间。

价值创造三维空间的逐渐形成及其具备的用户"栖息""物种爆发""种群分化"、开放共享等生态系统特征表明服务互联网的产业组织难以被价值链、价值网等传统理论所解释，生态学中关于生态系统的研究为服务互联网价值创造机制的研究开辟了新的视角。

5.4　服务价值链/网生态系统模型架构

根据对服务价值链/网生态的商业模式演化与价值创造机制变化的分析，服务价值链/网生态系统可由生态资源、参与主体以及内部和外部环境等三个主要部分构成，供需双方利用价值协作网络实现价值共创，为各个参与主体提供价值。一个以提供产品服务为典型输出的服务价值链/网系统模型架构如图 5-3 所示。

（1）系统生态资源

一般来说，服务价值链生态系统的资源包括需要交换、转化及被创新的价值资源和支撑平台运行的基础性资源。对于一个以提供产品服务为典型输出的服务价值链/网系统而言，其价值资源包括前述的实物资源、资金资源、信息资源、服务资源与知识资源。其中，实物资源包括能提供制造加工服务和第三方物流服务的各类厂家、设备等；资金资源包括各类金融机构和非金融机构所提供的资金；信息资源包括推动运营效率提升的信息系统、各类平台流量数据等；而服务资源则包括各类支付技术和分销网络及电商平台等；知识流资源包括设计、方案、技术研发等。

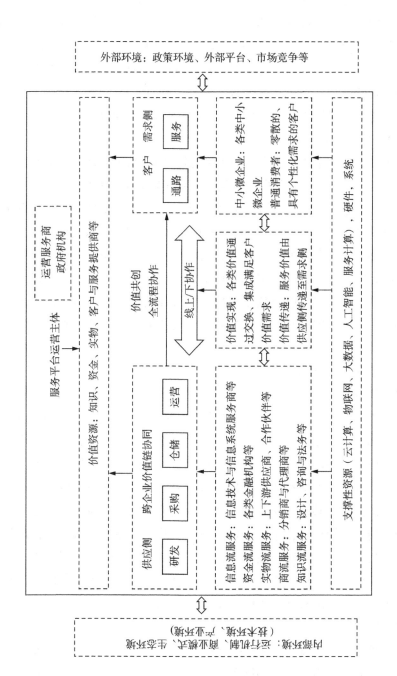

图 5-3　服务价值链/网生态系统模型架构

系统生态支撑性资源是维持平台生态得以正常运行和持续深化的基础性资源，它由基础的硬件设施（如服务器、计算机）通信系统及前沿性的互联网技术和信息处理技术构成，包括物联网技术、云计算、移动支付、区块链、大数据技术、人工智能等。在信息技术的支撑下，可以实现人与物、物与物的连接，完成高效的线上与线下协同，还可通过捕捉大数据进行分析，应用人工智能优化资源供给，提供资源与服务优化配置。

（2）系统参与主体

系统参与主体主要有三类：服务供应链/网供给侧主体、需求侧主体以及平台运营和监管主体。其中供给侧主体由五类服务提供商组成。

在需求侧主体方面，包括各类对资金、物流及商务贸易和在线系统服务有需求的中小微企业、各类有订单需求的制造类企业以及终端消费者。

最后一类参与主体为平台运营和监管主体，包括提供硬件基础设施和软件支撑系统的运营方、确定各类规则的政府相关监管机构。运营方主要从系统硬件、智能服务以及数据分析三个方面为平台的运行提供支撑，而政府相关监管机构则为平台确立规制、提供政策支持以及对平台实施动态监管。

（3）系统内部环境

1）运行机制

在实现价值创造之前，平台的供需双方主体通过动态连接、智能优化、数据分析和互动合作实现价值匹配，然后供给侧服务商通过服务平台、利用系统价值资源为需求侧创造价值。在此过程中，价值创造以价值共创的模式进行，需求方可全程参与价值创造过程，通过价值协作网使价值不断由供应方向需求方转移，实现双方的价值交换。由于涉及价值的创造、传递以及实现等运行环节，平台运营主体必须建立一整套高效、平衡的治理规制，包括匹配机制、协作机制与信息传递机制等，整合与贯通平台供需侧主体、平台的运行环境以及产业融合等多个要素，实现平台的生态良性循环，形成平台内部的自洽性和平台外部的协同性。

2）商业模式

服务价值链/网生态系统的商业模式可进一步通过商业模式画布进行分析，其客户细分包括供应侧的服务提供商与需求侧的各类中小微企业与普通消费者。价值主张则为通过平台实现价值共创，为所有参与者提供价值。

主要的渠道则是通过服务平台实现协作、沟通与交流。客户关系管理则侧重供需双方角色转变的管理。收入来源则是为参与主体（供需双方）提供价值后的价值溢出，包括广告费、服务费等。核心资源包括各个产业资源，如信息、金融、科技、制造、物流与零售等。核心业务为生态系统维护、运行机制建立与完善。成本结构主要为使用核心资源实现核心业务所产生的成本。

3）生态环境

系统的生态环境主要包括技术环境、产业环境等。技术环境是平台对前沿技术的应用，以及相关技术的成熟度；产业环境是平台生态所面临的与其他产业的融合度。

（4）系统外部环境

1）政策环境

政策环境是政府机构对各类"互联网+"产业创新模式及平台治理提出的各项规章制度，以及扶持政策。"互联网+"支持政策的出台，为服务价值链/网生态系统良性发展提供了良好的环境与契机，这也是当前服务价值链/网生态系统高速发展的主要动因。

2）外部平台与市场竞争

服务价值链/网生态系统的诸多优势使其主导企业在一段时期内处于同行业/产业的竞争优势地位。同行业企业或其他行业势必会构建类似的服务平台与其竞争。例如，阿里巴巴与京东的两个服务价值链/网生态系统一直处于竞争状态。此外，从不同的价值群落层面看，拼多多与上述两个服务价值链/网生态系统也存在竞争关系。良性的竞争关系有助于服务价值链/网生态系统的健康发展。针对外部平台与市场竞争，主体企业应不断完善运营机制，为供需双方提供更为优质的服务，要摒弃传统的垄断式、破坏式竞争模式，防止破坏良性的内部环境，以便服务价值链/网生态系统在竞争过程中良性发展。

第6章 基于业务过程的服务价值链/网系统模型

6.1 基于业务过程的服务价值链/网系统定义

6.1.1 基于业务过程的服务链/网系统总体架构

网络作为一种有效的图形化工具,已经被广泛地应用于描述复杂系统的关联关系。其中网络节点代表系统内部的组成个体,边代表组成个体之间的相互关系。基于以上分析,服务价值链/网系统可以很容易地使用,图6-1对多层异质网络进行了描述。

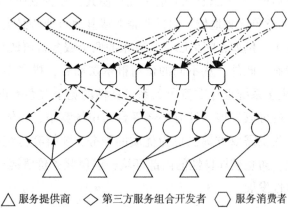

节点: △服务提供商 ◇第三方服务组合开发者 ⬡服务消费者
⬭服务 ▢服务组合

连线: ——▶服务提供关系 − − −▶服务调用关系
•••••▶服务组合开发关系 −•−•▶服务组合评价关系

图6-1 服务价值链/网系统多层异质网络模型

对一个服务互联网环境下的服务供应链/价值链/网系统而言，这是一个 4 层异质网络总体结构（图 6-1）。进一步地，我们可以用图 6-2 的一个超网络结构模型表示该系统的详细组成过程及其相关组成部分的层次关系。

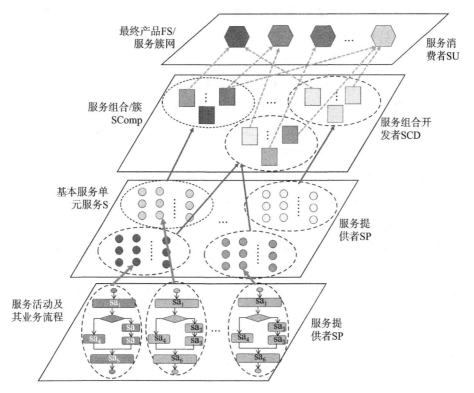

图 6-2　服务价值链/网系统的超网络层次组成结构

在此超网络模型中，包含了最终产品/服务簇网、服务组合/服务簇、基本服务以及构成基本服务的服务业务流程等结构类似的概念知识子网。4 个服务子网分别对应现实服务系统中的服务系统、服务子系统、服务功能模块、服务活动及其按不同顺序结构组成的若干服务业务流程。例如，对于一个典型的社会康养服务系统而言，此超网络模型的 4 个层次可以举例如下。

①第一层次的服务系统：指整个可以为不同的服务消费者（老人）提供不同康养服务功能组合的康养系统，如包括生活照理、身体保健、医疗服务的康养系统；包括旅游、理财、生活起居、医疗等服务的康养系统等。

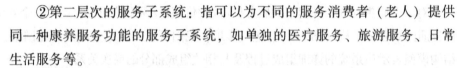

②第二层次的服务子系统：指可以为不同的服务消费者（老人）提供同一种康养服务功能的服务子系统，如单独的医疗服务、旅游服务、日常生活服务等。

③第三层次的服务功能模块（基本服务）：指可以为不同的服务消费者（老人）提供同一种康养服务子系统中的某一个特定服务功能模块，如医疗服务中的疾病诊断、餐饮服务等。

④第四层次的服务活动：指可以为不同的服务消费者（老人）提供同一种康养服务子系统中的某一个特定服务功能模块中的某些具有完整功能的基本活动，如医疗服务中的疾病诊断中的挂号业务活动、问诊服务活动、某项身体指标检验服务活动等。

通过上述描述可以看出，无论是最低一层的服务活动，还是第二层、第三层的基本服务、服务组合，其逐层向上的层级关系都是由下一层级粒度的服务功能模块按一定的次序（串行、并行、混合等）编排为相关的业务流程并进而形成上一层级粒度的服务，即服务活动→基本服务→基本服务业务流程→服务组合/服务簇→服务组合业务流程→最终用户服务业务系统。这是服务互联网环境下服务价值网/链系统的基本组成形式。

6.1.2　基于业务过程的服务网/链系统定义

基于 6.1.1 节的分析，可以对服务链/网系统的相关内容及其构成进行如下形式化定义。

定义 1：一个服务活动可以由一个五元组表示：

$$SA = (SAName, SAType, SAProvider, SACost) \qquad (6-1)$$

式中，SA 表示服务活动；SAName、SAType、SAProvider 分别表示服务活动的名称、类型和参与者；SACost 分别表示服务活动的服务成本以及其服务成本-价值增值系数。

定义 2 基本服务可由一个或多个连续的服务活动进行组合形成，它可以由一个八元组表示：

$$S = (SName, SType, SP, SService, SA, \\ Function, SCost, VCoefficient) \qquad (6-2)$$

式中，SName、SType、SP 分别表示基本服务的名称、类型和服务提供者；SService 为基本服务的服务执行所需要的服务资源集合；SA 表示组成基本服务的服务活动集合；Function 表示基本服务的内生服务功能效用集合；SCost、VCoefficient 分别表示基本服务的服务成本以及其服务成本-价值增值系数。

对于一个服务来讲，由于其外生的服务价值及其条件价值的动态变化性、异质性等不确定因素，后续本书只围绕可以进行客观评价的内生服务价值进行研究。

定义 3：服务组合可以由一个或多个服务加上相关的资源投入组成，可以由一个六元组表示：

$$SC = (SCName, SCType, S, SCD, SCCost, SCVCoefficient) \quad (6-3)$$

式中，SC 为服务组合；SCName、SCType 表示服务组合名称和组合类型；S 表示服务的集合；SCD 表示第三方服务组合开发者；SCCost 表示服务组合的服务成本；SCVCoefficient 表示服务组合的服务成本-价值增值系数。

定义 4：服务互联网环境下的服务价值链/网系统异质网络（Multilayer Heterogeneous Network Model for Internet of Services，MHeN）系统是一个多层异质网络，可以表示为：

$$\begin{aligned} G^{\text{MHeN}} = \{ &< \text{SP, SCD, SU, } S\text{, SComp, FS} >, \\ &< G^{\text{PrN}}, G^{\text{DeN}}, G^{\text{InN}}, G^{\text{FsN}} > \} \end{aligned} \quad (6-4)$$

式中，SP 代表服务供应商的集合；SCD 表示第三方服务组合开发者；SU 代表服务消费者的集合；S 代表基本服务的集合；SComp 代表基本服务组合的集合；FS 代表服务消费者得到的最终服务；G^{PrN} 表示服务供应商、服务以及服务供应关系构成的服务供应网络；G^{DeN} 表示第三方服务组合开发者、服务组合以及服务组合组织开发关系构成的服务组合开发的组织管理网络；G^{InN} 表示服务组合、服务以及服务调用关系构成的服务调用网络；G^{FsN} 表示服务消费者选择的最终服务、服务组合以及其选择关系构成的最终服务网络。

定义 5：服务供应网络（Service Provide Network，G^{PrN}）描述服务供应商及服务之间的供应关系，可以定义为一个二部图。

$$G^{\mathrm{PrN}} = \{\mathrm{SP}, S, E^{\mathrm{Pr}}\} \tag{6-5}$$

式中，E^{Pr} 可以表示为

$$E^{\mathrm{Pr}} = \{(\mathrm{sp}_i, s_j) \mid \mathrm{sp}_i \in \mathrm{SP}, s_j \in S\} \tag{6-6}$$

因此服务供应网络可以进一步表示为一个 $x \times n$ 的矩阵 $\boldsymbol{M}^{\mathrm{PrN}} = [p_{ij}]_x \times n$，其中 x 表示服务供应商的数量，n 表示服务的数量，p_{ij} 为二值函数：

$$p_{ij} = \begin{cases} 1 & \mathrm{sp}_i \text{ 提供 } s_j \\ 0 & \mathrm{sp}_i \text{ 未提供 } s_j \end{cases} \tag{6-7}$$

定义 6：服务组合开发网络（Service Composition Develop Network，G^{DeN}）描述第三方服务组合开发者与服务组合之间的开发关系，可以描述为二部图：

$$G^{\mathrm{DeN}} = \{\mathrm{SCD}, \mathrm{SComp}, E^{\mathrm{DC}}\} \tag{6-8}$$

式中，SCD 代表第三方服务组合开发者；SComp 代表服务组合；E^{DC} 代表两者之间的开发关系，可以表示为

$$E^{\mathrm{DC}} = \{(\mathrm{cd}_i, c_j) \mid \mathrm{cd}_i \in \mathrm{SCD}, c_j \in \mathrm{SComp}\} \tag{6-9}$$

因此服务组合开发网络可以进一步表示为一个 $y \times m$ 矩阵 $\boldsymbol{M}^{\mathrm{DeN}} = [d_{ij}]_y \times m$，其中 y 表示第三方服务组合开发者的数量，m 代表服务组合的数量，d_{ij} 为二值函数：

$$d_{ij} = \begin{cases} 1 & \mathrm{cd}_i \text{ 开发 } c_j \\ 0 & \mathrm{cd}_i \text{ 未开发 } c_j \end{cases} \tag{6-10}$$

定义 7：服务调用网络（Service Invoke Network，G^{InN}）描述服务组合与服务之间的调用关系，可以描述为一个二部图：

$$G^{\mathrm{InN}} = \{\mathrm{SComp}, S, E^{\mathrm{CS}}\} \tag{6-11}$$

式中，SComp 代表服务组合；S 代表服务；E^{CS} 代表服务组合对服务的调用关系，可以表示为

$$E^{\mathrm{CS}} = \{(c_i, s_j) \mid c_i \in \mathrm{SComp}, s_j \in S\} \tag{6-12}$$

因此服务调用网络可以进一步的表示为一个 $m \times n$ 矩阵 $\boldsymbol{M}^{\mathrm{InN}} = [b_{ij}]_m \times n$，式中，$m$ 表示服务组合的数量；n 代表服务的数量；b_{ij} 为一个二值函数，

$$b_{ij} = \begin{cases} 1 & c_i \text{ 调用 } s_j \\ 0 & c_i \text{ 未调用 } s_j \end{cases} \qquad (6-13)$$

定义 8：消费者最终服务网络（Final Service Network，G^{FnN}）

消费者最终服务网络描述消费者得到的最终服务包含的服务组合，可以描述为一个二部图：

$$G^{\mathrm{FsN}} = \{\mathrm{SComp}, \mathrm{FS}, E^{\mathrm{FS}}\} \qquad (6-14)$$

式中，SComp 代表服务组合；FS 代表服务消费者选择的最终服务；E^{FS} 代表最终服务与服务组合的选择关系，可以表示为

$$E^{\mathrm{FS}} = \{(\mathrm{sc}_i, \mathrm{FS}) \mid \mathrm{sc}_i \in \mathrm{SComp}\} \qquad (6-15)$$

因此最终服务网络可以进一步表示为一个 $m \times l$ 列向量 $\boldsymbol{M}^{\mathrm{FsN}} = [b_i]_m \times l$，其中 m 表示服务组合的数量，l 代表最终服务的数量，b_i 为一个二值函数。

$$b_i = \begin{cases} 1 & \mathrm{FS} \text{ 选择 } \mathrm{sc}_i \\ 0 & \mathrm{FS} \text{ 未选择 } \mathrm{sc}_i \end{cases} \qquad (6-16)$$

6.2　基于业务过程的服务链/网系统价值模型

针对由众多服务提供商、第三方服务组合开发者和服务消费者构成的服务价值链/网系统，本研究采用功能扩展的 e^3-value 建模工具以及系统动力学方法相结合的方式来对其进行可视化、数字化价值模型的构建。构建方法实现的技术思路是：首先，引入 e^3-value 建模方法，构建系统基于业务流程的基本价值模型；其次，对 e^3-value 建模模型进行数字化扩展，将所建模型的相关建模元素（如服务活动、服务组合及其服务价值）进行数字化标注，形成基于业务流程的可视化、数字化静态价值模型；最后，利用系统动力学方法对上述的扩展 e^3-value 模型的系统服务价值的生产与增值动态过程进行定义和表达，建立整个服务价值链/网系统的系统动力学价值方程。

6.2.1　e³-value 和系统动力学

e³-value 建模方法是一种高效便捷的可视化价值建模方法，它是由荷兰学者 Gordijn 等提出的一种从价值观点出发来描述分析商业模式体系结构的工具[63]。它通过基于价值网建模的可视化工具创建参考模型，运用建立的 IT 模型可直观清晰地描述一个经济系统的价值创造和转移过程。价值作为其中的一个核心概念，联结着模型的各个组成部分。模型的主要目标是回答谁向谁提供了什么，并期望得到什么样的回报（创造了什么样的价值）。此外，作为一种建模工具和方法，Gordijn 等进一步指出该方法主要聚焦于某个商业模式能否使建模对象系统的所有参与者获得正的经济价值来树立信心，而不在于具体利润多少的计算和预测。

e³-value 建模主要涉及参与者、价值对象、价值端口、价值交换、价值界面和市场群体等元素（表6-1）。它通过清晰地描述业务系统的业务流程和价值流转过程，来实现基于业务流程的可视化建模。

表6-1　e³-value 建模工具的建模元素定义

建模元素	图元	含义
参与者	□	环境中的各个经济实体，如企业、用户、合作伙伴等
活动	□	参与者进行价值创造、价值交换等的服务活动/服务
价值对象	[--.]	各参与者之间互相交换的东西，可以是产品、服务、货币甚至消费体验
价值端口	▷	各参与者用来提供或请求价值对象的端口，它往往连接着两个角色，以使他们能够交换价值对象
价值交换	——	用于连接两个价值端口，表示价值端口之间价值对象的潜在交易
价值界面	▷◁	多个价值端口的集群，一个角色可以有多个价值界面
市场群体	▢	由参与者组成，是具有相同价值界面和价值对象的参与者构成的集合
开始刺激	◉	活动的开始
结束刺激	◎	活动的结束

系统动力学（System Dynamics，SD）是于 1956 年由美国麻省理工学院的福瑞斯特（Forrester）为了分析生产管理及库存管理等企业问题而提出的一种系统仿真方法，最初称为工业动态学[64]。它是一门分析研究信息反馈系统的学科，也是一门认识系统问题和解决系统问题的交叉综合学科。从系统方法论来说，系统动力学是结构的方法、功能的方法和历史的方法的统一。它基于系统论，吸收了控制论、信息论的精髓，是一门综合自然科学和社会科学的横向学科。

系统动力学运用"凡系统必有结构，系统结构决定系统功能"的系统科学思想，根据系统内部组成要素互为因果的反馈特点，从系统的内部结构来寻找问题发生的根源，而不是用外部的干扰或随机事件来说明系统的行为性质。系统动力学适用于处理动态性、长期性的问题，适用于处理高阶非线性问题，因此也适合于本书研究对象服务价值链/网系统的研究。

系统动力学对问题的理解，是基于系统行为与内在机制间的相互紧密的依赖关系，并且通过数学模型的建立与运作的过程而获得的。它可以逐步发掘产生变化形态的因果关系。系统动力学中的结构是指一组环环相扣的行动或决策规则所构成的网络，如指导组织成员每日行动与决策的一组相互关联的准则、惯例或政策，或是服务系统中的一个包含若干个服务业务活动的服务业务流程，这一组结构决定了组织行为的特性。构成系统动力学模式结构的主要元件包含下列几项：流（flow）、积量（level）、率量（rate）、辅助变量（auxiliary），具体见表 6-2。

表 6-2　系统动力学模式结构的主要元件

主要元件	说明
流	订单流、人员流、资金流、设备流、物料流与信息流
积量	表示真实世界中，可随时间递移而累积或减少的事物，其中包含可见的与不可见的，它代表了某一时点，环境变量的状态
率量	表示某一个积量在单位时间内量的变化速率
辅助变量	在模式中有三种含义，资讯处理的中间过程、参数值、模式的输入测试函数

6.2.2　功能扩展的 e³-value 建模方法

e³-value 是一种可视化工具，它从方法论角度来研究互联网商业模式构建与优化，并且基于信息系统领域的概念建模技术来分析价值在多参与者的网络间如何产生、交换与消费；从价值视角呈现一个商业模式的全貌，并能清楚地描述商业模式中价值产生、价值交换以及价值消费的过程。这种方法可以方便地支持价值建模，并可对价值系统内部产生流转的主体（服务业务过程中的基本服务或服务组合）以经济价值的方法进行定量化分析。因此，通过建立服务生态系统价值网络的 e³-value 模型可以清晰地表示该系统的服务流、价值流、信息流及价值流动交换等关系，有助于分析服务生态系统的价值来源与流动过程。

然而，基本的 e³-value 可视化模型只提供了一个服务系统内部各参与者通过价值端口进行价值交换的关系以及相关服务业务流程，并不能十分完整地体现一个服务系统从服务活动→基本服务（基本服务业务流程）→服务组合/服务簇（服务组合业务流程）→最终用户服务业务系统的全部业务过程，并且各个不同粒度的服务业务流程节点缺乏相应的属性值信息（如服务资源及其投入量、产出量信息等），这样使得建模的结果是一个非常直观的只能供相关人员进行系统分析、设计的非结构化参考文档，而不能用于服务系统的自动化分析、设计与优化。基于此，本书提出了一种对 e³-value 模型进行功能扩展的结构化方法。

功能扩展的 e³-value 建模方法实现的技术思路是：在保留原有建模工具建模元素不变的基础上，首先，建立服务价值链/网系统的 e³-value 原模型；其次，对图 6-2 所示的一个服务价值链/网系统超网络结构四个层次所包含的所有基本服务活动、服务功能模块（基本服务）、服务子系统（服务组合）以及最终的用户服务系统（最终用户服务）进行形式化定义；再次，对上述不同层次不同粒度的服务活动、基本服务、服务组合以及服务系统的属性信息（包括服务资源投入、服务成本、服务增值系数、服务价值等）进行数字化参数值标注，并对其进行封装；最后，汇聚上述原模型、形式化定义和参数标注信息，形成一个服务价值链/网系统完整的功能扩展 e³-value 价值模型。具体的实现步骤可以简述如下。

步骤 1：识别服务系统中所有的参与者，即明确各个参与者及其在服务系统中的作用。

步骤 2：明确参与者的价值主张，清楚表达所创造的价值是产品、服务还是体验。

步骤 3：识别和定义由各服务参与者与相关服务资源组成的服务系统的完整服务业务流程，并对服务流程中所涉及的服务活动、基本服务、服务组合和最终服务进行形式化定义〔采用式（6-1）、式（6-2）、式（6-3）〕。

步骤 4：明确服务流程各节点价值界面之间价值的创造者及其接受者。价值的创造应有相应的接受者，亦即价值创造的认同者，它将提供价值创造的回报。

步骤 5：对步骤 3 所定义的不同粒度的服务活动、基本服务、服务组合以及服务系统的属性信息（包括服务资源投入、服务成本、服务增值系数、服务价值等）进行数字化参数值标注，并对其进行封装。

步骤 6：明确价值界面之间价值交换的细节，包括价值交换的条件及数量关系。

步骤 7：明确服务系统的开始刺激和结束刺激。最终形成服务系统功能扩展的 e^3-value 模型。

最终形成的扩展的 e^3-value 模型形式化表达如下。

$\mathrm{SV} = (\mathrm{MarketGroups}, \mathrm{FS}, \mathrm{SC}, S, \mathrm{SA}, \mathrm{ValueObject}, \mathrm{ValueInterface}, \mathrm{ValuePort},$
$\mathrm{ValueTransfer}, \mathrm{StartStimulus}, \mathrm{StopStimulus})$

$\mathrm{SC} = (\mathrm{SCName}, \mathrm{SCType}, S, \mathrm{SCD})$

$S = (\mathrm{SName}, \mathrm{SType}, \mathrm{SProvider}, \mathrm{SService}, \mathrm{SA}, \mathrm{Function}, \mathrm{SCost}, \mathrm{VCoefficient})$

$\mathrm{SA} = (\mathrm{SAName}, \mathrm{SAType}, \mathrm{SAProvider}, \mathrm{SACost})$

式中，MarketGroups 表示市场群体；FS 表示得到的最终服务；SC、S、SA 分别表示服务组合、服务和服务活动；ValueInterface、ValuePort、VlaueTransfer 分别表示服务界面、服务端口和服务交换；StartStimulus、StopStimulus 分别表示开始和结束。

功能扩展的 e^3-value 建模元素见表 6-3。

表 6-3　功能扩展的 e^3-value 建模元素

e^3-value 建模元素	图元	含义
参与者	□	环境中的各个经济实体，如企业、顾客、合作伙伴等
服务	▢	一个或多个服务活动组成一个服务
价值对象	[--.]	各参与者之间互相交换的东西，可以是产品、服务、货币甚至消费体验
价值端口	▷	各参与者用来提供或请求价值对象的端口，它往往连接着两个角色，以使他们能够交换价值对象
价值交换	———	用于连接两个价值端口，表示价值端口之间价值对象的潜在交易。
价值界面	▷▷	多个价值端口的集群，一个角色可以有多个价值界面
市场群体	▢	由参与者组成，是具有相同价值界面和价值对象的参与者构成的集合
开始刺激	◉	活动的开始
结束刺激	◎	活动的结束
最终服务	▢	一个或多个服务组合加上资源实现最终服务
服务组合	⬡	一个或多个服务加上资源形成服务组合
服务活动	◯	一个或多个资源形成一个服务活动

6.2.3　基于业务过程的服务价值链/网系统动力学方程构建

从 6.2.2 节内容可以看到，采用功能扩展的 e^3-value 方法构建的服务系统模型，不仅可以直观地体现一个服务系统从服务活动→基本服务业务流程→服务组合业务流程→最终用户服务业务系统的全部业务过程，而且还可以对服务价值链/网系统内部基于业务流程的价值生产、累积、交换、消费等过程进行结构化表达和定量化分析。这就使得服务系统价值建模的结果可以从一个图形化方式发布的模型转化为一个可以用数学符号表示的数学模型，为我们对服务系统的分析、设计与优化提供可靠的技术基础。为此，我们引入系统动力学方法来构建基于业务过程的服务价值链/网系统动力学数学模型方程式，过程如下。

步骤1：确定服务系统的边界，即确定问题研究中的系统变量要素。针对6.2.2节建立的功能扩展的 e^3-value 价值模型，就是确定整个服务系统全部服务业务流程所涉及的参与者、资源、开始结束刺激等要素。

步骤2：确定服务系统的变量，包括状态变量、速率变量等。状态变量表示事物的积累，是系统流入和流出率的差额。在上述功能扩展的 e^3-value 价值模型系统中，服务活动、服务和服务组合满足状态变量的特性；速率变量，又称决策变量，表示状态变量的变化快慢。在上述模型系统中，将服务价值增值作为速率变量。

步骤3：服务系统因果关系图分析。在上述服务价值链/网系统中，一个或多个资源形成一个服务活动，一个或多个服务活动组成一个服务，一个或多个服务加上资源形成服务组合，一个或多个服务组合加上资源实现形成最终服务，从而实现服务系统的服务价值增值。

步骤4：通过对6.2.2节建立的功能扩展的 e^3-value 价值模型进行价值生产交换消费系统及其影响因素的分析，得出其服务价值的流入、流出关系，最终建立服务价值链/网系统动力学数学方程。

针对上述服务系统的每一个服务/服务组合节点，它们都满足

$$\text{Value}(t) = \int_{t_0}^{t} \left[\text{Outflow}(s) - \text{Inflow}(s) \right] ds + \text{Value}(t_0) \quad (6-17)$$

$$d(\text{Value})/dt = \text{Outflow}(t) - \text{Inflow}(t) \quad (6-18)$$

式中，Value (t) 表示 t 时刻服务业务系统中每一个服务节点价值存量的数量；Inflow (s) 代表某个服务/服务组合节点的价值流入量；Outflow (s) 代表其流出量。Value (t_0) 代表初始时刻某个服务/服务组合节点的价值存量数量。当为一个服务需求建立一个价值链系统并开始运行时，$t_0 = 0$，服务或服务组合的初始价值也一般为0；而流量是存量的导数，是流出量减入流入量，用微分公式来表示。

如果上述服务系统用传统典型的系统动力学软件 Vensim 进行刻画的话，可以把上述式（6-17）、（6-18）所描述的服务系统价值网络中的价值存量流量图描述如下图6-3所示。

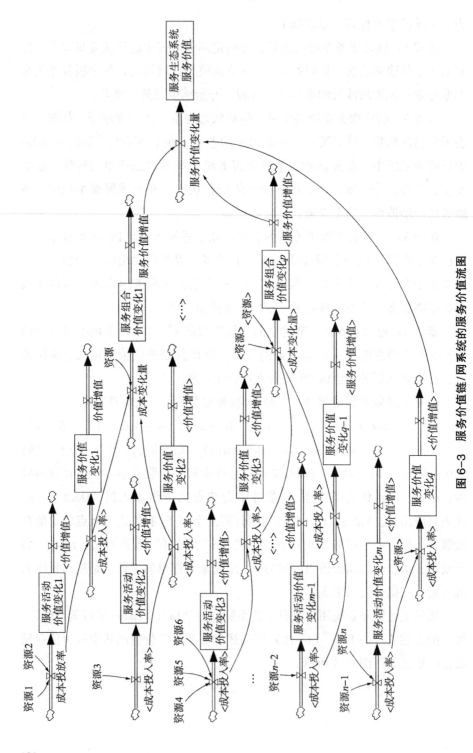

图 6-3　服务价值链/网系统的服务值流图

针对服务互联网环境下的任意一个服务需求而建立的一个服务价值链系统，其系统价值模型可以描述为

$$\text{Value}(\text{FSt}) = \text{Value}(\text{St}) + \text{Value}(\text{SCt}) \qquad (6-19)$$

$$\text{Value}(\text{St}) = \int_{t_0}^{t} [\,\text{Outflow}(S) - \text{Inflow}(S)\,] \, \mathrm{d}S + \text{Value}(\text{St}_0) \quad (6-20)$$

$$\text{Value}(\text{SCt}) = \int_{t_0}^{t} [\,\text{Outflow}(\text{SC}) - \text{Inflow}(\text{SC})\,] \, \mathrm{d}\text{SC} +$$
$$\text{Value}(\text{SC}t_0) \qquad (6-21)$$

约束公式（6-19）等式右侧代表服务提供商为从创建上述的特定服务价值链提供的所有服务的价值（包括服务的增值和存量价值），约束公式（6-20）和约束公式（6-21）右侧代表服务组合和开发商为该服务链提供的所有服务组合的价值（包括服务组合的存量价值和增值）。

通过求解上述表达式，可以从业务流程角度精确地刻画服务价值如何在不同参与者提供的服务活动/基本服务/服务模块/服务系统间被创造、传递、积聚、分解、交换和消费过程，从而揭示服务价值链/网系统的价值共创与增值机制。

6.3   基于业务过程的服务价值链/网系统业务–价值协同运作模型

一个服务价值链/网系统是指在现代市场背景下，通过管理模式和新技术对相关服务资源进行整合，形成服务供需链/网，并对该链/网上的能力流、信息流、价值流和服务流进行运作管理，实现服务增值和创造全新服务价值的过程。其基本结构是由服务提供商、服务组合开发/集成商和服务用户共同组成的价值链/网，基本形式是服务链/网的全寿命周期服务过程。一般来说，面对差异化的用户需求以及多变的市场环境，服务链/网运作过程需要以服务价值创造为核心，通过对服务价值需求的分析与价值生产过程的优化管理，提高服务价值链/网系统的敏捷性以及高价值创造能力。

目前，针对服务供应链价值创造过程建模，学者们已经提出诸如服务蓝图（Service Blueprinting, SB）[65]、过程链网络（Process Chain Network, PCN）[66] 与 e³-value 等。这些建模方法的共性问题是：仅关注服务运作或服务实现过程中某一阶段的价值设计与实现，在应用于服务供应链运作过

程建模时，不能将服务价值设计嵌入服务供应链的运作全过程。因此导致如下问题：①缺少基于业务过程的服务价值链/网价值创造机制和方法，导致服务系统参与者缺乏足够的动力去参与和优化提升服务价值的创造过程；②参与者缺少对服务过程优化及潜在的盈利增长服务节点的共同认识，不能界定及优化潜在盈利服务节点及其相关业务过程。

为了解决上述问题，我们借鉴价值感知的服务工程思想与结构化分析方法，提出了基于业务过程的服务价值链/网价值创造过程建模方法：以服务价值为核心，依托服务业务过程，通过需求分析模型、服务定位与精益模型、服务调度模型与服务执行模型来分析参与者价值需求，快速整合服务供应链各参与者服务资源与能力等服务要素、精益服务过程、调度服务供应链各参与者之间的交互过程，控制服务执行质量，以创造更多的产品服务价值。该方法可以由粗到细地刻画服务供应链/网业务过程以及相关服务价值的协同创造、传递、分解与交换等服务过程，并进行相应的优化。

6.3.1　基于业务过程的服务价值链/网业务-价值协同建模框架

服务工程与方法论认为一个优秀的服务工程方法体系应具备"价值感知"的能力，在服务生命周期内的各个阶段充分感知"服务价值"，使服务尽可能地支持服务价值实现；最后将"价值"因素增加到模型驱动的服务工程方法论中，形成价值感知的服务工程方法论思想框架[67]。本书以价值感知的服务工程思想为指导，将价值与现有的服务业务过程建模方法（SB、PCN 及 e^3-value 方法）引入服务供应链价值协同过程建模中，提出了面向价值的服务供应链运作过程模型[68]，该模型是一个基于业务过程的服务价值链/网业务-价值协同建模方法，其整体框架如图 6-3 所示。

该方法通过服务系统需求分析模型、服务定位与精益模型、服务调度模型与服务执行模型等四个模型从不同的角度刻画服务的业务与价值目标，分析服务系统参与者的价值需求，识别待实现业务与价值需求的所需的资源、能力，细化服务过程，基于价值精益服务活动并优选提供商，描述多参与者之间价值协同创造的调度流程与价值分配机制，展示参与者之间的服务流、控制流、信息流与价值流，控制价值的产生、传递、交换和消费过程。该建模方法着重刻画服务价值链/网运作过程中服务供需双方通过协同生产共创服务价值的机制以及价值的协同生产、分解、组合和分配等动态交互过程。

6.3.2　服务与服务价值的形式化表达

定义 1：服务 $s = <B, R>$，由一组服务行为 B 和连接服务行为的一组有序关系 R 构成。B 由服务活动组成：$\forall a_{i \in} B, a_i = (\text{Name}, \text{A\_Type}, \text{PA}, \text{AO}, \text{View}, \text{Function}, \text{Resource}, \text{sBundle})$，其中，$a_i$、Name、A_Type 表示服务活动及其名称与类型（交互活动、独立活动）；PA 为 a_i 执行相关的参与者集合；AO 为 a_i 涉及的作用对象（物理资源、信息实体、经济实体或个人等）；View 为服务活动的角色（用户方和服务提供方）；Function 为服务活动的功能，即一组作用对象的状态转移集合；Resource 为 a_i 执行需要的资源，Resource $= (\text{RName}, \text{RType}, \text{Capability})$，其中 RType 为资源类型（物理、信息、人力等），Capability 为资源的能力指标；sBundle $= <\text{SV}, \text{Resource}, T>$ 表示价值、资源与执行时间约束。

管理学科认为服务价值是服务的质量与成本的二元关系[69,70]。基于我们在第 4 章有关服务价值的定义，它包括主观价值（社会、认知、情感、声誉）与客观价值（内容、反应性、可靠性与柔性），以两种方式存在——价值实现与价值潜力[66]，前者为当前实体价值期望满足程度，后者为实体当前的价值期望满足程度对未来需求的影响。

定义 2：服务价值 SV $= <\text{Name}, \text{Type}, \text{Activity}, \text{Provider}, \text{Receiver}, \text{Granularity}, Q^e, C^e, Q, C, \alpha, s>$，其中，Name、Type、Activity 分别表示服务价值别的名称，类型（如资源使用类价值、事物转移价值、信息类价值等），产生价值的服务活动；Provider、Receiver 分别表示价值提供者、接收者；Granularity 为价值粒度，包括服务、服务行为和服务活动价值；Q^e、C^e 分别为价值提供者、接收者的服务质量指标 $\{Q_1^e, Q_2^e, \cdots\}$ 期望与付出成本或收益期望；Q、C、α、s 分别为实际服务质量指标 $\{Q_1, Q_2, \cdots\}$、付出成本、价值影响系数与满意度，其中 $0 \leqslant \alpha \leqslant 1$。

服务价值这里我们采用公式（6-22）进行度量：

$$\text{PSv} = f(Q, C) + s(f(Q^e, C^e), f(Q, C)) + a * s \qquad (6-22)$$

式中，$f(Q,C)$、$f(Q^e,C^e)$分别表示实际服务价值函数与期望的服务价值函数，具体函数形式及评估方法可以参考文献［71］；$s = s(f(Q^e,C^e)、f(Q、C))$表示期望与实际服务价值对比产生的满意度；$a*s$表示价值潜力。

6.3.3　面向业务-价值协同的服务需求分析模型

在服务价值链/网系统的需求分析阶段，首先确定供需双方的服务业务及相关价值指标并建立需求分析模型，如图 6-4 所示。

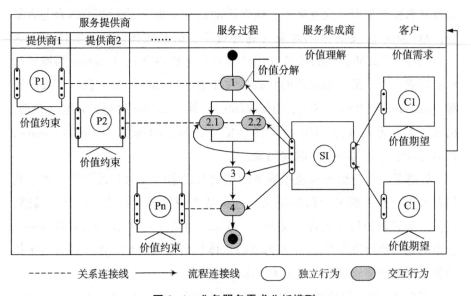

图 6-4　业务服务需求分析模型

需求分析模型作为用户、服务集成商与服务提供商之间的沟通渠道，帮助供需双方进一步分析参与者的价值主张与机制约束，在服务行为层面确定其涉及的价值活动需要"做什么"，"实现什么价值，价值如何基于服务行为分解"；分析服务供应链的参与者有哪些，包括价值创造者及其接受者；需求分析模型同时描述了服务基本内容、服务行为之间的关系及交互流程。

（1）需求分析模型元素定义

用户 C =<C_ info，E_ SV>，其中 C_ info 为用户的基本信息；E_ SV 为用户价值期望。

服务集成商 SI =<SI_ info，EU_ SV，Re_ Ca>，其中 SI_ info 为服务集

成商的基本信息；s 为服务集成商经营的服务；EU_ SV $\supseteq$ E_ SV 为服务集成商对用户价值期望的理解；Re_ Ca 为实现 EU_ SV 需要的资源与能力。

服务提供商 P = <P_ info, B, Re, Ca, C, Q, EP_ SV>，其中 P_ info 为服务提供商的基本信息；$B \in s$ 表示服务提供商能够提供的服务行为；Re、Ca 分别为提供商拥有的资源与能力；C、Q 分别为提供商执行服务行为的成本与质量；EP_ SV 为提供商的价值期望（经济收益）。

关系连接线 Acl = <P_ info, C_ info, SI_ info, B, EA_ SV>，其中 P_ info、C_ info、SI_ info 分别为提供商、用户与集成商的基本信息；$B \in s$ 为服务行为；EA_ SV 为集成商对提供商的价值期望，$\sum$ EA_ SV = EU_ SV。

流程连接线 Pcl = <S (B_i), E (B_j), cons_ pcl>，其中 S (B_i) 为起始服务行为；E (B_j) 为终止服务行为；cons_ pcl 为服务行为执行流程约束，如时间空间约束等。

（2）需求分析模型建模规则

①提供者、集成商与用户泳道分别表示一类参与者的集合，服务过程泳道最左侧的子泳道表示提供商集合，右侧泳道为集成商与用户。集成商可以是真实存在的服务企业，也可以是若干提供企业的虚拟集合。

②交互行为由多方共同参与完成，且必有服务提供商参与。独立行为对应独立执行该任务的参与者集合。

6.3.4　面向业务–价值协同的服务定位与精益模型

在得到需求分析模型后，服务链系统模型关注的重点应放在每个服务行为的定位、精简与提供商的优选问题上，首先需要将服务行为分解为一组服务活动，服务行为的价值约束分解至服务活动，分析服务活动的性质，区分哪些活动是由顾客独立完成的，哪些活动是由多方交互实现的。结合价值分解、活动与其满足顾客需求情况分析哪些活动对价值指标没有贡献，哪些贡献较高。并依据价值指标、企业自身资源与能力、企业核心业务范围，以及不同服务活动的过程效率、成本规模、顾客自助服务程度等因素制定服务代理策略，进一步确定哪些活动由企业独立完成，外包哪些服务活动，选择哪些服务提供商。为了回答上述问题，借鉴 PCN 分析方法构建如图 6-5 所示的服务定位及精益模型。

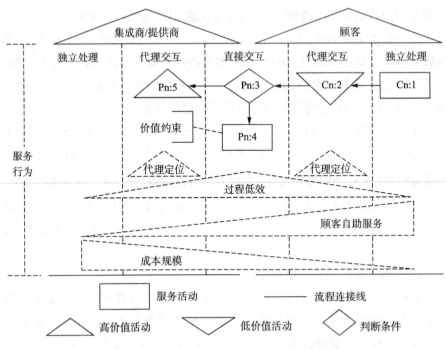

图6-5　面向业务-价值协同的服务定位与精益模型

服务定位及精益模型将需求分析模型中服务行为分解为服务活动,其模型元素与需求分析模型一致,并由不同类型的服务活动泳道组成,包括提供商与顾客之间的直接交互泳道,各自的代理交互与独立处理泳道。不同类型服务活动的过程效率、成本规模与顾客自助服务程度不同。如图6-5所示,供需双方的直接交互效率最高,代理交互次之,而独立交互的效率最低;而提供方的独立处理成本占用最大,代理交互至顾客独立处理的成本逐渐降低,而顾客的自助服务程度不断提高;代理定位(外包)的选择主要体现在供需双方是否选择第三方参与服务行为。

服务定位及精益模型继承需求分析模型中服务行为的价值约束并进一步分解到服务活动,并分为独立活动价值约束与交互活动价值约束。服务活动分类后,分析服务活动对价值的贡献,对于能够解决顾客价值需要或能够带来额外价值潜力的高价值活动,确保以一种合理高效的方式实现;对于解决顾客价值需要贡献较低的低价值活动则删除。例如,快餐行业中的直接折扣销售（高价值）与打印/领取折扣券后折扣销售（低价值）。服务活动精益后可以通过模型调整服务活动为不同类型的活动，以平衡服务的过程效率、经济成本与顾客自助服务程度，并最终确定外包的服务活动，实现服务定位。例如，将提供商独立处理或直接交互的服务活动转为代理交互外包给其他的服务提供商以降低成本。服务活动调整分类会产生不同的服务过程组合及不同的运作特性，服务集成商/提供商可以通过模型确定哪种服务过程组合最优（利用企业内外资源、能力实现价值约束）。

代理交互确定之后，根据服务提供商的资源、能力匹配确定每类提供商候选集，并使用特定值的提供商的服务质量达标率消减每一类提供商候选集，服务质量达标率 $Q^m = N_q/N_s$，其中 N_s 为服务总次数，N_q 为 N_s 中满足服务质量指标的次数。最后在候选集中选择最优的服务提供商，该问题可描述为：服务行为有 i 个服务活动 $SP = \{a_1, a_2, \cdots, a_i\}$，每个服务活动 a_i 有 N 个候选服务提供商 $P = \{P_1, P_2, \cdots, P_N\}$；服务行为的价值约束可以分解可接受成本 C^e 以及在此成本下最小的服务质量 Q^e。假设：①每个服务活动只能选择一个服务提供商；②每个提供商可以执行多个服务活动；③每个提供商都能在服务活动时间约束内完成该服务活动。提供商选择可以表示为一个基于资源、能力、成本与服务质量的多目标优化问题，如式（6-23）~式（6-26），分别表示提供商的能力目标函数、资源目标函数、服务质量目标函数与成本目标函数。

$$\min Ca(e) = \min \sum Ca_i \qquad (6-23)$$

$$\min R(e) = \min \sum R_i \qquad (6-24)$$

$$\min Q(e) = \min \sum (1 - Q_i^m) \qquad (6-25)$$

$$\min C(e) = \min \sum C_i^c \qquad (6-26)$$

$$C^e - C(e) \geqslant 0 \qquad (6-27)$$

$$Ca(e) - Ca_{\min} \geqslant 0 \qquad (6-28)$$

$$R(e) - R_{\min} \geqslant 0 \qquad (6-29)$$

$$Q(e) - Q^e \geqslant 0 \qquad (6-30)$$

式（6-27）~（6-30）为约束函数，C_{amin}、R_{min}、C^e，Q^e 分别表示实现服务行为所需的最小的资源与能力、价值约束。式（6-27）表示提供商提供的总成本不能大于可接受的成本 C^e；式（6-28）与式（6-29）为提供商提供的资源、能力不能小于实现服务行为所需的最小资源和能力；式（6-30）表示提供商提供的质量之和不小于可接受成本下最小的服务质量。由于资源、能力、成本与服务质量的相互关系，在目标函数优化时各个目标函数既相互关联又相互冲突，单个目标函数的优化会导致其他目标函数的改变，在选择提供商时很难使资源、能力、成本与质量的优化配置相对各目标函数都为最优[72]。因此，本书对各个目标函数分配相对权重，并以经典加权求和将多目标优化问题转化为单目标优化问题，如式（6-31）、式（6-32）：

$$\min Z = w_1 \frac{Ca_{min}}{Ca(e)} + w_2 \frac{R_{min}}{R(e)} + w_3 \frac{Q^e}{Q(e)} + w_4 \frac{C(e)}{C^e} \qquad (6-31)$$

$$\sum w_i = 1 \qquad (6-32)$$

式中，w_i 表示权重系数，该目标函数能实现在不大于可接受成本 C^e 的情况下获得不小于 Q^e 的服务质量，因此能够保证提供商提供的总价值不低于价值约束/期望，并有可能实现价值增值。求解该目标函数的智能算法有遗传算法、蚁群算法、人工蜂群算法与粒子群算法等，求解过程不做介绍。

6.3.5　面向业务-价值协同的服务调度模型

服务提供商可以提供可用的服务执行时间完成服务活动，服务执行时间 T 通常由准备时间与实施时间两部分组成 $T = T^p + T^c$。一般情况下被选提供商能够提供一个局部最优的执行时间实现服务行为/活动。在服务行为中多个服务活动执行时，不同提供商的准备时间与实施时间可以交叉进行。因此，为了获得全局的最优服务执行时间，则需要根据提供商的执行时间对提供商执行服务活动的先后顺序（服务流）进行调度。同时需要展示提供商的服务交互过程中信息交互与价值约束的情况。为了对上述情况进行描述，本书借鉴 UML 顺序图构建如图 6-6 所示的面向业务-价值协同的服务调度模型。

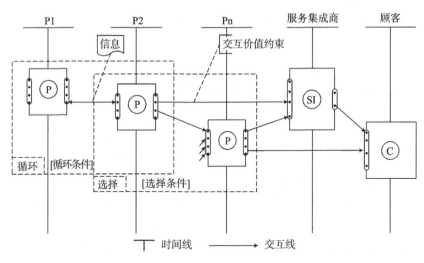

图 6-6　面向业务−价值协同的服务调度模型

上述服务调度模型描述服务定位与精益模型中服务行为所选择的提供商交互顺序及提供商之间交互的货币流、信息流与价值流。如图 6-6 所示，服务调度模型由服务参与者（角色为提供商）、参与者时间线及参与者之间的交互线组成，时间线自上而下表示时间的先后顺序，模型中提供商之间的交互内容除信息外，还包括提供商合作完成的服务定位与精益模型中交互活动价值约束（不涉及提供商独立活动的价值约束）。该模型同时包括提供商之间的执行过程的结构约束，其执行结构分为顺序、并行、选择与循环。

一般地，在很多常见的服务系统中，实际的服务执行时间占服务生命周期的 15% 左右，而有 85% 左右的时间用于等待、排队或者其他非必要的活动。因此，科学的调度就是要降低 85% 不增值的部分和优化提供商交互过程，建立合理的交互顺序。除了固定的提供商执行顺序外，提供商之间的执行顺序影响服务行为的全局执行时间，为了使全局服务执行时间达到最优，需要实现某一个提供商在实施服务活动时，其后续的提供商能够完成准备工作，在该提供商完成活动后后续提供商直接继续实施活动，这样使所有提供商的总准备时间在全局时间占用比例达到最小，在理想的情况下全局执行时间等于所有提供商的总实施时间。该调度问题与传统制造企业内的调度问题有很大区别，该调度问题仅是基于时间线与服务执行结构的执行顺序先后问题，不涉及资源占用与工艺路线等，不同执行结构的执行时间计算公式[68] 见表6-4。

表6-4　不同类型执行结构的执行时间计算公式

顺序	并行	选择	循环
$\sum_{j=1}^{m} T_j$	$\max T_j$	$\sum_{j=1}^{m}(T_j \times x_j)$	$K \times \sum_{j=1}^{m} T_j$

该类型服务调度问题描述如下：①设有 i 个被选服务提供商，其执行时间为 $T_i = T_i^{\mathrm{P}} + T_i^{\mathrm{C}}$，$i$ 个提供商分为 k 组，对应 k 个服务行为，被选后进入准备状态；②除固定的提供商执行顺序外，其他供应商的执行顺序不影响服务实现。该问题的目标函数如式（6-33）所示，表示在服务活动执行时首先选择执行时间 $T_{j,m}(j \in [1,k], m \in [1,i])$ 最大的提供商，后续选择准备时间 $T_{j,m+1}^{\mathrm{P}}$ 与前者执行时间 $T_{j,m}$ 差距最小的提供商，以此保证最小的准备时间占用。

$$\min T = \begin{cases} \min \sum \sum (T_{j,m} - T_{j,m+1}^{\mathrm{p}})(T_{j,m} \geqslant T_{j,m+1}^{\mathrm{p}}) \\ \min \sum \sum (T_{j,m+1}^{\mathrm{p}} - T_{j,m})(T_{j,m} \leqslant T_{j,m+1}^{\mathrm{p}}) \end{cases} \quad (6-33)$$

$$T_{1,1} = \max T_{j,m} \quad (6-34)$$

$$S(T_{j,m}) < E(T_{j,m+1}) \quad j \in [1,k], m \in [1,i] \quad (6-35)$$

式（6-34）与式（6-35）为约束函数，式（6-34）表示起始服务活动选择执行时间最长的提供商，式（6-35）表示特例的服务活动顺序约束。该目标函数可用贪心算法、A∗算法求解，具体过程不作详述。服务调度模型元素定义如下：

服务提供商约束 $Pc = <P\_info, a_i, aType, con\_Res, con\_Ca, con\_SV, con\_T>$，其中 P_ info 为提供商信息；$a_i$ 为提供商负责的服务活动；aType 为服务活动的类型；con_ Res 为提供商的资源约束；con_ Ca 为资源的能力约束；con_ SV 为服务活动价值约束，与集成商价值期望 E^{A}_SV 相等；con_ $T = <T^{\mathrm{P}}, T^{\mathrm{C}}>$ 为服务活动完成时间约束。

交互线 Inl $= <S(P), E(P), Re\_Ca, Information, Monetary, Pcl,$

SV>，其中 S（P）为起始提供商；E（P）为终止提供商；Re_ Ca 为能力流；Information 为信息流；Monetary 为资金流；Pcl 为服务流；SV 为价值流。

交互条件 Ic = <S（P），E（P），cType，con_ Ac>，其中 S（P）、E（P）分别为起始与终止的提供商（基于服务活动执行顺序）；cType 为交互类型，包括顺序、并行、选择与循环；con_ Ac 为交互顺序约束条件。

生命线（角色）Rl=<Org_ Rl，A_ Rl>，其中 Org_ Rl 为生命线所属参与者信息；A_ Rl=<S（a_i），E（a_i）>为参与者执行的服务活动集。

6.3.6　面向业务–价值协同的服务执行模型

服务提供商的交互顺序确定后，需要在服务提供商的视角下明确提供商活动以及提供商与顾客之间是如何交互的，哪些交互活动或提供商活动需要控制价值实现（价值控制点），提供商之间、提供商与顾客之间交互的信息内容是什么。为了分析以上问题，本书通过对服务蓝图描述方法进行扩展构建如图 6-7 所示的面向业务–价值协同的服务执行模型。

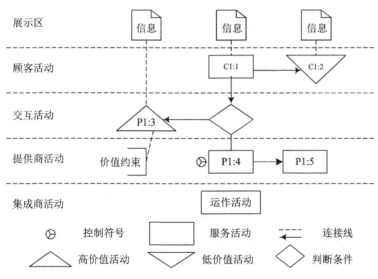

图 6-7　面向业务–价值协同的服务执行模型

注 C1：1、C1：2 分别表示第 1 个顾客的第 1 个活动、第 2 个活动。
P1：3、P1：4、P1：5 分别表示第 1 个供应商的第 3 个活动、第 4 个活动、第 5 个活动。

服务执行模型以各个服务提供商的视角对服务活动执行场景进行模拟，确定价值控制点，展示交互信息内容与价值约束。如图6-7所示，展示区主要展示交互信息；顾客活动、交互活动、提供商与集成商活动分别表示各自相关的服务活动，模型中的价值约束为需求分析中提供商价值约束基于提供商活动的再分解。需要控制的提供商活动或交互活动的判断条件为：①涉及多个质量参数；②属于提供商的非核心业务。如果服务活动（可以为高价值或低价值活动）满足其中任意一个条件，则需要对该服务活动的执行进行必要的监管与追踪，并增加数据采集力度，保证价值实现。

相关的服务执行模型元素定义如下。

动作展示 Evidence = <Evidence_ info, a_i, Cs>，其中，Evidence_ info 为展示的内容；a_i 为展示内容相关的服务活动；Cs 为活动控制，Cs = <Pc, Tr_ Pc, Appraise>，Pc 为服务提供商约束，Tr_ Pc 为实时投入的资源、能力与价值态；Appraise 为提供商评价。

展示连接线 ECL = <ECL_ info, a_i>，其中，ECL_ info 为展示连接线基本信息；a_i 为顾客或提供商的服务活动。

交互连接线 ACL = <ACL_ info, $S(a_i)$, $E(a_i)$ >，其中，ACL_ info 为交互线基本信息；$S(a_i)$、$E(a_i)$ 分别为起始与终止活动。

6.3.7　案例分析

某海运公司是一家从事国际海上客货运输服务的中外合资企业，其海运物流服务平台将顾客、货运代理、船舶公司、场站、海关和码头等服务供需双方连接起来，该平台上提供询报价、订舱、陆运、仓储、拼拆箱、报关、海运和收货等一系列服务业务。以该公司海运物流服务链为例，简要介绍6.3节给出的4个模型的应用过程。在海运物流服务中，货主是主要顾客。通常情况下，货主在付出真实成本 Ca 与期望获得的服务质量 Q^e 下使用该公司的上海至釜山海运专线运输服务的价值期望指标见表6-5（货主主观价值对需求分析影响不明显，简略；服务提供商以经济效益为价值指标，简略）。

表 6-5 某用户服务价值指标及需求

客观价值	价值参数
服务内容	订单反馈、上门取货、送货到厂
服务响应	反馈<3h，装箱<24h，取货<36h、送达<5d
可靠性	损毁率<1/100 000、丢失率<1/100 000
柔性	货物跟踪、损毁补偿、临时保管

明确顾客的价值指标后，该海运公司得到如图 6-8 所示的需求分析模型，海运公司作为服务集成商将服务业务划分为 5 个服务行为，包括订单、陆运、报关、海运及收货，并确定每个行为所涉及的提供商集合，将顾客价值指标分解确定每个服务行为及其涉及的服务提供商的价值约束。

需求分析之后，接下来构建服务定位与精益模型，图 6-9 以陆运服务行为为例介绍模型应用。如模型所示，陆运中的费用结算、合同处理与通知备货由海运公司负责，其他活动由服务提供商负责。所有活动均有价值约束，在陆运服务中除了提箱装货与重箱进港的价值约束包含服务响应与可靠性价值参数外，其他活动的价值约束均为服务响应价值参数（均为执行时限约束，简略）。在服务精益过程中删除了"通知缴费""预定空箱"等活动，并将"通知备箱"与"备箱"等有时间延缓的活动视为低价值活动，而由于合同处理直接体现对顾客的需求满足与理解的程度，其效率与准确程度直接影响顾客再次使用服务的意愿，因此被列为高价值活动。

图 6-10 是货运代理的服务执行，海运公司与顾客签订合同后结算费用，顾客提供货物、个人与工厂地址信息，协商取货时间后进行备货，货运代理获取订单信息中箱型、箱量、目的港、出运时间与厂址后向船运公司订舱，船运公司接受定舱后，告知船名、船期、提单号。货运代理通知场站仓库做箱，顾客办理保险后，货运公司提箱取货，将集装箱送港后报关。模型中提供商之间的交互活动价值约束与服务定位与精益模型中价值约束一致，如图 6-9 中的货运代理提箱装货价值约束，其他交互价值约束简略。

最后，通过图 6-10 所示货运代理服务执行模型进一步详细刻画货运代理与顾客的交互过程，展示交互过程信息清单，由于"重箱进港"涉及可靠性价值参数的损毁率、丢失率以及其他服务响应中的价值参数，所以需要实时采集活动信息，控制活动的实现过程，以保证价值实现。

在使用模型前，海运公司能够基本满足表 6-5 的顾客价值需求。为了说明模型的应用效果，在该公司应用该模型后，本书采集并分析了上海至釜山海运专线运输服务连续运营 6 个月的业务数据（订单执行数据与用户评价数据）和财务数据，得到以表 6-5 价值指标为需求的顾客在真实成本 C^a 不变情况下获得新服务质量 $Q^{e'}$ 的价值指标与表 6-5 中价值指标对比的变化情况（表 6-6），同时获得海运公司的服务管理水平、顾客满意度和财务收支与使用之前的对比情况（表 6-7）。

表 6-6 价值参数变化

客观价值	使用后价值参数变化	客观价值	使用后价值参数变化
服务内容	—（持平）	可靠性	10% ↑
服务响应	18% ↑	柔性	—（持平）

表 6-7 对比分析结果

质量达标率	活动个数	顾客满意度	经济效益
7% ↑	18 个 ↓	8% ↑	5% ↑

由表 3 可知，$Q^{e'}>Q^e$。同时，参考文献 [69] 结合企业性质实例化服务价值度量公式（6-22）如下：

$$S_v = Q/C + (Q/C - Q^e/C^e) + \alpha(Q/C - Q^e/C^e) \qquad (6-36)$$

式中，Q/C 表示当前服务实现的价值；Q^e/C^e 表示顾客价值期望。使用该方法前用户的价值可以得到满足，则由式（6-36）可知服务价值 $Sv_F = Q^e/C^a$，满意度 $s_F = 0$，价值潜力 $\alpha * s_F = 0$。使用该方法后用户在期望与实际付出成本为 C^a、质量期望为 Q^e 的情况下获得服务质量 $Q^{e'}$，根据式（6-36）可得：$Sv_L = Q^{e'}/C^a + (Q^{e'}/C^a - Q^e/C^a) + \alpha (Q^{e'}/C^a - Q^e/C^a)$，$s_L = Q^{e'}/C^a - Q^e/C^a > 0$，$\alpha * s_F > 0$。使用前/后价值变化对比：$Sv_L - Sv_F = 2 (Q^{e'}/C^a - Q^e/C^a) + \alpha * (Q^{e'}/C^a - Q^e/C^a) > 0$。说明使用该模型后顾客的价值增加。同时表 6-7 可进一步说明企业的服务管理水平和顾客满意度有明显提升，并获得了相应的企业经济效益。通过海运物流公司案例的初步验证，本书给出的模型可以较充分地描述面向价值-业务协同的服务价值链协同运作以及价值的协同生产、传递、分解与转换过程。

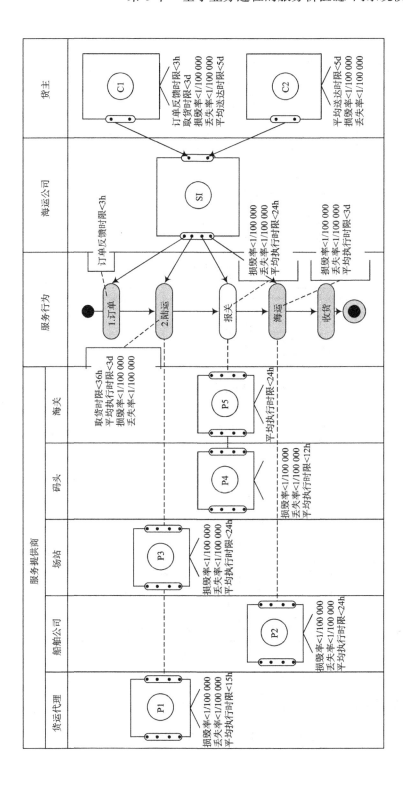

图 6-8 海运服务价值链系统需求分析模型

143

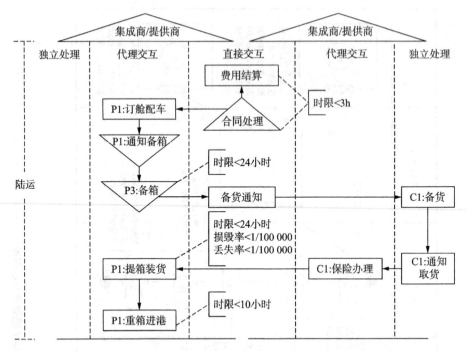

图 6-9　陆运服务定位与精益模型

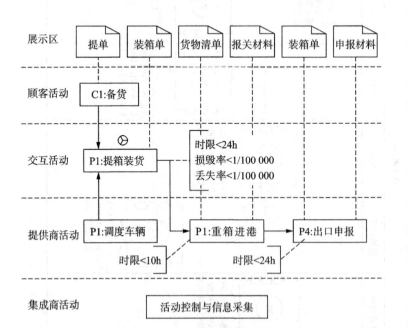

图 6-10　货运代理的服务执行模型

第7章 服务互联网环境下价值创造系统的建模/设计方法

服务互联网环境下价值创造系统的建模/设计涉及功能维度、质量与能力维度以及最为重要的价值维度。本章首先探讨了面向价值的软件服务系统建模/设计方法，该方法适用于从无到有地对服务互联网环境下的软件服务系统进行建模/设计，具体探讨了基于 VDML 的服务价值元模型、多维度多层次服务价值模型以及面向价值的软件服务系统迭代式建模方法。进一步地，针对服务互联网的跨域、跨组织和跨价值链等新特征，探讨了面向服务互联网的价值网模型及其半自动化建模方法[73]，设计了基于外部公开数据的服务价值网建模算法[74]，以及基于先验知识的特定领域价值链抽取算法[75]，以此来改造、充实面向价值的软件服务系统建模/设计方法，使其能够高效、高质量完成服务互联网环境下价值创造系统的建模与设计。

7.1 面向价值的软件服务系统建模/设计

服务价值是服务参与者追求的最终目标，而软件服务系统是支持服务执行的 IT 基础设施，因此软件服务系统能否向服务参与者充分地交付其所期望的服务价值被看作衡量软件服务系统质量的重要标准。为了获得高质量的软件服务系统，就需要在软件服务系统全生命周期的各个阶段进行价值知觉，将参与者期望的价值逐步映射到软件服务系统的设计与实现中，将追求价值最大化实现作为软件服务系统设计与实现的目标，将设计的服务模型和软件服务系统中的服务要素的功能、质量和能力看作支持服务价值实现的手段。

如图 7-1 所示，在软件服务系统的设计与开发过程中，服务创新人员、服务设计者、服务执行者之间可能存在理解上的差距，这可能导致在被声明的价值、被设计的价值及被交付的价值之间也存在差距。例如，服务创新人员在服务业务模式中声明了一系列新的服务价值，但是服务设计者在建立服务模型时，一部分新价值没有在服务模型中得到充分体现，导致基于服务模型实现的软件服务系统无法向服务参与者充分地交付他们期望的服务价值。因此，在软件服务系统设计过程中服务价值必须被充分考虑，否则，将导致软件服务系统不能充分地实现最初被声明的服务价值。

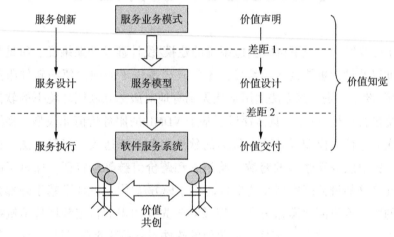

图 7-1　价值在服务工程方法论中的作用

7.1.1　价值知觉的服务工程方法论概述

一个好的服务工程方法应具备价值知觉的能力，能够在软件服务系统全生命周期中的各个阶段充分地感知价值，使软件服务系统尽可能地支持服务价值的实现。为了实现这一目标，哈尔滨工业大学徐晓飞教授团队提出了价值知觉的服务工程方法论（Value-Aware Service Engineering and Methodology，VASEM）[63]。

价值知觉是指服务全生命周期中每个阶段均将价值作为设计决策的核心依据，在进入下一阶段之前进行面向价值的评价分析，确保所有价值知觉得到折中性的满足。如图 7-2 所示，价值知觉所涉及的服务活动/过程包括：新价值发现、价值声明、价值表达、价值保持、价值转换、价值实现、价值分析、价值优化、价值监控。

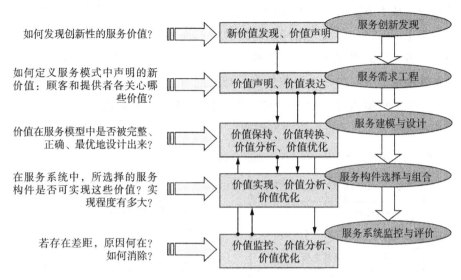

图 7-2　价值知觉的基本服务活动

VASEM 采用自顶向下的模型驱动思想和自底向上的构件复用技术相结合的方法，从功能、质量、构件选择和组合、价值 4 个方面设计与实现服务系统，如图 7-3 所示，它的框架包含 4 条主线：主线 P1 和 P2 分别表示从功能和质量方面采用模型驱动思想实现自顶向下的服务模型转换过程；主线 P3 表示采用构件复用技术，通过对服务构件的选择和组合来实现自底向上的服务系统构建过程；主线 P4 表示以价值作为手段，以服务价值的期望约束作为目标，帮助主线 P1、P2 和 P3 在功能、质量、构件选择和组合方面均达到价值实现的最优化。

在设计服务系统时，在主线 P1 中，通过数据挖掘、市场调查、新技术应用等手段发明新的服务或改进已存在的服务，为服务参与者创造新的服务价值，建立服务创新模式。接着将其作为输入，采用模型驱动的思想逐层建立服务需求模型、服务行为模型和服务执行模型。在主线 P2 中，随着 P1 中三层服务模型的逐步建立，可以采用服务质量功能配置（SQFD）方法来对三层服务模型进行质量设计，形成不同层次、不同粒度的服务要素质量参数矩阵[76]。

在主线 P4 中，随着 P1 中服务模型自顶向下地进行转换，服务价值也自顶向下地进行分解和继承。在价值分解时，上层的一个粗粒度的服务价值被分解成为下层的一组细粒度的服务价值，相应地，上层服务价值的期望约束也同时被分解成一组局部的细粒度的期望约束，它们被作为对应的下层服务价值的期望约束。在价值继承时，上层的一个服务价值粒度不变地被转换成为下层的一个服务价值，与此同时，上层服务价值的期望约束被下层服务价值直接继承。P4 中服务价值的期望约束是在设计初始阶段，由服务参与者对价值进行声明得到的。

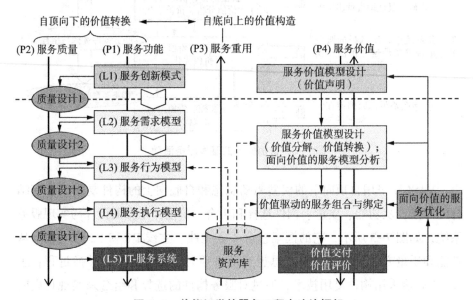

图7-3 价值知觉的服务工程方法论框架

在进行服务模型转换的过程中，会面临对转换结果的评价和选择问题。对于单一的转换结果，如何判断其质量达到设计要求，即能否基于该服务模型继续设计下一层模型或者基于该服务模型实现服务系统；对于多个可选的转换结果，如何从中选择出最优的服务模型。此时需采用面向价值的服务模型分析来完成决策。这就同时需要明确服务模型质量的评价标准。在 VASEM 中，能够保证全部服务参与者的价值期望约束均被很好地满足的服务模型才被认为是高质量的服务模型。因此，P4 中服务价值的期望约束被作为 P1 和 P2 中功能和质量设计的目标。

此外，当出现价值期望约束未被满足的情况，需采用面向价值的服务模型优化来消除缺陷，此时需要确定优化目标和优化方式。当功能方面的价值期望约束未被满足时,可以采用改变模型结构和替换服务要素(利用与当前服务要素功能不同的其他服务要素替换,此处的服务要素仅是指服务行为)结合的方式来实现模型优化。当性能方面的价值期望约束未被满足时,因为此前必然确定了功能方面的价值期望约束已被满足,所以仅采用替换服务要素(利用与当前服务要素功能相同,但是质量设计不同的其他服务要素来替换,此处的服务要素是指服务行为及其支持资源)的方式来实现模型优化。

但不论采用何种优化方式,模型优化的目标是一致的,那就是尽量消除设计缺陷,但与此同时,也需要考虑让代价(模型结构的改变代价或服务要素的替换代价)尽可能地小,也就是说模型的优化目标是上述二者的折中,具体如何将取决于价值接受者的偏好。

在实现服务系统时,在主线 P3 中,借助服务资产库(它是由一系列可复用的服务构件组成的),采用自底向上的方式,对可复用的服务构件进行选择、组合、绑定,以此来构建服务系统。在主线 P4 中,它的价值期望约束被转化为对服务构件的约束,用来指导服务构件的选择和组合。为了验证初步形成的服务组合方案对价值期望约束的满足能力,需要进行仿真分析,必要时进行再选择和再组合,充分保障服务价值最大限度地实现。

在服务系统运行时,需要对服务系统进行监控和评价,判断它是否能够向服务参与者按照期望约束充分地交付服务价值。若存在价值差距,则需要逐步反馈回实现阶段和设计阶段,或通过模型优化,或通过约束松弛来消除价值差距。

综上所述,VASEM 将服务价值的期望约束作为目标,将自顶向下的模型转换和自底向上的构件选择与组合作为实现手段,并通过一系列价值知觉活动来指导和帮助服务系统的设计和实现,以保证建立的服务系统能够向各服务参与者最大限度地交付期望价值。

由此可见,VASEM 覆盖了服务全生命周期的各个阶段,涉及的研究内容量相当多,而本书后续仅阐述与 VASEM 中面向价值的软件服务系统建模相关的研究内容,即服务价值模型及其面向价值的服务建模过程:

①服务价值模型:包括价值声明模型(Value Proposition Model,VPM)、面向参与者的价值网、价值依赖模型和价值标注模型。它们被提出用来描

述和表示服务模式中终端服务参与者（终端顾客和终端服务提供者）的期望价值、服务中各服务参与者之间的服务价值创造、传递、交付等活动、众多服务价值之间的各种依赖关系以及服务价值与各种服务要素之间的对应关系。

②面向价值的服务建模过程：研究迭代式的服务建模过程，将服务价值的实现程度作为服务建模过程中判断步骤执行正确方向的核心依据，使得通过服务建模步骤的合理设计以及步骤执行方向正确选择，建立合理的服务建模过程。该建模过程应保证设计完成的服务模型能够充分保持服务价值。

7.1.2　基于 VMDL 的服务价值元模型

在建立服务价值元模型时，本书参照了 VDML 的基本思想，并对其进行了一些扩展。VDML 采用"价值声明"（Value Proposition）概念来支持"利益相关者"（Stakeholders）对其期望的"服务价值"（Values）进行声明；利用"价值网"（Value Networks）概念来描述"角色/协作"（Roles/Collaborations）之间各种价值的创造、传递和交付等活动；利用"价值贡献"（Values Contributions）概念来说明价值的实现是由相关的"活动"（Activities）支持的。

我们在上述三个概念的基础上，设计了用于建立价值声明模型、面向参与者的价值网模型以及价值标注模型的主要建模元素。将价值声明概念中的利益相关者和价值网概念中的角色/协作统一定义成"参与者"（Participant），参与者又可细分为"顾客"（Customer）、"提供者"（Provider）和"使能者"（Enabler）三个建模元素。保留了价值和活动两个建模元素。

此外，服务价值之间可能存在各种依赖关系，需要建立价值依赖模型描述这些关系。因此，还需要设计用于建立价值依赖模型的建模元素。再者，服务价值模型需要支持服务价值度量，因此，也还需要设计能够表达价值计算关系的建模元素。这两类建模元素是 VDML 语言尚未定义的，但的确是必须的。图 7-4 是本书提出的服务价值元模型示意图，其中左下角的 DependencyRelation、ValueIndicator、CON、ParameterMappingRelation 等建模元素是本书在 VDML 基础上进行的扩展。

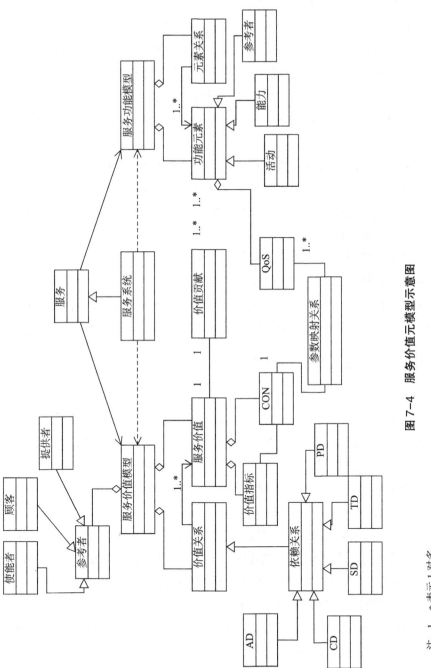

图 7-4　服务价值元模型示意图

注：1.. * 表示 1 对多。

服务价值模型包含价值声明模型、面向参与者的价值网模型、价值依赖模型和价值标注模型，其中前三类服务价值模型从服务价值角度描述服务系统，它们均属于服务价值空间，而价值标注模型横跨服务价值空间与服务模型空间，反映了服务价值与服务模型中服务要素之间的映射关系。

四类价值模型之间的关系如图 7-5 所示。价值声明模型中包含的主要建模要素是顾客、提供者及服务价值，它用来支持顾客和提供者对其期望的服务价值进行价值声明。

面向参与者的价值网模型 POVN 在价值声明模型 VPM 的基础上加入了使能者建模要素，从而可以完整地描述服务系统中各参与者之间进行的价值创造、传递和交付等活动，同时 POVN 中的服务价值是从 VPM 中服务价值分解或直接继承而来。

价值依赖模型包含服务价值和价值依赖关系建模要素，支持对 VPM 和 POVN 中服务价值之间的各种依赖关系进行建模。

最后，价值标注模型将 VPM 和 POVN 中的服务价值与服务模型中的对应服务要素建立映射关系，描述这些服务要素对服务价值的实现的贡献作用。

7.1.3 多维度多层次服务价值模型

（1）价值声明模型

在服务系统设计的初始阶段，价值声明模型被用来描述顶层服务、最终端的顾客和提供者、顾客和提供者期望从顶层服务中获得哪些服务价值。图 7-6 给出了价值声明模型 VPM 的图形化形式和图例。

价值声明模型 VPM 的主要模型元素及关联关系定义如下。

①顶层服务 $TS = (SName, BScope)$：

SName 表示顶层服务 TS 的名称，BScope 表示顶层服务 TS 的业务范围。设计服务系统的目的就是支持顶层服务 TS 的服务业务正常运作。通过对顶层服务 TS 的属性 BScope 赋值来描述被设计的服务系统需要支持的业务范围。

②最终端的参与者 $EP = (PName, EPType)$：

PName 表示最终端的参与者 EP 的名称，$EPType \in \{Customer, Provider\}$ 表示最终端的参与者 EP 的类型，包括顾客和提供者。在 VPM 中，将属于顾客类型的参与者放在顶层服务的上端，而将属于提供者类型的参与者放在顶层服务的下端。

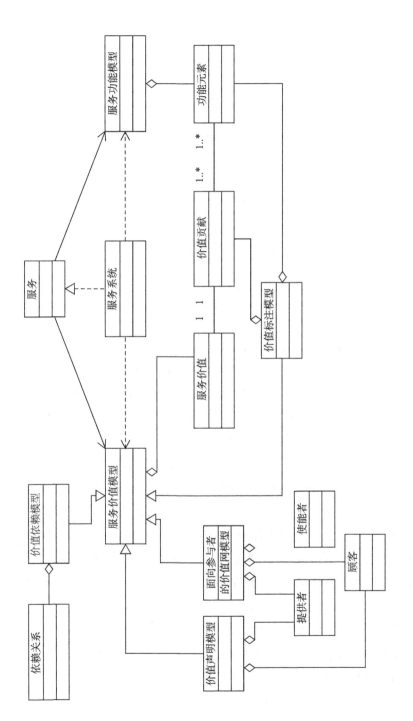

图 7-5 四类服务价值模型之间的关系示意图

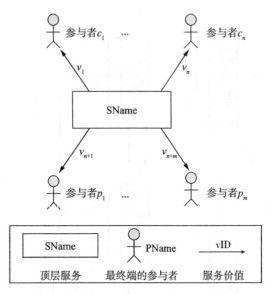

图 7-6　价值声明模型的图形化形式和图例

③服务价值 SV = (Binfo, Cinfo)：

Binfo = (vID, vName, Producer, Receiver, View, Granularity) 表示服务价值的基本信息，包括服务价值的唯一标识 vID、名称 vName、生产者 Producer、接收者 Receiver、角色 View（顾客方的价值和提供方的价值）、粒度 Granularity（根价值、过度价值和原子价值）。

Cinfo = (rc, rc. s^{I}, rc. s^{o}, CB, CC, CE) 表示对服务价值 SV 声明的约束信息，其中三元组(rc, rc. s^{I}, rc. s^{o}) 被用来描述服务价值 SV 在功能方面被声明的期望约束，相应的含义是 SV 的接收者期望实现载体 rc 从初始状态 rc. s^{I} 转移到最终状态 rc. s^{o}；三元组(CB, CC, CE) 被用来描述服务价值 SV 在性能方面被声明的期望约束。服务价值 SV 在性能方面的期望约束较为复杂，需要针对不同的实际情况，分别给出三元组(CB, CC, CE) 的具体约束形式，见表 7-1。

对于顾客方的服务价值 SV，仅需对三元组中 CB 和 CE 给出具体约束形式，且 CB = (B_{best}, CPP$_B$)、CE = (E_{best}, CPP$_E$)，它们的具体约束形式是一样的。因此下面仅以 CB = (B_{best}, CON$_B$) 为例给出具体形式。

表 7-1　双离合器与多个同步器中的每一个接合状态的离合器表格

cv	单个服务价值	p_i^H	Basic	正向	期望区间：Basic（cv，（p_i^H，≥，P_{exp}）） 不可接受区间：Basic（cv，（p_i^H，<，P_{exp}））
				反向	期望区间：Basic（cv，（p_i^H，≤，P_{exp}）） 不可接受区间：Basic（cv，（p_i^H，>，P_{exp}））
			Rule		Rule（cv；{Pre_1，Pre_2，…，Pre_n}；（p_i^H，Relation，VP_i）），其中 Pre_j =（p_j，Relation，VP_j）
		p_i^S	Basic	正向	期望区间：Basic（cv，（p_i^S，≥，P_{exp}）） 可接受区间：Basic（cv，（p_i^S<，P_{exp}）∩（p_i^S，≥，P_{acc}）） 不可接受区间：Basic（cv，（p_i^S，<，P_{acc}））
				反向	期望区间：Basic（cv，（p_i^S，≤，P_{exp}）） 可接受区间：Basic（cv，（p_i^S>，P_{exp}）∩（p_i^S，≤，P_{acc}）） 不可接受区间：：Basic（cv，（p_i^S，>，P_{acc}））
	多个服务价值	Basic			Basic（VSet，（p_i，Relation，VP_i））
		Compare			Compare（VSet，p_i，Relation）
		Rule			Rule（（RB，and，RC）；（OB，and，OC））
pv	单个服务价值	p_i	Basic	正向	最大成本区间：Basic(pv，（p_i，≥，P_{end}）） 变动成本区间：Basic =(pv，（p_i，<，P_{end}）∩（p_i，≥，P_{start}）） 最小成本区间：Basic(pv，（p_i，<，P_{start}））
				反向	最大成本区间：Basic(pv，（p_i，≤，P_{end}）） 变动成本区间：Basic =(pv，（p_i，>，P_{end}）∩（p_i，≤，P_{start}）） 最小成本区间：Basic(pv，（p_i，>，P_{start}））

对于 CB =（B_{best}，CPP_B），其中 B_{best} 表示对 B 声明的期望约束，它是一个数值，CPP_B 表示对 CON_B 声明的期望约束，该表达式的含义是当 CPP_B 中的期望约束均被满足时，B 等于 B_{best}。

CON_B =｛p_1，p_2，…，p_n｝是一组性能参数的集合，$\forall p_i \in CON_B$，它可能是硬性性能参数 p_i^H，也可能是软性性能参数 p_i^S。此外，对于一个具体的性能参数 p_i，它可能是正向的性能参数，也可能是反向的性能参数。正向性能参数的含义是性能参数的取值越大，其对应服务的质量越高，如可靠性、可用性等。反向性能参数的含义是性能参数的取值越大，其对应服务的质量越低，如响应时间、执行时间等。

如果 p_i 是硬性性能参数 p_i^H，则它的期望约束包括基本型约束和规则型约束。基本型约束的约束区间包括期望区间和不可接受区间，如图 7-7（a）所示。对于正向的硬性性能参数 p_i^H，它的期望区间可以表示成 Basic(cv, $(p_i^H, \geqslant, P_{\exp})$)，不可接受区间可以表示成 Basic(cv, $(p_i^H, <, P_{\exp})$)，其中 $P_{\exp}$ 表示期望区间中的最小值。对于反向的硬性性能参数 p_i^H，它的期望区间可以表示成 Basic(cv, $(p_i^H, \leqslant, P_{\exp})$)，不可接受区间可以表示成 Basic(cv, $(p_i^H, >, P_{\exp})$)，其中 $P_{\exp}$ 表示期望区间中的最大值。

硬性性能参数 p_i^H 的规则型约束可以表示成 Rule(cv; {Pre$_1$, Pre$_2$, $\cdots$, Pre$_n$}; $(p_i^H$, Relation, VP$_i)$)，其中 Pre$_j$ = $(p_j$, Relation, VP$_j)$。例如，Rule(v_i; {(rt, >, 3 小时)}; (ra, >, 80%)) 表示如果服务价值 v_i 的性能参数"响应时间 rt"大于 3 小时，那么它的硬性性能参数"资源可用性 ra"应大于 80%。

如果 p_i 是软性性能参数 p_i^S，则它的期望约束只有基本型约束，它的约束区间包括不可接受区间和可接受区间以及期望区间，如图 7-7（b）所示。对于正向的软性性能参数 p_i^S，它的期望区间可以表示成 Basic(cv, $(p_i^S, \geqslant, P_{\exp})$)，不可接受区间可以表示成 Basic(cv, $(p_i^S, <, P_{\mathrm{acc}})$)，可接受区间可以表示成 Basic(cv, $(p_i^S, <, P_{\exp}) \cap (p_i^S, \geqslant, P_{\mathrm{acc}})$)，其中 $P_{\exp}$ 表示期望区间中的最小值，P_{acc} 表示可接受区间中的最小值。

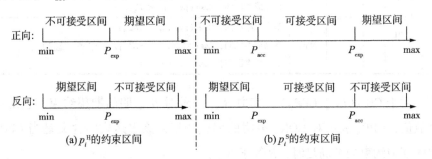

图 7-7　收益约束 CON$_B$ 中性能参数的约束区间

对于反向的软性性能参数 p_i^S，它的期望区间可以表示成 Basic(cv, $(p_i^S, \leqslant, P_{\exp})$)，不可接受区间可以表示成 Basic(cv, $(p_i^S, >, P_{\mathrm{acc}})$)，可接受区间可以表示成 Basic(cv, $(p_i^S, >, P_{\exp}) \cap (p_i^S, \leqslant, P_{\mathrm{acc}})$)，其中 $P_{\exp}$ 表示期望区间中的最大值，P_{acc} 表示可接受区间中的最大值。

CPP$_B$ = (SCPP$_B$, MCPP$_B$)，其中 SCPP$_B$ 表示对单个服务价值 SV 的性能

参数声明的期望约束，$MCPP_B$ 表示对服务价值 SV 与其他服务价值在性能参数方面存在的期望约束。$SCPP_B$ 包括 SV 的硬性性能参数的基本型约束和规则型约束，以及 SV 的软性性能参数的基本型约束，他们的具体形式在上面已经给出；$MCPP_B$ 包括基本型约束、比较型约束和规则性约束。

①基本型约束：Basic(VSet,Constraint)，其中 VSet 表示受约束的服务价值集合，Constraint $= (p_i, \text{Relation}, VP_{②i})$ 表示约束的具体内容，其中 p_i 表示受约束的性能参数，Relation 表示约束关系符，$VP_{②i}$ 表示性能参数的取值。例如，Basic($\{v_i, v_j\}$, (rt, $\leqslant$, 10 小时)) 表示服务价值 v_i 和 v_j 的硬性性能参数响应时间 rt 的总和应小于等于 10 小时。

②比较型约束：Compare(VSet, p_i, Relation)。例如，Compare($\{v_i, v_j\}$, ra, =) 表示服务价值 v_i 和 v_j 的硬性性能参数资源可用性 ra 应相等。

③规则型约束：Rule(Pre;Post)，其中 Pre $=$ (RB, and, RC)，Post $=$ (OB, and, OC)。例如，Rule(((v_i, (rt, >, 3 小时)), and, $\varnothing$); ((v_j, (ra, >, 80%)), and, $\varnothing$)) 表示如果服务价值 v_i 的硬性性能参数"响应时间 rt"大于 3 小时，那么 v_j 的硬性性能参数"资源可用性 ra"应大于 80%。

对于提供方的服务价值 pv，需对三元组中 CC $= (C_{\text{best}}, C_{\min}, CPP_C)$ 给出具体约束形式。在实际服务中，服务提供者需要付出的成本不可能随着他向顾客尽可能地提供更低质量的服务而无限地变小，也不可能无限地通过增加成本而提供更高质量的服务。因此，它的约束区间包括最大成本区间，变动成本区间和最小成本区间。C_{best} 表示对 C 声明的最大值，当 CON_C 所有性能参数的实现值均落在最大成本区间，则 C 等于 C_{best}；$C_{\min}$ 表示对 C 声明的最小值，当 CON_C 所有性能参数的实现值均落在最小成本区间，则 C 等于 C_{best}。

CON_C 中性能参数 p_i 的期望约束只有基本型约束。如图 7-8 所示，对于正向的性能参数 p_i，它的最大成本区间可以表示成 Basic(pv, (p_i, $\geqslant$, P_{end}))，最小成本区间可以表示成 Basic(pv, (p_i, <, P_{start}))，变动成本可以表示成 Basic $=$ (pv, (p_i, <, P_{end}) $\cap$ (p_i, $\geqslant$, P_{start}))，其中 P_{start} 表示使成本开始增加的最小值，P_{end} 表示使成本停止增加的最小值。对于反向的性能参数 p_i，它的最大成本区间可以表示成 Basic(pv, (p_i, $\leqslant$, P_{end}))，最小成本区间可以表示成 Basic(pv, (p_i, >, P_{start}))，变动成本可以表示成 Basic $=$ (pv, (p_i, >, P_{end}) $\cap$ (p_i, $\leqslant$, P_{start}))，其中 P_{start} 表示使成本开始增加的最大值，P_{end} 表示使成本停止增加的最大值。

图7-8　收益约束 CON_C 中性能参数的约束区间

此外，对于提供方的服务价值 pv，还需对三元组中 $CE=(E_{best},cv_{best},cv_{min})$ 给出具体约束形式。E_{best} 描述对 E 声明的一个期望值，如果顾客的满意度 Sat=100%，那么 E 等于 E_{best}。cv_{best} 和 cv_{min} 均描述顾客对 cv 声明的期望值，如果 cv 大于等于 cv_{best}，则顾客的满意度为 100%，如果 cv 小于 cv_{min}，则顾客的满意度为 0。

（2）面向参与者的价值网模型

随着服务模型逐层被设计，相应层次的面向参与者的价值网（Participant Oriented Value Net，POVN）也被逐步建立。$POVN_i$ 被用来描述对应的服务模型 SM_i 中的参与者（顾客、提供者和使能者）之间需要交换哪些服务价值。图7-9 给出了 POVN 的图形化形式和图例。

POVN 的主要模型元素及关联关系定义如下。

①参与者 $P=(PName,PType)$：

PName 表示服务中参与者 P 的名称，$PType \in \{Customer,Provider,Enabler\}$ 表示参与者 P 的类型，包括顾客、提供者和使能者。使能者协助顾客和提供者建立交互关系。使能者根据需要有时充当顾客使能者，有时充当提供者使能者。

②价值与服务偶对 $PVS=(SE,SV)$：

$SV=(Binfo,Cinfo)$ 表示在两个参与者之间被交换的服务价值，其中 $Binfo=(vID,vName,Producer,Receiver,View,Granularity,FvID)$ 和 $Cinfo=(rc,rc.s^I,rc.s^O,CB,CC,CE)$ 分别表示服务价值的基本信息和约束信息，它们表示的内容与 VPM 中服务价值描述的内容基本一致。唯一的区别是 Binfo 中额外增加了属性 FvID，它是服务价值 SV 的父价值的唯一标识。

$SE=(SEID,SEC)$ 表示在两个参与者之间被执行的服务要素的集合，其中 SEID 表示集合的唯一标识，SEC 表示集合中包含的服务要素。如果 SE 对应的服务价值是提供方的价值 pv，那么 SEC 中只包含提供者执行的服务要素；如果 SE 对应的服务价值是顾客方的价值 cv，那么 SEC 中既包含提供者执行的服务要素，也包括顾客执行的服务要素。

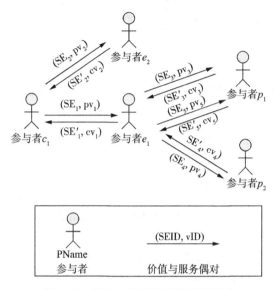

图 7-9　POVN 的图形化形式和图例

（3）价值依赖模型

随着第 i 层的 POVN^i 被建立，需要建立相对应的 VDM^i。VDM^i 被用来描述相对应的 POVN^i 中服务价值之间的支持依赖、时序依赖和生产者依赖关系。此外，在建立 VDM^i 时，还需要描述上下层价值依赖模型 VDM^{i-1} 和 VDM^i 之间价值的聚合与组合依赖关系。图 7-10 给出了 VDM^i 的图形化形式和图例。

VDM 的主要模型元素及关联关系定义如下。

①普通节点 $N = (\text{Binfo}, \text{Cinfo})$：

普通节点 N 是 POVN 中出现的一个服务价值。N 中的 Binfo 和 Cinfo 内容与 POVN 中服务价值 SV 的 Binfo 和 Cinfo 内容一致。

②超节点 $\text{SN} = (N_1, N_2, \cdots, N_n)$：

超节点 SN 是由一组普通节点 $N_1, N_2, \cdots, N_n$ 构成的节点集合。当 $n = 1$ 时，SN 中仅包含一个普通节点。下面对各种超边进行描述时，将普通节点作为特殊的超节点。

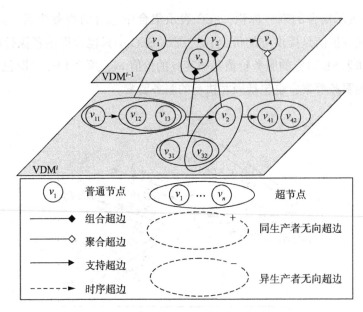

图 7-10　VDM 的图形化形式和图例

③组合超边 $E_{\mathrm{CD}}=(\mathrm{SN}_{\mathrm{start}},\mathrm{SN}_{\mathrm{end}},g_{\mathrm{CD}})$：

$\mathrm{SN}_{\mathrm{start}}$ 表示组合超边的起始节点，它是特殊的超节点（即普通节点）；$\mathrm{SN}_{\mathrm{end}}$ 表示组合超边的目标节点，它是超节点；g_{CD} 表示组合依赖函数。

④聚合超边 $E_{\mathrm{AD}}=(\mathrm{SN}_{\mathrm{start}},\mathrm{SN}_{\mathrm{end}},g_{\mathrm{aD}})$：

$\mathrm{SN}_{\mathrm{start}}$ 表示聚合超边的起始节点，它是特殊的超节点（即普通节点）；$\mathrm{SN}_{\mathrm{end}}$ 表示聚合超边的目标节点，在一般情况下，它是超节点，但是它也可能是普通节点，此种情况是聚合超边的起始节点表示的价值没有被拆分或者分解就直接进入下一层的价值网模型；g_{AD} 用来表示聚合依赖函数。

⑤时序超边 $E_{\mathrm{TD}}=(\mathrm{SN}_{\mathrm{start}},\mathrm{SN}_{\mathrm{end}},g_{\mathrm{TD}})$：

$\mathrm{SN}_{\mathrm{start}}$ 表示时序超边的起始节点，它既可以是超节点，也可是普通节点；$\mathrm{SN}_{\mathrm{end}}$ 表示时序超边的目标节点，它既可以是超节点，也可以是普通节点；g_{TD} 用来表示时序依赖函数。

⑥支持超边 $E_{\mathrm{SD}}=(\mathrm{SN}_{\mathrm{start}},\mathrm{SN}_{\mathrm{end}},g_{\mathrm{SD}})$：

$\mathrm{SN}_{\mathrm{start}}$ 表示支持超边的起始节点，它既可以是超节点，也可以是普通节点；$\mathrm{SN}_{\mathrm{end}}$ 表示支持超边的目标节点，它既可以是超节点，也可以是普通节点；g_{SD} 用来表示支持依赖函数。

⑦同生产者无向超边 $E_{\mathrm{SPD}} = (\mathrm{SN}, g_{\mathrm{SPD}})$ 和异生产者无向超边 $E_{\mathrm{DPD}} = (\mathrm{SN}, g_{\mathrm{DPD}})$：

同生产者无向超边和异生产者无向超边均带有特殊信息的超节点，g_{SPD} 和 g_{DPD} 分别用来表示同生产者依赖函数和异生产者依赖函数。

（4）价值标注模型

随着第 i 层的 POVN^i 被建立，为了支持服务价值度量，需要建立相对应的 VAM^i。价值标注模型 VAM^i 被用来描述服务模型 SM^i 中服务要素与价值网 POVN^i 中服务价值之间的对应关系，它表示的信息内容是进行服务价值度量的基础。价值标注模型 VAM^i 不是从无到有建立的，而是在相对应的已经被初步设计完成的服务模型 SM^i 基础上，再通过将价值网 POVN^i 中服务价值标注到相对应的服务要素之间建立的。图 7-11 是 VAM 的图形化形式和图例。

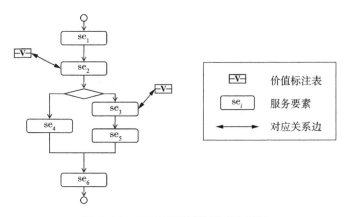

图 7-11　VAM 的图形化形式和图例

VAM 的主要模型元素及关联关系定义如下。

①服务要素 $\mathrm{SE} = (\mathrm{BInfo}, \mathrm{QoS})$：

服务要素 SE 可能是行为相关的服务要素，也可能是资源相关的服务要素。对于前者 $\mathrm{BInfo} = (P, \mathrm{AO}, \mathrm{ST}, \mathrm{RES})$，其中 P、AO、ST、RES 依次表示服务要素的参与者、服务要素的作用对象集合、AO 中作用对象的状态转移集合以及支持服务要素执行的服务资源集合。对于后者，$\mathrm{BInfo} = (\mathrm{RName}, \mathrm{RType})$，其中 RName 和 RType 分别表示服务要素的名称和类型；QoS 表示服务参数的质量参数的设计者；BInfo 表示服务要素 SE 的基本信息。

②价值标注表 $\mathrm{VAT} = (\mathrm{SV}_1, \mathrm{SV}_2, \cdots, \mathrm{SV}_n)$：

价值标注表用来描述一组服务价值 $SV_1, SV_2, \cdots, SV_n$，其中 $\forall SV_i = (Binfo, Cinfo, Dinfo)$，Binfo 表示服务价值的基本信息，Cinfo 表示服务价值的约束信息，Dinfo 表示服务价值的依赖信息。

③对应关系边 $E_{s-v} = (SE, VAT)$：

对应关系边是一个双向边，两个端点分别是服务要素 SE 和价值标注表 VAT，它用来描述服务要素对哪些服务价值的实现产生影响。

（5）服务价值模型的实例

下面仍以海运物流出口服务案例给出 4 类服务价值模型的实例。

价值声明模型 VPM 的实例如图 7-12 所示，其中货主属于终端顾客，而终端提供者包括船公司和海关。顶层服务是海外物流出口服务，它是优化设计的对象。表 7-2 给出了图 7-12 中三项服务价值的若干关键信息。

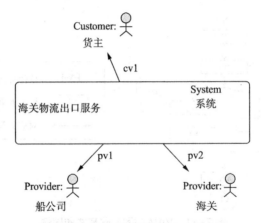

图 7-12　价值声明模型 VPM 的实例

表 7-2　VPM 中服务价值的若干关键信息

vID	vName	Receiver	rc	rc. s^I	rc. s^O
cv_1	货物出口	货主	货物物理位置	货主仓库	目的地码头
pv_1	货物海上运输费用	船公司	海运费用金额	船公司未获得	船公司获得
pv_2	货物报关费用	海关	报关费用金额	海关未获得	海关获得

在为海运物流出口服务系统进行建模的开始阶段，需要以价值声明模型 VPM 和第一次初步设计完成的服务模型为基础，建立第一层的面向参与者的价值网模型 $POVN^1$，如图 7-13 所示。

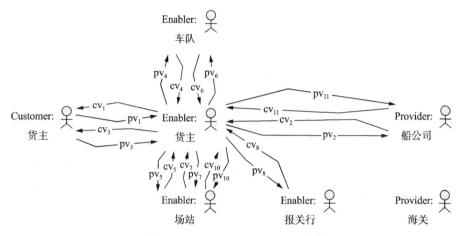

图 7-13　面向参与者的价值网 POVN[1] 的实例

为了在 VPM 的基础上完整地刻画服务系统，需要新增一类角色，即服务使能者，它包括：货代、车队、场站、报关行。表 7-3 给出了图 7-13 中 22 项服务价值的若干关键信息。

表 7-3　POVN[1] 中服务价值的若干关键信息

vID	vName	Producer	Receiver	rc	rc. s^I	rc. s^O
cv_1	舱位预定代办	货物代理	货主	舱位使用权	货主请求	货主获得
pv_1	代办舱位费用	货主	货物代理	代办费用金额	货代未获得	货代获得
cv_2	预定舱位	船公司	货物代理	舱位使用权	货代请求	货代获得
pv_2	订舱费用	货物代理	船公司	订舱费用金额	船公司未获得	船公司获得
cv_3	货物出口代办	货物代理	货主	货物物理位置	货主仓库	目的地码头
pv_3	代办出口费用	货主	货物代理	代办费用金额	货代未获得	货代获得
cv_4	车辆预订	车队	货物代理	车辆使用权	货代请求	货代获得
pv_4	车辆使用费	货物代理	车队	车辆费用金额	车队未获得	车队获得
cv_5	集装箱预订	场站	货物代理	集装箱使用权	货代请求	货代获得
pv_5	集装箱使用费	货物代理	场站	使用费金额	场站未获得	场站获得
cv_6	陆上运输	车队	货物代理	货物物理位置	货主仓库	场站堆存区
pv_6	陆运费用	货物代理	车队	陆运费用金额	车队未获得	车队获得
cv_7	货物暂存	场站	货物代理	堆存区使用权	货代请求	货代获得

163

vID	vName	Producer	Receiver	rc	rc. s^I	rc. s^O
pv_7	堆存费用	货物代理	场站	堆存费用金额	场站未获得	场站获得
cv_8	代办报关	报关行	货物代理	通关许可权	货代请求	货代获得
pv_8	代办报关费用	货物代理	报关行	代办费用金额	报关行未获得	报关行获得
cv_9	报关	海关	报关行	通关许可权	报关行请求	报关行获得
pv_9	报关费用	报关行	海关	报告费用金额	海关未获得	海关获得
cv_{10}	集港	场站	货物代理	货物物理位置	场站堆存区	起始地码头
pv_{10}	集港费用	货物代理	场站	集港费用金额	场站未获得	场站获得
cv_{11}	装船/海上运输	船公司	货物代理	货物物理位置	起始地码头	目的地码头
pv_{11}	海运费用	货物代理	船公司	海运费用	船公司未获得	船公司获得

针对 VPM 和 POVN^1 中的各项服务价值，分析上、下层服务价值之间可能存在的组合依赖和聚合依赖关系；针对 POVN^1 自身的各项服务价值，分析同层内服务价值之间可能存在的支持依赖、时序依赖和同/异生产者依赖关系。分析结果如图 7-14 所示。

图 7-14 中组合依赖关系子图描述了 VPM 中的服务价值 VPM：：cv_1 组合依赖 POVN 中的超节点 POVN：：SuperNode1，而这个超节点包含 cv_1、cv_3 这两个服务价值，其含义服务价值 VPM：：cv_1 的实现程度由 POVN 中服务价值 cv_1 和 cv_3 的实现程度所决定。

图 7-14 中时序依赖关系子图描述了两个时序依赖关系：①服务价值 cv_6 时序依赖于服务价值 cv_4 和 cv_5，其含义是在开始执行服务价值 cv_6 对应的服务行为之前，服务价值 cv_4 和 cv_5 对应的服务行为必须已经执行完成；②服务价值 cv_{10} 时序依赖于服务价值 cv_8 和 cv_9，而服务价值 cv_8 和 cv_9 又时序依赖于服务 cv_7。根据 3.2.2.2 节中的论述，上述两个时序关系是由海运物流出口服务中的业务规则决定的。第一个时序依赖关系描述的实际业务规则是在执行货物陆上运输之前，必须先获得车辆使用权和集装箱使用权。第二个时序依赖关系描述的实际业务规则是货物集港之前必须已经获得了通关许可权，并且在进行报关之前，货物必须在场站的堆存区存放。

图 7-14 中支持依赖关系子图中展示了两个支持依赖关系：①cv_1 支持依赖 cv_2；②cv_3 支持依赖超节点 POVN：：SuperNode4，而这个超节点包含 cv_4、

cv_5、cv_6、cv_7、cv_8、cv_{10}、cv_{11}，其中，服务价值 cv_8 又支持依赖服务价值 cv_9，并且在超节点 POVN::SuperNode4 内部也存在一个支持依赖关系，即服务价值 cv_{11} 支持依赖服务价值 cv_{10}，且服务价值 cv_{10} 又支持依赖服务价值 cv_6。支持依赖关系描述了不同服务价值在实现程度上的影响关系，例如，针对"cv_{10} 支持依赖服务价值 cv_6"来说，其描述的服务业务特性是集港过程中货物的损坏程度与陆运过程中货物的损坏程度具有一定的关系，也就是说服务价值 cv_6 的实现程度在一定程度上会影响服务价值 cv_{10} 的实现程度。

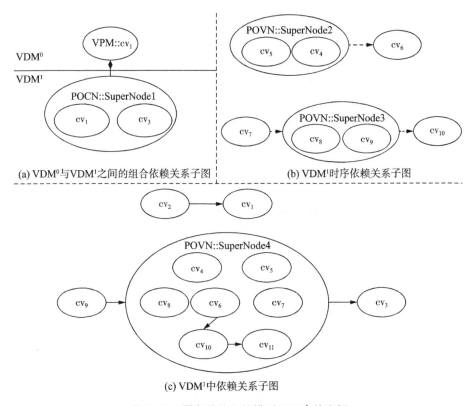

(a) VDM^0 与 VDM^1 之间的组合依赖关系子图

(b) VDM^1 时序依赖关系子图

(c) VDM^1 中依赖关系子图

图 7-14　服务价值依赖模型 VDM^1 的实例

以上给出了 VPM、$POVN^1$ 以及 VDM^1 的实例，下面接着以海运物流服务系统中的"舱位预订子服务"服务模型作为标注对象，给出 VAM^1 的实例。如图 7-15 所示，VAM^1 中每一个服务行为的上面均标注有一个价值标注表 VAT，VAT 中记录了与服务行为存在对应关系的若干项服务价值的各种相关信息。

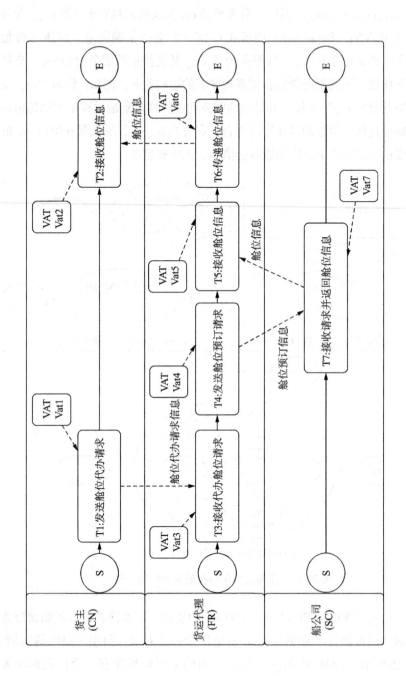

图 7-15　价值标注模型 VAM[1] 的实例

VAM 是进行服务价值度量的基础，因此，以价值标注表 Vat_4（包含 POVN 中的 cv_1、cv_2、pv_1）和价值标注表 Vat_7（包含 POVN 中的 cv_2, pv_2）为例，表 7-4 给出了它们中记录的用于度量服务价值（$POVN^1$ 中的 cv_1、cv_2、pv_1、pv_2）的若干关键信息。

表 7-4　Vat_4 和 Vat_7 中服务价值的与度量相关的关键信息

vID	B	B_{best}	CON_B	C	C_{best}	CON_C	E_{best}	CON_E	Sat	相关服务行为
cv_1	null	200	$p_1^S, p_2^S, p_3^S, p_4^H$	100	null	null	10	p_5^S	null	T1,T2,T3,T4,T5,T6
cv_2	null	100	$p_1^S, p_2^S, p_3^S, p_4^H$	40	null	null	20	p_5^S	null	T4,T5,T7
pv_1	100	null	null	null	60	$p_1^S, p_2^S, p_3^S, p_4^S$	30	null	0.8	T3,T4,T5,T6
pv_2	40	null	null	null	10	$p_1^S, p_2^S, p_3^S, p_4^S$	20	null	0.8	T7

p_1^S：请求响应时间；p_2^S：执行时间；p_3^S：可用性；p_4^S：可靠性；p_5^S：消费金额。

7.1.4　面向价值的软件服务系统迭代式建模

VASEM 服务建模过程包括三个阶段。

第一阶段：价值约束下的服务需求模型设计与优化，实现从服务创新层到服务需求层的转换；

第二阶段：价值约束下的服务过程模型设计与优化，实现从服务需求层到服务设计层的转换；

第三阶段：价值约束下的服务执行模型设计与优化，实现从服务设计层到服务执行层的转换。

下面给出第一阶段的服务需求模型优化设计的基本步骤。

步骤 1. 建立价值声明模型 VPM：

将服务创新模式作为输入，服务创新模式中应包括对服务的业务范围，服务参与者、服务参与者能够向外提供的价值的描述。从服务创新模式中识别出终端的顾客和提供者，然后详细表达清楚他们对服务价值声明的期望约束，建立 VPM。

步骤 2. 初步设计服务需求模型：

根据服务创新模式，完成粗粒度的服务功能划分，识别粗略的服务流程，明确服务使能者、相关物理资源和信息，为以上各类服务要素进行质量参数设计，初步完成服务需求模型设计。

步骤 3. 建立面向参与者的价值网 POVN[(1)] 和价值依赖模型 VDM[(1)]：

从服务需求模型中获得使能者，识别出顾客、使能者、提供者之间的价值交换关系，接着为这些服务价值的期望约束进行赋值。

①详细表达清楚使能者对服务价值声明的期望约束；

②将顾客和提供者在 VPM 中对服务价值声明的期望约束分解到 POVN[(1)] 中的对应服务价值上，形成更细粒度的期望约束，完成 POVN[(1)] 建模。

分析 VPM 中服务价值与 POVN[(1)] 中服务价值之间的分解关系，识别出上下层服务价值之间的组合/聚合依赖关系。分析 POVN[(1)] 中服务价值之间的传递和转换关系，以及相关的业务需求和顾客需求，识别出 POVN[(1)] 中多个服务价值之间的支持、时序和生产者依赖关系，完成 VDM[(1)] 建模。

步骤 4. 建立价值标注模型 VAM[(1)]：

识别 POVN[(1)] 中服务价值与服务需求模型中服务要素之间的对应关系，完成 VAM[(1)] 建模。这个过程存在两种情况。

情况 a：如果 POVN[(1)] 中的服务价值是根据服务需求模型中服务要素的相关属性（如作用对象集合、状态转移集合等）的内容创造的，服务价值与相应服务要素之间的关系就是一一对应的，也就是说在建立 POVN[(1)] 时，服务价值与相应服务要素之间的对应关系就已经被确定。

情况 b：如果 POVN[(1)] 中的服务价值是被独立创造的，那么需要采用价值标注方法，在服务价值与服务要素之间建立对应关系。

在识别出二者的对应关系之后，将服务价值标注到与其对应的一个或一组服务要素之上。这一过程实际上是将服务价值的期望约束作为服务模型设计的目标约束。

步骤 5. 进行面向价值的服务模型分析：

分析在服务模型的支持下，服务价值各方面被实现的情况，包括 3 个分析目标。

目标 a：价值依赖关系的可满足性指的是分析时序价值依赖、生产者价值依赖是否被满足。

目标 b：服务价值的可满足性指的是从功能角度分析：①服务价值实现载体的期望最终状态是否被达到；②服务价值实现载体是否能够从它的初始状态连续地转移到它的期望结束状态；③服务模型内部的顾客方行为与

提供方行为是否语义等价。

目标 c：服务价值的可保障程度指的是从性能角度分析服务价值的期望约束能够被服务价值的实现值满足的程度，即计算差距 Gap＝期望约束–实现值，当 Gap 小于等于 0 时，说明服务价值的期望约束被完全保障；当 Gap 大于 0 时，Gap 值越小，说明服务价值的期望约束被保障的程度越高。

步骤 6. 进行服务需求模型的优化：

如果在步骤 5 中目标 a 和目标 b 未被达到，则需要对服务需求模型在功能方面的设计进行优化，可以采取的优化方式包括：①改变服务需求模型结构，即改变服务需求模型中相关服务要素之间的逻辑结构关系；②使用与当前服务要素功能不同的候选服务要素替换它。

如果是目标 c 未被达到，则需要对服务需求模型在质量方面的设计进行优化，可以采取的优化方式是使用与当前服务要素功能相同但是质量参数设计不同的候选服务要素替换它。采用这种优化方式可以调整相关服务要素的质量参数 QoS 设计值，从而改变服务价值的实现，使差距尽可能变小或消除，最终实现服务价值优化。优化之后，重复执行步骤 5 和步骤 6，直到所有分析目标均被达到。

步骤 7. 反馈与再协商：

如果无法通过对服务模型进行优化而使服务价值的期望约束被达到，那么就说明服务参与者对服务价值声明的期望约束存在问题，此时需要反馈回价值模型 POVN 来松弛其中的服务价值的期望约束，甚至可能需要反馈回到价值模型 VPM 中来松弛服务价值的期望约束。然后重新执行上述步骤。

第二阶段、第三阶段遵循与第一阶段基本相似的步骤，均覆盖了价值分解、价值标注、价值度量、面向价值的服务模型分析和优化等步骤，这里不再赘述。

7.2　面向服务互联网的价值网模型及其建模方法

7.2.1　面向服务互联网的价值网模型

最初价值网模型被用来解释商业活动与参与者之间的关系，包括描述企业价值创造和转移的过程。我们则将关注点集中于服务价值的交换关系，恢复以巨头节点为中心的价值网模型，并通过价值网的设计来指导约束服务互联网的构建和支持后续的价值网分析，根据各方的价值语义属性和交换关系做出权衡设计。为了体现服务互联网的跨域、跨组织、跨价值链等特征，我们所建立的服务价值网模型包含参与者类型、价值交换关系和价值链领域属性等语义信息，如图 7-16 所示。

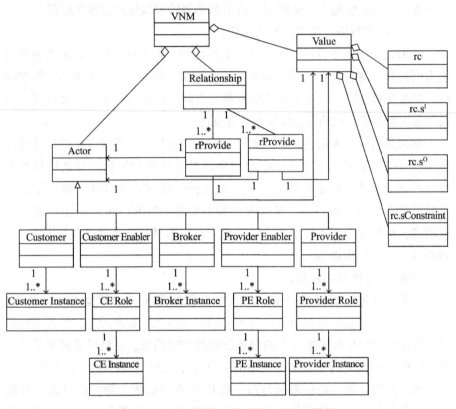

图 7-16　面向服务互联网的价值网元模型

服务价值网模型（Value Network Model，VNM）可以用一个四元组来描述，其可形式化成 VNM=(Actors,Values,Rels,Domains)，其中，Actors 为服务参与者集合，Values 是价值网中交换的服务价值集合，Rels 为服务价值的交换关系的集合，Domains 为价值网中所包含的领域属性的集合。

服务参与者 Actor=(aType,aRole,aInstanceSet)，aType 为服务参与者的类型；aRole 为服务参与者的角色，角色是基于服务参与者的类型和所在领域定义的，也就是说角色 aRole 包含了当前服务参与者的类型及其对应类型中所担任的具体角色信息；aInstanceSet 为从属于某一服务参与者角色的参与者实例集合。

服务价值 Value = (vType, Provider, Receiver, vName, rc, rc. s^I, rc. s^O, rc. sConstraint)，其中 vType 为价值的类型，Provider 为价值的提供者，Receiver 为价值的接收者，vName 为价值的名称，rc 为价值的实现载体，rc. s^I 和 rc. s^O 分别为价值实现载体的初始状态和结束状态，rc. sConstraint = {VTime, VSpace} 为价值实现载体实现状态转移的时间约束和空间约束。

价值交换关系 Rel = {rProvide, rReceive}，其中 rProvide = (Actor, Value) 为提供价值关系，rReceive = (Value, Actor) 为接收价值关系。

价值网 SVN 由多条价值链（Domain-Specific Value Chain，DVC）组成，$SVN = \{Actors, Values, Rels, Domain\} = \{dvc_1, dvc_2, \cdots, dvc_n\} = \{\{actors_{dvc_1}, values_{dvc_1}, rels_{dvc_1}, vdomain_{dvc_1}\}, \{actors_{dvc_2}, values_{dvc_2}, rels_{dvc_2}, vdomain_{dvc_2}\} \cdots \{actors_{dvc_n}, values_{dvc_n}, rels_{dvc_n}, vdomain_{dvc_n}\}\}$，价值网 SVN 由多条价值链 DVC 组成。其中每个价值链中的服务参与者、服务价值、价值关系、领域属性都是价值网中服务参与者、服务价值、价值关系、领域属性的子集，例如 $actors_{dvc_n} \in Actors$，$values_{dvc_n} \in Values$。

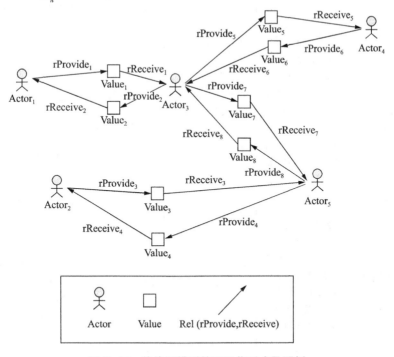

图 7-17　价值网模型的图形化形式及图例

在本书面向服务互联网的价值网中主要有五种服务参与者（C、P、PE、CE、B），其中五种服务参与者详细含义和可能的期望价值类型、提供价值类型参见表7-5。

表7-5　服务参与者的分类与含义

参与者	定义	实例	期望价值	提供价值
顾客 C	接受最终服务的组织/人	用户	产品类价值、信息类价值、资源使用类价值、事物状态改变类价值、享受类价值、知识与技能类价值	经济类价值、用户聚集类价值、经验类价值
提供者 P	提供最初服务的组织/人	华为、OPPO；富丽华大酒店	经济类价值、用户聚集类价值、经验类价值、市场影响类价值	产品类价值、信息类价值、资源使用类价值、事物状态改变类价值、享受类价值、知识与技能类价值
提供者使能者 PE	帮助提供者更好地在平台上售卖服务、产品，为提供者提供增值服务，直接和提供者接触。整个服务过程中，提供面向提供者的服务	杭州时科启商网络有限公司、北京多彩互动广告有限公司（广告商）	经济类价值、用户聚集类价值、经验类价值、市场影响类价值	产品类价值、信息类价值、资源使用类价值、事物状态改变类价值、享受类价值、知识与技能类价值、市场影响类价值
顾客使能者 CE	帮助用户更好地在平台上获取服务、产品，直接和用户接触。整个服务过程中，面向顾客的服务，是顾客直接面对的交付活动	支付宝；小米授权服务中心万象汇店	经济类价值、用户聚集类价值、经验类价值、市场影响类价值	产品类价值、信息类价值、资源使用类价值、事物状态改变类价值、享受类价值、知识与技能类价值

续表

参与者	定义	实例	期望价值	提供价值
平台 B	聚集了大量用户和提供者，提供了一个中间平台帮助建立、设计、启动、部署服务，协助在顾客和提供者之间建立交互关系	淘宝、小米优品商城、携程	经济类价值、用户聚集类价值、经验类价值、市场影响类价值、信息类价值	产品类价值、信息类价值、资源使用类价值、事物状态改变类价值、享受类价值、知识与技能类价值

下面以美团的骑手配送饭店的食物给顾客为例，给出价值网的描述实例：

①服务参与者饭店 Actor＝（aRole：饭店，aType：提供者，aInstanceSet：{肯德基，麦当劳，必胜客}）

②顾客与美团之间交换的食物费用的服务价值 Value＝（vType：经济类价值，Provider：顾客，Receiver：美团，vName：食物费用，rc：金钱，rc. s^I：顾客，rc. s^o：美团，rc. sConstraint：{［0：00，24：00］，线上}）

③顾客与美团之间交换的价值关系 Rel＝（rProvide，rReceive），其中 rProvide＝（Actor：顾客，Value：食物费用），rReceive＝（Value：食物费用，Actor：美团）

7.2.2 面向服务互联网的价值网建模方法

提出一种面向互联网的价值网建模方法，其自动化建模过程如图 7-18 所示，通过在时间轴上的不断更新迭代，持续地对价值网的语义进行完善，得到最新的完整语义的价值网。首先用基于外部公开数据的半自动生成方法和基于模式的特定领域价值链抽取方法从互联网数据中得到最初的服务价值网。这是一个从无到有的过程，本书提出的两种设计方法可以帮助用户从互联网的数据中得到一个最初的语义较为完整的价值网。

在互联网大规模、快速更新迭代的背景下，使用两种设计方法帮助用户在获取新的数据后，可以持续、周期性地对价值网进行更新迭代。也就是说，在时间轴上不断地对价值网进行语义完善。在发现新的服务参与者和服务价值的过程中更新价值网，并在抽取价值链的方法上对价值网打上领域等标签。

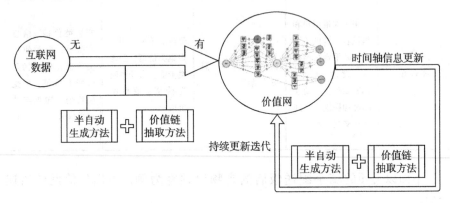

图 7-18　自动化建模过程示意图

基于外部公开数据的半自动生成方法描述可以如下。

步骤 1. 确定目标对象节点，收集目标对象节点相关 html 文件，构建初始服务参与者角色和类型标签库。

步骤 2. 输入：目标对象相关网站 html 文件、服务参与者角色和类型标签库；输出：服务参与者角色 aRole 和类型 aType 以及角色对应的实例候选集合 aInstanceSet。

利用基于多维网页数据的领域实体识别智能算法对服务参与者实例进行角色和类型识别，确定服务参与者节点的 aRole，aType，aInstanceSet 语义信息。

步骤 3. 人工修正服务参与者节点的 aRole、aType、aInstanceSet 语义信息，并对"其他"类别的实体节点进行聚类，通过人工分析发现新的服务参与者角色，更新角色和类型标签库。如果发现新的服务参与者角色，则回到步骤 2 重新执行，否则继续执行下一步。

步骤 4. 收集服务参与者节点相关实例的文本信息。

步骤 5. 输入：服务参与者节点相关实例的文本信息；输出：服务参与者节点的价值交换关系 Rel。

利用基于深度学习的价值交换关系智能抽取方法实现了价值交换关系的识别，确定了服务参与者节点之间的价值关系 Rel 以及关系中服务价值 Value 的类型 vType 语义信息。

步骤 6. 人工修正、补充服务参与者节点之间的价值关系 Rel 以及关系中服务价值 Value 的类型 vType 语义信息。进一步补充服务价值 Value 中的 vName、rc、rc. s^{I}、rc. s^{O}、rc. sConstraint 等语义信息，形成初步价值网的三元组模型。

步骤 7. 输入：上述生成的价值网模型、预先定义的典型价值链模式库；输出：特定领域价值链 DVC。

依据预先定义的典型价值链模式，利用基于模式的特定领域价值链抽取方法进行价值链的抽取，确定特定领域价值链 DVC 集合。

步骤 8. 人工修正特定领域价值链 DVC 的抽取结果，并定义特定领域价值链 DVC 的领域 vdomian 语义信息，以此完成价值网的四元组模型。

7.3 基于外部公开数据的服务价值网高效建模方法

7.3.1 基于多维网页数据的价值网参与者识别方法

为了辅助价值网设计者实现服务参与者的高效识别，对应上节步骤 3，我们提出一种基于多维网页数据的领域实体识别智能算法（Domain Entity Recognition Intelligent Algorithm Based on Multi-Dimensional Web Data），该算法能够根据人工构建的服务参与者角色和类型标签库，使用 Bert+lightGBM 模型实现对服务参与者实例的抽取以及角色的分类，得到服务参与者节点，是后续价值交换关系以及价值网构建的基础。

随着网络信息的爆炸式增长，网页中容纳了大量的非结构化的信息。并且网页与普通文本不同，Web 网页不仅含有文本信息，同时也有网页结构特征等重要因素。所以本书的方法对服务参与者相关的 html 文件中的五维重要特征进行抽取，以此表征服务参与者。五个维度的 html 文件数据具体包括：网页标题（Title）、网页关键词（Keyword）、网页文本（Text）、网页上下文（Context）、网页结构位置（Postion），如图 7-19 所示。

①网页标题：目标实体所在网页的标题语义信息，如〈title〉；

②网页关键词：所在网页中的关键词语义信息，如〈tname = "key-words"〉；

③网页文本：实体本身的文本语义信息；

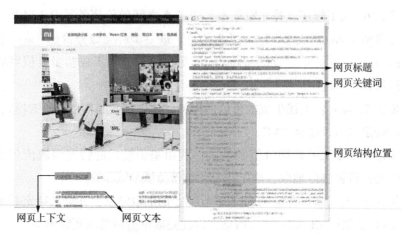

网页标题
网页关键词
网页结构位置
网页上下文　　　网页文本

图 7-19　小米 HTML 文件五维信息特征实例示意图

④网页上下文：所在上下文语义信息，文本附近某些显示特点的重要信息。

⑤网页结构位置：所提取文本位置的标签结构特征，如 ['html', 'head', 'body', 'div', 'div', 'div', 'div', 'div', 'ul', 'li', 'div', 'a']；

在本书面向服务互联网的价值网中主要有五种服务参与者（C、CE、B、PE、P），其中本书扩展的五种服务参与者详细含义和可能的期望价值类型、提供价值类型见表 7-5。

根据取小米、淘宝、携程等数据集所在领域及其涉及服务参与者类型，初始人工构建的服务参与者角色标签库实例如图 7-20 所示。

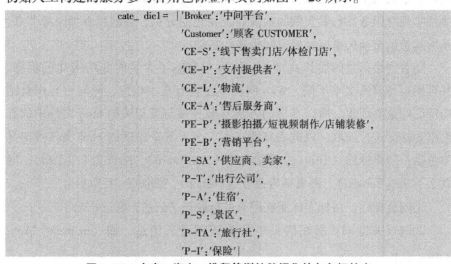

```
cate_ dic1 = {'Broker':'中间平台',
              'Customer':'顾客 CUSTOMER',
              'CE-S':'线下售卖门店/体检门店',
              'CE-P':'支付提供者',
              'CE-L':'物流',
              'CE-A':'售后服务商',
              'PE-P':'摄影拍摄/短视频制作/店铺装修',
              'PE-B':'营销平台',
              'P-SA':'供应商、卖家',
              'P-T':'出行公司',
              'P-A':'住宿',
              'P-S':'景区',
              'P-TA':'旅行社',
              'P-I':'保险'}
```

图 7-20　小米、淘宝、携程等训练数据集的角色标签库

基于多维网页数据的领域实体识别智能算法的详细框架如图 7-21 所示。首先确定巨头节点并收集巨头节点相关 html 文件。巨头节点是价值星系中恒星类型的服务参与者，是有能力控制价值流路径的信息和资源、能够起到帮助其他企业建立联结桥梁的焦点企业。其他模块化的行星类服务参与者既围绕"恒星"企业运转又能自组织地运转。同时通过焦点小组、深度访谈和参与式设计会议的方式，人工构建初始服务参与者角色标签库。

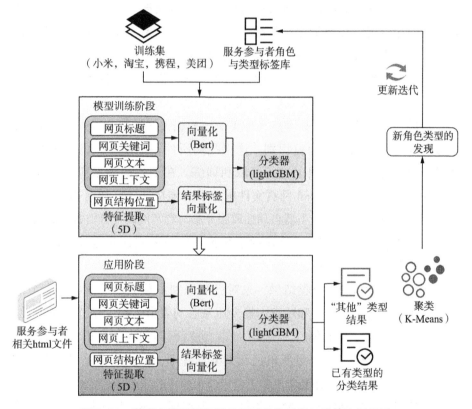

图 7-21　基于多维网页数据的领域实体识别智能算法框架图

　　接着，依据初始的角色标签库构建训练数据集，通过模型训练得到训练好的 lightGBM 分类器模型。在上述的模型训练过程中，我们先对输入的 html 文件进行噪声清除，来初步清洗网页数据，之后通过选取预处理后的 html 文件中五个维度的数据实现特征提取。再对上述五维的数据分别进行向量化，其中网页标题、网页关键词、网页文本、网页上下文都是文本形式，我们采用 Bert 进行文本的向量化。而网页结构位置序列则通过构建

177

one-hot 向量进行表示。选取常见的规划网页布局的标签，把标签进行标序，描述如下（其他标签默认数值 25）：htmlDic = { 'html' : 0, 'head' : 1, 'meta' : 2, 'title' : 3, 'body' : 4, 'div' : 5, 'a' : 6, 'span' : 7, 'i' : 8, 'ul' : 9, 'li' : 10, 'p' : 11, 'label' : 12, 'h1' : 13, 'h2' : 14, 'h3' : 15, 'h4' : 16, 'h5' : 17, 'h6' : 18, 'dl' : 19, 'dt' : 20, 'dd' : 21, 'section' : 22, 'header' : 23, 'nav' : 24}。则实际输出位置标签的向量为 [0,4,5,5,5,5,5,9,10,10,5,5,5,11,6,0,0,0,0,0]。

　　并将上述五维的数据的向量进行融合。然后根据已构建的初始角色和类型标签库对实体和向量化后的结果进行打标，构造训练数据集，将其作为输入，用来完成 lightGBM 分类器模型的训练。此外，为了保证 lightGBM 分类器模型具有一定的通用性，我们选取小米、淘宝、携程等巨头的 html 文件进行训练。

　　然后，将待建模的巨头节点（如美团）的相关网站 html 文件作为输入，对服务参与者实例进行角色识别。这里我们所使用的是中文的相关网站，则整个模型是在中文语料上进行提取和训练。在上述的模型应用过程中，我们先通过在多个相关 html 网页文件中提取五维特征，再利用 Bert 进行向量化，并结合 lightGBM 分类器自动抽取服务参与者实例以及分类实例的角色，得到服务参与者角色 aRole 及其对应的服务参与者实例集合 aInstanceSet，帮助建模服务参与者节点。

　　最终，针对得到的分类结果，先对已被识别出角色的服务参与者节点的语义信息进行人工确认和矫正，提升服务参与者节点语义信息的准确性，然后对被分类成"其他角色"的实体节点进行聚类和人工分析，以发现新的服务参与者角色，进而更新角色和类型标签库，重复上诉过程，直到无法发现新的服务参与者角色。

　　上述过程中提到的服务参与者角色和类型标签库，以美团为例，初始构建的提供者类型只包含住宿 P-A 这一角色，通过算法可以识别出香格里拉大酒店、富丽华大酒店等实例。但在其他分类中包含南方航空、东方航空等提供者并没有被识别出来，则通过聚类和人工分析后，在服务参与者角色和类型标签库中加入提供者-航空公司 P-AP 这一角色标签，则更新训练后就可以识别出新的标签其所对应的服务参与者角色。

7.3.2　基于领域实体识别的价值交换关系抽取方法

在 7.3.1 节中我们确定了价值网中全部的服务参与者角色节点以及它们对应的实例节点集合，以此为基础，在本节中我们首先识别出服务参与者实例节点之间的价值交换关系，然后将其进行语义映射，从而得到价值网中服务参与者角色节点之间的价值交换关系集合，最终完成面向服务互联网价值网的初步构建。

价值网的设计可以被看成是从价值的角度，对服务生态系统的局部进行建模。因此，价值交换关系的识别问题即可以映射成服务生态系统的领域实体关系识别问题。为此，在标注时我们采用的领域实体标签包括：

①领域实体 Actor：服务事件的参与者，是动作的主动发起者；

②领域实体 Recipient：服务事件的参与者，是动作的接受者；

③领域实体 Action：服务事件的核心动词，最能体现出该事件中的行为；

④领域实体 Object：服务事件最终的目标产物或是结果，一般为具体产品等。

这里所使用的领域实体标签与基本的算法模型采用我们之前的工作文献［61］中所使用的定义与模型。进行训练的数据是中文的新闻语料，是从中文新闻网站上爬取出来的将近 1.6 万条中文新闻语句。训练样本集的实例如下所示：

－｛｛actor:淘宝集团｝｝将向｛｛recipient:阿里健康｝｝｛｛action:支付｝｝相关｛｛object:服务费｝｝

－｛｛actor:上海浦东市场监管局｝｝,以｛｛object:销售过期食品｝｝对｛｛recipient:盒马鲜生｝｝｛｛action:立案调查｝｝

－｛actor:支付宝｝｝｛｛action:上线｝｝｛｛object:老年相互宝｝｝,60－70 岁可｛｛action:加入｝｝｛｛object:防癌互助｝｝

－｛｛actor:华为｝｝｛｛actor:徐直军｝｝｛｛action:接受｝｝英媒｛｛object:采访｝｝,｛｛actor:美国政府｝｝正对｛｛recipient:华为｝｝｛｛action:展开｝｝｛｛object:地缘政治行动｝｝

为了辅助价值网设计者更加高效地完成上述建模过程，我们提出了一种基于深度学习的价值交换关系智能抽取方法。该方法针对与服务参与者实例节点相关的新闻文本数据，首先通过模型训练得到面向价值的领域实体识别模型，然后基于自定义的规则库，综合利用面向价值的领域实体识别模型和基于规则的价值交换关系抽取模型，实现价值交换关系的自动化生成，其详细过程如图 7-22 所示。

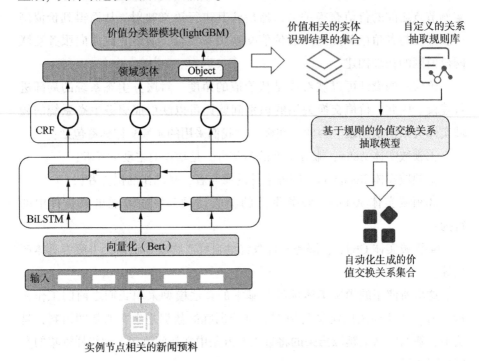

图 7-22　基于深度学习的价值交换关系智能抽取方法框架

该方法包括模型训练阶段和模型应用阶段。在模型训练阶段，我们首先收集与服务参与者实例节点相关的新闻文本数据，并对预处理后的新闻文本数据进行 BIO 标注。此处，我们需要识别的价值交换关系包括价值提供关系 rProviding = (Provider, Value)，价值接收关系 rReceiving = (Value, Receiver) 以及由它们组成的价值传递关系 rDelivering = (Provider, Value, Receiver)。

如上所述，我们将价值网设计过程中的价值交换关系识别问题映射成服务生态系统的领域实体关系识别问题（即领域事件中实体关系的识别问题）。但是，价值交换关系事件仅是服务生态系统中众多领域事件的一种。因此，在构建面向价值的领域实体识别模型时候，我们首先采用 Bert+BiL-STM+CRF 模型完成领域事件的初步识别，然后利用 lightGBM 分类器模型对

Object 领域实体进行价值类型识别，即判断 Object 领域实体是不是价值实体，从而得到价值交换关系这种特定领域事件的实体识别结果的集合。

在模型应用阶段，将待建模的服务参与者实例节点的相关新闻文本作为输入，先利用训练好的 Bert+BiLSTM+CRF 模型识别领域实体，接着利用 lightGBM 分类器识别特定的价值实体。最后根据人工定义的关系规则库，对包含价值实体的文本进行价值关系的抽取。这里我们定义了接受价值类关键词集合 Cr，其他 action 默认为提供价值类关键动词。

接受价值类关键词集合 Cr：'获'，'获得'，'荣获'，'斩获'，'荣膺'，'当选'，'接入'，'接受'，'接收'。

本书所用的人工定义关系规则是根据文本语句中识别出服务生态系统中不同类型领域实体的数量和位置顺序而制定的，见表 7-6。

表 7-6　关系抽取的规则模板

规则（数量、位置）	规则输出	例子
［actor－recipient－object］（忽略 action）	｛actor（provider），object（value），recipient（receiver）｝	｛｜actor：淘宝集团｜｝将向｛｛recipient：阿里健康｜｝｜action：支付｜｝相关｜object：服务费｜｝－｛'provider'：'淘宝集团'，'value'：'服务费'，'receiver'：'阿里健康'｝
［actor－recipient2…n－object］（忽略 action）	｛actor（provider），object（value），recipient1（receiver）｝……｛actor（provider），object（value），recipientn（receiver）｝	｛｛actor：未来电视｜｝向｛｛recipient：快手｜｝｛recipient：抖音｜｝｛action：提供｜｝｛object：《人在囧途》转播权｜｝－｛'provider'：'未来电视'，'value'：'《人在囧途》转播权'，'receiver'：'快手'｝－｛'provider'：'未来电视'，'value'：'《人在囧途》转播权'，'receiver'：'抖音'｝
［actor－object－recipient］（忽略 action）	｛actor（provider），object（value），recipient（receiver）｝	｛｜actor：微软｜｝｜action：发布｜｝｜object：免费视频会议工具 SkypeMeetings｜｝，主要面向｜recipient：小企业｜｝ －－｛'provider'：'微软'，'value'：'免费视频会议工具 SkypeMeetings'，'receiver'：'小企业'｝

规则（数量、位置）	规则输出	例子
［actor1 - actor2 - object］（忽略 action）	｛actor1（provider），object（value），actor2（receiver）｝	｛｛actor：淘宝｝平台表示，｛｛actor：内容创作者｝｝一年从平台｛action：获得｝近 10 亿元｛object：收入｝｝ -- ｛'provider'：淘宝'，'value'：'收入'，'receiver'：'内容创作者'｝
［actor1 - object - actor2］（忽略 action）	｛actor1（provider），object（value），actor2（receiver）｝	｛｛actor：同程旅游｝假期｛action：开通｝｛object：景点入园 VIP 通道｝｝，｛｛actor：会员｝无需大热天｛action：排队｝｝ -- ｛'provider'：'同程旅游'，'value'：'景点入园 VIP 通道'，'receiver'：'会员'｝
［actor1 - actor2 - action - object1 - action - object2］	｛actor1（provider），object2（value），actor2（receiver）｝	｛｛actor：爱点击｝、｛actor：携程｝｝｛action：建立｝战略｛object：合作伙伴关系｝｝，｛action：打造｝｛object：升级版旅游营销技术解决方案｝｝ -- ｛'provider'：'爱点击'，'value'：'升级版旅游营销技术解决方案'，'receiver'：'携程'｝
［actor - recipient - action - object1 - action - object2］	｛actor（provider），object2（value），recipient（receiver）｝	｛actor：支付宝｝与｛recipient：网联｝｝｛action：签署｝｝｛object：合作协议｝｝，｛｛object：条码支付功能｝将｛action：接入｝｝其中 -- ｛'provider'：'支付宝'，'value'：'条码支付功能'，'receiver'：'网联'｝
［actor - action - object］ AND "action" ∈ Cr	｛object（value），actor（receiver）｝	｛｛actor：半智能建站平台 B12｝｝｛action：获得｝1240 万美元｛object：A 轮融资｝｝ -- ｛'value'：'A 轮融资'，'receiver'：'半智能建站平台 B12'｝
［actor - action1object1 - action2 - object2］ AND "action1" ∈ Cr	｛object1（value），actor（receiver）｝	｛｛actor：摩拜单车｝｝｛action：获得｝｛object：国际认可｝｝，｛action：坐稳｝｛object：行业第一｝｝ -- ｛'value'：'国际认可'，'receiver'：'摩拜单车'｝

续表

规则（数量、位置）	规则输出	例子
［actor－action－object］ AND "action" ∈ Cr	｛actor（provider），object（value）｝	｛｛actor：菜鸟网络｝｝｛｛action：发布｝｝｛｛object：春节快递数据｝｝ -- ｛'provider'：'菜鸟网络'，'value'：'春节快递数据'｝
［actor－object－action］ AND "action" ∈ Cr	｛actor（provider），object（value）｝	｛｛actor：微信｝｝｛｛object："面对面红包"功能｝｝正式｛action：上线｝｝ - ｛'provider'：'微信'，'value'：'"面对面红包"功能'｝

　　识别的关系结果中不仅包含服务参与者与服务参与者之间传递价值的关系，同时也包含一个服务参与者可能提供了哪些价值（价值提供关系）、接受了哪些价值（价值接受关系）的关系。通过加入预先定义好的接受价值类关键词库，并判断语句中的 action 是否属于接受价值类关键词或是提供价值类关键词，来判断价值提供关系和价值接受关系。并在之后对价值提供关系和价值接受关系进行人工补全成为价值传递关系。从而得到服务参与者节点之间的价值关系 Rel 以及关系中服务价值 Value 的类型 vType 语义信息，帮助建模服务价值交换关系。最终，针对得到的交换关系结果，人工修正、补充服务参与者节点之间的价值关系 Rel 以及关系中服务价值 Value 的类型 vType 语义信息，提升价值交换关系和服务价值的语义信息的准确性，形成初步价值网模型。

　　最终，针对得到的交换关系结果，人工修正、补充服务参与者节点之间的价值关系 Rel 以及关系中服务价值 Value 的类型 vType 语义信息，提升价值交换关系和服务价值的语义信息的准确性，形成初步价值网模型。

7.4　基于先验知识的特定领域价值链高效抽取方法

　　本节对价值链上的领域信息进行跨领域分析，通过对价值领域标注来分析其中服务参与者的交互，并分析价值链的基本构成。例如，在主体一样的情况下，一个新的增值服务引入后，当前价值链会产生跨界的现象。

其中特定领域价值链发生变化主要可能是从两个方面：第一，价值模块化，企业内部出现不同业务，而这些不同的业务模块会引进新的价值交互，那么这个企业是以模块业务参与价值网，而不是以公司，这时则需要拆分角色，将这个企业拆分成不同类型的服务参与者；第二，是企业从外部集成回来的，其中包括合作等活动，这会在外部形成新的企业集群。通过这两个方向加上上述对价值链的定义，我们对附着在服务参与者和价值的信息进行跨领域的分析。

7.4.1　特定领域价值链与价值子网

为了进一步研究价值链和价值网，需要一种方法把价值链从价值网中标识出来。这种自动划分方法可以完成对价值网的拆分从而抽取价值链。在这里我们认为价值网是由多个价值链形成的。首先对价值链进行定义，因为终端市场的收益是整条价值链系统的核心部位，所以站在终端消费者的角度，我们认为终端消费者完成一次消费（成功交易），则判定这是一条完整的价值链。并且在此基础上，价值链的每一个节点企业盈利，实现费用摊分。

特定领域价值链（Domain-Specific Value Chain，DVC）形式化如下：

$$DVC = (Actors, Values, Rels, vDomain)$$

式中，Actors 为服务参与者的集合；Values 是价值链中传递的价值的集合；Rels 为价值的交换关系的集合；vDomain 为价值链中的服务价值上附着的领域属性。

我们定义的 DVC 包含了简单的线性传递的价值链和非线性的价值子网络，同时在这里定义的价值链也符合传统的价值链定义。前面提到了许多价值链的定义，这里将详细解释 DVC 本身的附加定义。

①服务价值网模型与特定领域价值链的关系可形式化为 IVN = {Actors, Values, Rels, Domains} $\Rightarrow$ {dsv_1, dsv_2, $\cdots$, dsv_n} = {{$actorsd_1$, $valuesd_1$, $relsd_1$, $vDomaind_1$}, {$actorsd_2$, $valuesd_2$, $relsd_2$, $vDomainds_2$}, $\cdots$, {$actorsd_n$, $valuesd_n$, relsd$_n$, vDomainsd$_n$}}. 价值网 IVN 由多条价值链 DVC 组成。其中每个特定领域价值链中的服务参与者、服务价值、价值关系、领域属性都是面向服务互联网的价值网中服务参与者、服务价值、价值关系、领域属性的子集，如 actorsdn ∈ Actors 和 valuesdn ∈ Values。

②服务价值 ServiceValued = (vTyped, Providerd, Receiverd, vNamed, rcd, rc. s^{i}d, rc. s^{o}d, rc. sConstraintd)，其中除了与面向服务互联网中定义相似的定义，还有时空领域的定义 rc. sConstraintd = { VTimed, VSpaced, VDomaind}，包含价值实现载体实现状态转移时的时间约束、空间约束和领域属性。

7.4.2　基于先验知识的典型模式构建

根据先验知识，本书首先定义了几种特定领域价值链的典型模式。这几种典型特定领域价值链模式是根据五种服务参与者类型 aType 和它们之间的价值交换关系进行定义的。其中的价值交换关系存在单纯的传递关系，也会存在价值的复合和分解的交换关系等。笔者在之后特定领域价值链抽取的过程中，根据发现的新的价值链模式，对现有定义的典型价值链模式进行更新迭代。

淘宝网是一个包含 C2C、团购、分销、拍卖等多种电子商务模式在内的综合性零售商圈，也是一个包含实用工具、时尚购物和娱乐等多领域的电子商务交易平台。另一个较为有名的开放生活购物平台则是小米有品，除了小米、米家及生态链品牌，小米有品还引入拥有设计、制造、销售、物流、售后等完整链条能力的第三方品牌产品，横跨电子商务、办公、娱乐、居家生活等多个领域。而携程则是一个将电商和旅行交通融合在线票务服务公司，拥有国内外六十余万家会员酒店可供预订，是中国领先的酒店预订服务中心。

本节以小米有品、淘宝、携程为例，指出小米有品、淘宝、携程的几种典型价值链模式。现有的典型价值链模式见表 7-7，不同的价值链类型包含了不同类型的服务参与者类型，每个类型下有不同的价值链典型模式，利用边的不同集合形式化表示不同模式的区别。针对典型模式 C-B-P 中的边的模式（2）如图 7-23 所示。

表 7-7 典型价值链模式

价值链类型	价值链典型模式的形式化表示	实例
C-P	边（1）{<C, P>,<P,C>}	{顾客}-{商家}
C-B-P	边 模式（1）{<C,B>,<B,C>,<B,P>,<P,B>} 模式（2）{<C,B>,<B,P>,<P,C>}	{顾客}-{淘宝平台}-{商家}
C-CE-B-P	边 模式（1）{<C,CE>,<CE,C>,<B,P>,<P,B>,<CE,B>,<B,CE>} 模式（2）{<CE,C>1,<CE,C>2,<C,B> ,<P,B>,<B,CE>1,<B,CE>2,<B,P>} 模式（3）{<C,CE>,<CE,B>,<B,P>,<P,C>,<B,CE>}	{顾客}-{线下售卖门店}-{小米平台}-{供应商}
C-CE-B-PE-P （多个 PE）	边（1）{<C,CE>,<CE,C>,<B,PE> ,<PE,B>,<PE,P>,<P,PE> ,<CE,B>,<B,CE>}	{顾客}-{代订}-{携程}-{酒店旗舰店}-{酒店}
C-PE/CE-P	边（1）{<C,CE/PE>,<CE/PE,C>, <CE/PE,P>,<P,CE/PE>}	{顾客}-{服装分销商}-{服装批发商}
C-B-PE-P （多个 PE）	边（1）{<C,B>,<B,C>,<B,PE>, <PE,B>,<PE,P>,<P,PE>}	{顾客}-{淘宝}-{服装分销商}-{服装批发商}

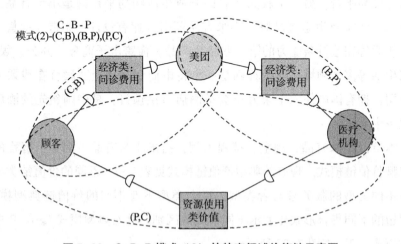

图 7-23 C-B-P 模式（2）的特定领域价值链示意图

7.4.3　特定领域价值链自动化抽取方法

为了进一步研究价值网，并对半自动构建出的价值网进行进一步的语义扩展，需要一种方法把特定领域价值链从价值网中标识出来。通过对价值领域的标注，可以分析其中服务参与者之间的价值交互，并分析特定领域价值链的基本构成，从而研究附着在服务参与者和价值上的信息，并进行价值网中的跨界分析。本书提出了一种基于模式的特定领域价值链抽取方法，这种自动划分方法可以完成对价值网的拆分从而抽取特定领域价值链。

依据预先定义的典型价值链模式，利用基于典型模式的特定领域价值链抽取方法进行特定领域价值链的抽取，得到抽取的特定领域价值链集合。如图 7-24 所示，首先根据输入的价值网模型，以用户为第一个节点进行深度搜索，得到候选特定领域价值链的集合。然后结合预先定义的典型价值链模式，按模式特点进行筛选得到进一步的候选特定领域价值链集合。

接着当候选价值链中可以通过价值类型及对应语义进行剪枝时，则直接通过传递的价值类型直接筛选。当遇到传递的价值为复合价值时，采用价值语义相关度来判断是否匹配，从而剪枝冗余的特定领域价值链。复合价值与对应分解价值如：

①"外卖费用"（复合价值）：［"食物费用"，"骑手费用"］（可能存在的分解价值）；

②"买药费用"（复合价值）：［"医生咨询费用"，"药物费用"，"骑手费用"］（可能存在的分解价值）；

③"打车费用"（复合价值）：［"用车费用"，"地图使用费用"］（可能存在的分解价值）。

其中采用 Bert 对价值词语进行向量化，这里使用向量化的 Bert 模型是经过服务语料重新训练后的模型，这种倾斜服务语料训练的模型能更加准确地表述服务

语料领域的文本。采用皮尔逊相关系数（用协方差除以两个变量的标准差得到）进行计算相关度，来衡量两个变量之间的线性相关关系。通过计算价值网实例中复合价值对应分解价值的相似性矩阵范数来设定一个较低的阈值，从而判断复合价值与分解价值是否相关，完成特定领域价值链集合的剪枝。

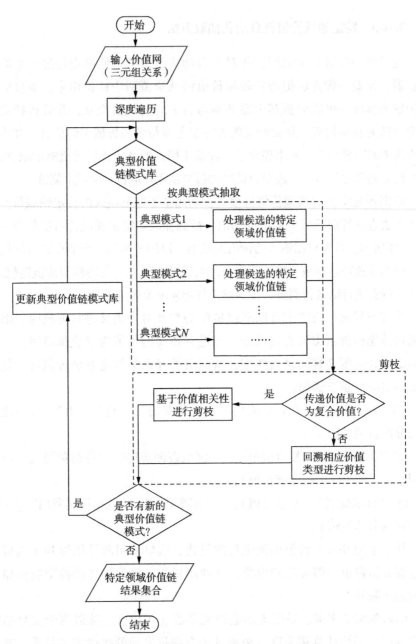

图 7-24 抽取特定领域价值链的流程图

最终得到抽取结果，并定义特定领域价值链的领域 domain 等语义信息，完成特定领域价值链的抽取。

7.4.4　案例分析

美团作为中国领先的生活服务电子商务平台，拥有"美团""大众点评""美团外卖"等消费者熟知的 App，服务涵盖餐饮、外卖、生鲜零售、打车、共享单车、酒店旅游、电影、休闲娱乐等 200 多个品类。本节以美团为例，验证本书所提方法（图 7-25 为我们设计的一个完整的美团的价值网）。需要说明的是，本书提出的方法只需要服务互联网中的基本信息，故该方法也适用于服务互联网的其他场景，具有很强的普适性。

在图 7-25 中，以美团为中间平台，涉及骑手、医生等多个顾客使能者，同时包含饭店、药房等多个提供者，通过美团为顾客提供服务。通过提出的抽取特定领域价值链方法，我们在经过遍历、模式抽取和剪枝后，可以得到多条特定领域价值链。美团的价值网中涉及了多种的典型模式价值链类型，如得到典型模式 C-B-P 的模式（2）的价值链也可以参考图 7-25。

按照典型模式 C-B-P 的模式（2），可以抽取出上述特定领域价值链，则通过模式中的关系{⟨C,B⟩,⟨B,C⟩,⟨B,P⟩,⟨P,C⟩}，顾客向美团传递的价值与美团向服务提供者传递的价值进行匹配，以此来识别 C、B、P 中可能存在的这种特定领域价值链模式。抽出的每条价值链都是现实生活中存在的实例，从经验可以看出，上述价值链实例抽取的结果是正确的。每条特定领域价值链分别对应了各自的领域：游玩、电影、酒店、出行、教育和医疗。顾客可以通过美团来预订自己想要的服务并支付相应的服务费用，而游乐园、酒店等服务提供者通过美团这个中间平台获取顾客支付的费用并向顾客直接提供相应的服务资源，以此形成一条完整的特定领域价值链。

与此同时，这个美团价值网中也存在本书方法中剪枝时涉及的复合价值-分解价值的价值链类型，即典型模式 C-CE-B-P 的模式（2），如顾客（C）-骑手（CE）-美团（B）-饭店（P）。其中包含了{⟨CE,C⟩1,⟨CE,C⟩2,⟨C,B⟩,⟨P,B⟩,⟨B,CE⟩1,⟨B,CE⟩2,⟨B,P⟩}的价值传递关系。顾客向骑手支付的"外卖费用"则对应了骑手收到的"骑手费用"和商家得到的"食物费用"，用上述抽取特定领域价值链方法中的语义相似度剪枝可以得到正确的结果。经过特定领域价值链的抽取后，可将领域属性标注在每条价值链上，以此补充价值网中的领域属性，来完善整体的价值网。

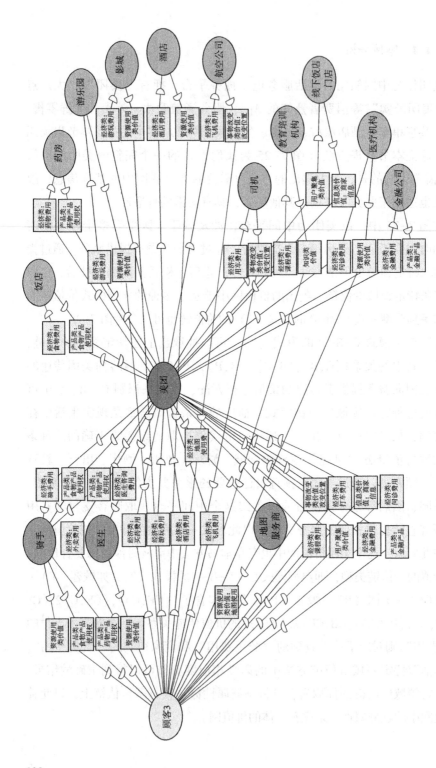

图 7-25 美团服务价值网实例

第8章 服务价值链/网系统的设计、协同及演化优化方法

8.1 服务互联网环境下软件服务系统的价值-质量-能力优化配置方法

在第7章中，我们讨论了服务联网环境下软件服务系统的建模方法，虽然给出了面向价值的软件服务系统迭代式建模方法，但对于服务质量与能力这一非功能性维度的建模，仍需依赖建模人员的个人能力与经验，缺乏自动化方法的支持。本节给出服务互联网环境下软件服务系统的价值—质量—能力（Value-Quality-Capability，VQC）优化设计方法[77]，以实现自动化地支持软件服务系统非功能维度的高效建模。

服务互联网环境下软件服务系统的 VQC 优化配置方法主要包括两个子方法：前者以自顶向下的方式将价值期望逐渐转换为服务要素的质量和能力配置方案，在这一过程中，需要综合考虑价值期望之间的关联约束，以及服务提供者实际服务能力的约束等。后者以自底向上的方式针对过高的价值期望，与服务参与者进行协商，在兼顾全局优化和局部公平性的前提下实现了价值期望的退让，最终生成了三层服务参与者执行协同的优化定制方案。

8.1.1 基于 QFD 的服务质量与能力优化设计方法

我们采用价值期望来描述服务中各个参与者的服务需求，通过将价值期望合理地转化为服务设计过程中功能、活动和资源上的质量和能力配置方案来实现服务的优化设计。

服务互联网将来自多个领域的服务、资源和技术整合到其业务中，以创建特定的竞争优势和独特的用户体验。要准确设计服务互联网的非功能特征，如质量属性和能力属性，其难点在于需要全面考虑来自多个领域的所有约束。为此，我们提出了一种基于质量功能展开（QFD）的服务互联网两阶段质量设计方法——价值质量展开-质量能力展开（VQD-QCD）。该方法在考虑市场上多方提供者的真实服务能力约束的情景下，将众多利益相关者的价值期望，逐层地转换为服务功能上的全局质量参数配置、活动上的局部质量参数配置以及资源上的能力参数配置。

VQD-QCD 两阶段模型是一个支持服务互联网全生命周期的自顶向下的分解与生成式设计模型，如图 8-1 所示。这是一个两阶段模型，第一阶段 VQD 支持"价值指标-服务功能上的全局质量参数"二者之间的设计，第二阶段 QCD 支持"全局质量参数-活动上的局部质量参数/资源上的能力参数"二者之间的设计。

从总体上来说，VQD-QCD 模型的输入包括：①某个服务互联网的功能设计方案（一组活动、一组资源，活动形成的流程结构，每个活动的执行需要某些特定资源及其能力要求）；②该服务互联网的各参与方的价值期望；③针对服务互联网各活动和各资源的具体质量与能力信息。

在 VQD 中，借鉴 QFD 质量屋的基本思想，从价值期望出发，设计该服务互联网的全局质量参数配置。首先，建立价值期望的每一项指标与服务功能上的全局质量参数之间的量化映射关系，即某个价值期望的实现受到该服务互联网的哪些全局质量参数的影响、如何影响；其次，从质量屋左侧输入服务互联网的价值指标期望，质量屋中央的每一列给出服务功能上各个全局质量参数的重要度，接着产出的结果是各个全局质量参数的取值范围，即配置方案（自顶向下的生成设计），此处，需要设计一个优化算法来求解该问题。

在 QCD 中，从该服务互联网的全局质量参数配置出发，设计其各个活动上的局部质量参数配置以及各个资源上的能力参数配置。首先，建立服务功能上的全局质量参数与各个活动上的局部质量参数/资源上的能力参数之间的量化映射关系；其次，从质量屋左侧输入全局质量参数的配置方案，即将上一阶段 VQD 模型的输出导入，中央每一列是各个活动上的局部质量参数/资源上的能力参数的重要程度，接着产出结果是各个活动上的局部质量参数/资源上的能力参数配置方案（自顶向下的分解与生成设计）。

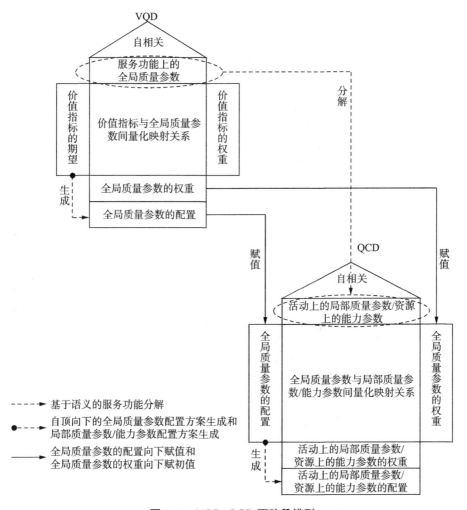

图 8-1　VQD-QCD 两阶段模型

以 VQD 为例（QCD 同理），如图 8-2 所示，VQD 的执行过程包括 10 个步骤，下面为每个步骤的实现细节。

步骤 1. 服务互联网设计者声明价值期望：

服务互联网设计者对服务互联网中涉及的价值指标 $VI = \{vi_1, vi_2, \cdots, vi_m\}$ 的期望值进行声明，得到一组价值期望 $VP = \{vp_1, vp_2, \cdots, vp_m\}$，其中，$vp_i \in VP$，有 $vp_i = (vi_i, vi_i\_EV, operatorS)$，其中 vi_i_EV 是价值指标 vi_i 的期望值，

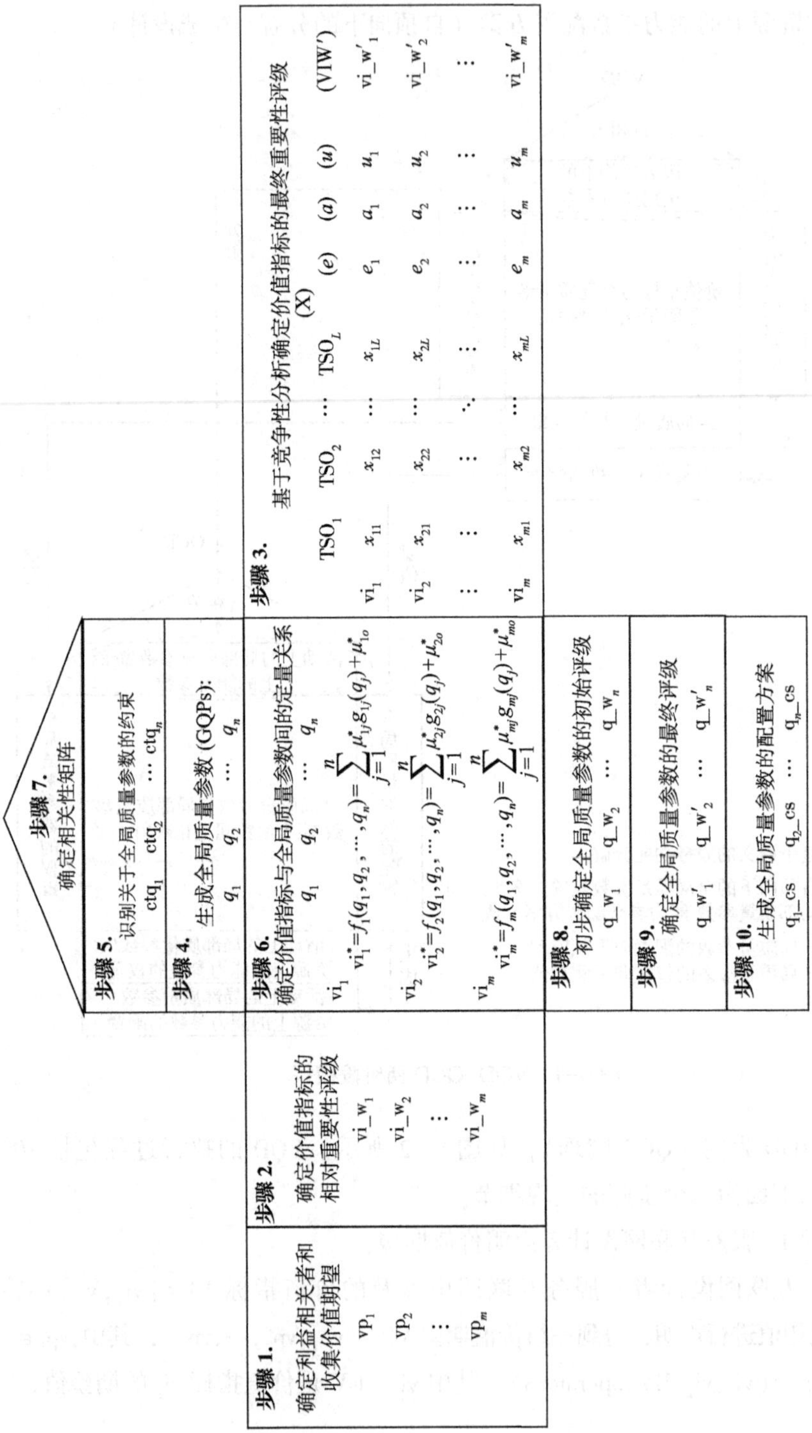

步骤 1. 确定利益相关者和收集价值期望

vp_1
vp_2
$\vdots$
vp_m

步骤 2. 确定价值指标的相对重要性评级

vi_w_1
vi_w_2
$\vdots$
vi_w_m

步骤 7. 确定相关性矩阵

步骤 5. 识别关于全局质量参数的约束

$ctq_1 \quad ctq_2 \quad \cdots \quad ctq_n$

步骤 4. 生成全局质量参数 (GQPs):

$q_1 \quad q_2 \quad \cdots \quad q_n$

步骤 6. 确定价值指标与全局质量参数间的定量关系

$$q_1 \quad q_2 \quad \cdots \quad q_n$$

$vi_1 \quad vi_1^* = f_1(q_1,q_2,\cdots,q_n) = \sum_{j=1}^{n} \mu_{1j}^* g_{1j}(q_j) + \mu_{1o}^*$

$vi_2 \quad vi_2^* = f_2(q_1,q_2,\cdots,q_n) = \sum_{j=1}^{n} \mu_{2j}^* g_{2j}(q_j) + \mu_{2o}^*$

$vi_m \quad vi_m^* = f_m(q_1,q_2,\cdots,q_n) = \sum_{j=1}^{n} \mu_{mj}^* g_{mj}(q_j) + \mu_{mo}^*$

步骤 8. 初步确定全局质量参数的初始评级

$q\_w_1 \quad q\_w_2 \quad \cdots \quad q\_w_n$

步骤 9. 确定全局质量参数的最终评级

$q\_w_1' \quad q\_w_2' \quad \cdots \quad q\_w_n'$

步骤 10. 生成全局质量参数的配置方案

$q_1\_cs \quad q_2\_cs \quad \cdots \quad q_n\_cs$

步骤 3. 基于竞争性分析确定价值指标的最终重要性评级

	TSO_1	TSO_2	$\cdots$	TSO_L	(X)(e)	(a)	(u)	(VIW')
vi_1	x_{11}	x_{12}	$\cdots$	x_{1L}	e_1	a_1	u_1	vi_w_1'
vi_2	x_{21}	x_{22}	$\cdots$	x_{2L}	e_2	a_2	u_2	vi_w_2'
$\vdots$	$\vdots$	$\vdots$	$\ddots$	$\vdots$	$\vdots$	$\vdots$	$\vdots$	$\vdots$
vi_m	x_{m1}	x_{m2}	$\cdots$	x_{mL}	e_m	a_m	u_m	vi_w_m'

图 8-2　基于 VQD 的服务互联网设计过程

operatorS 是对连续型数值进行运算的操作符，如>、<、>=等。在进行服务
方案的设计时，设计者对价值指标 vi_1 "服务市场占有率"声明了价值期望
vp_1 "服务市场占有率大于 30%"，则价值期望 vp_1 可形式化表示
为 $vp_1 = (vi_1, 30\%, >)$。

步骤 2. 初步确定价值指标权重：

在获得一组价值期望后，为了实现全局质量参数权重的计算以及优化
配置方案的生成，还需要对价值指标的权重进行确定。在初步确定价值指
标权重时，需要在服务设计者的配合下执行模糊层次分析法。我们具体采
用了基于模糊一致矩阵的模糊层次分析法，它可以最大限度地降低服务设
计者的主观性对权重计算结果的干扰，同时相较于传统的层次分析法，其
通过引入模糊一致矩阵解决了一致性难以满足的问题，是目前权重计算领
域普遍被采用的方法之一。

在执行模糊层次分析法时，首先，通过与服务互联网设计者的沟通，
为 m 项价值指标 $VI = \{vi_1, vi_2, \cdots, vi_m\}$ 建立刻画两价值指标 vi_i 和 vi_j 间优先
关系的模糊互补判断矩阵 $\boldsymbol{R} = (r_{ij})_{m \times m}$；接着将模糊互补判断矩阵转换为模
糊一致矩阵，最后对模糊一致判断矩阵执行归一化获得排序向量，即为价
值指标的权重值 $VIW = \{vi\_w_1, vi\_w_2, \cdots, vi\_w_m\}$。

为了进一步降低服务设计者的主观性对权重计算结果的干扰，可以借助
先验知识来调整用户需求重要性，具体地说，就是采用价值指标在特定场景
下出现的先验概率来对上一步计算得到的价值指标的权重值 $VIW = \{vi\_w_1, vi\_w_2, \cdots, vi\_w_m\}$ 进行调整。假设价值指标出现的先验概率为 $VIP = \{p_1, p_2, \cdots, p_m\}$，则将 VIW 与 VIP 采用式（8-1）进行计算，得到调整后的价值指标的
权重值 $VIW' = \{vi\_w'_1, vi\_w'_2, \cdots, vi\_w'_m\}$。

$$vi\_w_i^{'} = \frac{\sqrt{vi\_w_i \times p_i}}{\sum_{i_0=1}^{m} \sqrt{vi\_w_{i_0} \times p_i}} \qquad (i = 1, 2, 3, \cdots, m) \qquad (8-1)$$

在式（8-1）中，如何合理地获取价值指标在特定场景下出现的先验概
率 $VIP = \{p_1, p_2, \cdots, p_m\}$ 是关键。在初次设计服务互联网时，缺乏历史数据，
因此，解决的方案是对同一领域内的服务提供者与顾客展开调查，统计每
一项价值指标被关注的次数，以此为基础来计算先验概率。在对服务互联
网进行改进时，已经存在大量的历史数据，因此，更好的解决方案是通过

收集互联网上与该服务互联网相关的新闻、评论等数据来统计每一项价值指标被关注的次数，以此为基础来计算先验概率。

步骤 3. 基于竞争性分析的价值指标权重的最终确定：

为了符合实际情况，在初步确定价值指标权重后，还需要进行市场竞争性分析。考虑竞争性分析对价值指标最终权重的影响，是服务互联网设计者根据改进服务互联网的意愿对初步确定的价值指标权重的一种修正，即提高服务互联网在某些或全部价值指标方面的竞争力。

在执行市场竞争性分析时，假设有 $l-1$ 个竞争企业，分别为 $F_2, F_3, \cdots,$ F_l。为了降低主观性带来的误差，我们邀请 K 个领域专家对每一个具有一组不同质量参数的竞争企业在实现 m 项价值指标 $\mathrm{VI} = \{\mathrm{vi}_1, \mathrm{vi}_2, \cdots, \mathrm{vi}_m\}$ 时的相对表现进行排序，假设专家 k 按照一定比例标度所评价的企业 F_j 关于价值指标 vi_i 的表现排序为 VF_{ijk}。因此，企业 F_j 在实现价值指标 vi_i 方面的表现排序 VF_{ij} 的计算公式如下：

$$\mathrm{VF}_{ij} = \frac{\sum_{k=1}^{K} \mathrm{VF}_{ijk}}{K} \qquad (i = 1, 2, \cdots, m; \quad j = 1, 2, \cdots, l) \qquad (8-2)$$

因此，可以将企业在实现价值指标方面的表现排序定义为一个矩阵 $\mathbf{VF}_{m \times l}$，称为竞争性评价矩阵。

根据竞争性评价矩阵，可以得到本企业 F_1 在实现每个价值指标方面表现的排序向量，记为 $\mathbf{as} = (\mathrm{as}_1, \mathrm{as}_2, \cdots, \mathrm{as}_m)$，其中 as_i 表示本企业实际所在的竞争性位次。服务互联网设计者根据资源状况和改进服务互联网的意愿，确定关于价值指标 vi_i 的期望得到的竞争次位次，es_i 表示本企业期望得到的竞争次位次。一般而言，as_i 和 es_i 二者的差值越小，实现的可能性越大；反之，as_i 和 es_i 二者的差值越大，实现的可能性越小，α_i 表示实现此次竞争性位次改进成功的可能性；β_i 表示价值指标 vi_i 的关键度，即从市场反馈来看，其需要获得改善的迫切程度（目标企业和竞争企业都认可它的重要程度，但是在该指标的实现上，均表现不好），其取值空间为 $\{1.0, 1.2, 1.5\}$。因此，修正因子 $r_i = (\mathrm{as}_i - \mathrm{es}_i) \times \alpha_i \times \beta_i$，且最终确定价值指标权重的计算公式如下：

$$\mathrm{vi\_w}_i'' = \frac{\sqrt{\mathrm{vi\_w}_i' \times r_i}}{\sum_{i_0=1}^{m} \sqrt{\mathrm{vi\_w}_{i_0}' \times r_i}} \qquad (i = 1, 2, \cdots, m) \qquad (8-3)$$

该步骤仅在对服务互联网进行改进时，才会被执行。

步骤 4. 服务互联网全局质量参数的产生：

服务互联网全局质量参数的产生实际上就是在解决"为了满足服务互联网设计者声明的价值期望，需要设计的服务互联网在哪些质量方面有充分的表现"这一问题。为此，首先应该针对领域内传统服务的已有数据进行分析，确定传统服务中哪些质量参数会影响价值指标的实现；其次通过进行市场研究，添加能够创新性地解决一系列"痛点"问题的质量参数，以实现对传统服务的"降维打击"，最终构成全局质量参数。

在具体确定质量参数时，首先采用头脑风暴法，确定质量参数的初选集；然后从内容上识别质量参数之间可能存在的三种关系：包含关系、交叉关系和独立关系，针对存在包含关系的质量参数对，去掉被包含的质量参数，针对存在交叉关系的质量参数对，选择二者之一将交集去掉，构建一个新的质量参数；接着从关联关系的角度识别参数之间可能存在的四种关系：正相关关系、负相关关系、互斥关系和不相关关系，针对存在互斥关系的质量参数对，根据实际情况，去掉二者之一。至此，产生了影响价值指标实现的服务互联网的顶层参数质量集合。

步骤 5. 质量参数约束的声明：

在声明质量参数的约束时，一方面需要考虑质量参数自身取值的约束，另一方面需要考虑质量参数之间的关系约束。针对前者，取值的约束可以通过对已有数据（市场上服务提供者的服务能力信息，即市场上服务提供者交付的各活动和各资源的质量与能力信息）进行收集来得到。对于连续数据类型的质量参数有 $tq_j \in TQ$，有 $ctq_j = [tq_j\_LP, \ tq_j\_UP]$，其中 tq_j_LP 表示对质量参数的约束下界，且 tq_j_UP 表示对质量参数的约束上界；对于离散数据类型的质量参数有 $tq_j \in TQ$，有 $ctq_j = \{tq_j\_LP, \cdots, tq_j\_VJ, \cdots, tq_j\_UP\}$。

针对后者，此步骤仅考虑由业务层的领域知识、政策法规等带来的定性约束，而质量参数间关联关系的定量约束将在步骤 6 给出具体的确定方法。对于定性约束，需要识别质量参数间的必要关系，例如，优化滴滴出行服务时，质量参数"安全性"相对于其他质量参数来说是必要条件；质量参数"支付的安全性"是质量参数"付款方式多样性"的必要条件。

步骤 6. 价值指标与全局质量参数量化映射关系的确定：

本步骤的实现需要将一定的已知数据作为输入。针对任意一项价值指标，服务互联网设计者根据实际情况，确定 TQ 中每个质量参数的取值值域（已由步骤 5 确定）以及该项价值指标的取值值域，同时确定在不同质量参数值的综合影响下该项价值指标的实现值。收集上述数据，即可作为本部分的输入。收集到的市场信息与竞争者信息也是我们在确定价值指标与全局质量参数映射关系的重要输入。

为了满足服务互联网设计者对价值指标 $VI = \{vi_1, vi_2, \cdots, vi_m\}$ 声明的期望 $VP = \{vp_1, vp_2, \cdots, vp_m\}$，就必须对服务互联网全局质量参数 $TQ = \{q_1, q_2, \cdots, q_n\}$ 进行合理的配置，因此，就需要先确定价值指标 VI 与质量参数 TQ 二者之间的关联关系。具体地说，就是确认二者之间存在着的量化映射关系，其可以表示为一组权重关系函数 $F = \{f_1, f_2, \cdots f_m\}$，其中 $vi_i = f_i(q_1, q_2, \cdots, q_n)$。

在具体确定函数 f_i 时，需要分析价值指标的实现与质量参数的一些属性有关，这些属性如下。

①质量参数的类型：不同类型的质量参数具有不同的值域和度量单位，它们的变化对价值指标实现的影响程度差异很大。

②质量参数的取值：同一质量参数在不同的取值区域中的变化对价值指标实现的影响程度也不同。

③质量参数的自相关：TQ 中质量参数间不同的自相关关系对价值指标实现的影响程度也不同。

质量参数的自相关关系的含义：一个质量参数的改变，往往会连锁地导致其相关的质量参数也发生一定的改变，在这个过程中，它们之间存在因变量与果变量的关系，或互为因果变量的关系。因变量的改变，会导致果变量也随之发生改变。

通过上述分析，我们发现，要确定函数 f_i，先要刻画当其他相关质量参数保持不变时，单一质量参数的取值对价值指标实现的影响，具体地说，确定价值指标 vi_i 与单一的质量参数 q_j 之间的量化映射关系，其可以表示为一组一对一的影响程度关系函数 $G = \{g_{i1}, g_{i2}, \cdots, g_{in}\}$，其中 $vi_{i\_}d = g_{ij}(q_j)$。函数 g_{ij} 的作用：①假设其他相关质量参数的取值保持不变，质量参数 q_j 的变化对价值指标 vi_i 的取值产生影响的程度 $vi_{i\_}d$；②将不同量纲的质量参数取值转换成统一量纲的影响程度 $vi_{i\_}d$ 取值，便于下一步对权重关系函数 f_i 的确定。

在相关性函数的选择和调整过程中，我们需要利用竞争对手和当前市场的信息，量化分析出这些信息对于各种相关关系函数的参数的影响方式，增强该方法的环境适应能力。

自变量质量参数的变化将导致因变量质量参数也发生变化，而价值指标的变化是所有质量参数变化产生的影响对其综合作用的结果。单一质量参数对价值指标的影响程度已经确定，质量参数之间一对一的影响程度也已经得到，接下来将使用模糊最小绝对线性回归法对模糊数进行训练来构建权重关系函数。

步骤 7. 自相关矩阵的确定：

该步骤与步骤 6 同理，使用相同的相关函数构建方法，并收集数据，训练寻找全局质量参数内部量化映射关系的确定。

步骤 8. 初步确定质量参数权重：

输入步骤 3，输出步骤 7，将二者的输入进行矩阵运算，即可得到质量参数的初始权重向量。

步骤 9. 基于竞争性分析的质量参数权重的最终确定：

该步骤的实现方法与步骤 3 给出的问题解决思路类似：需要确定修正因子，然后将修正因子与初始权重向量进行乘积开方值的归一化处理，得到最终的权重向量。

步骤 10. 全局质量参数优化配置方案的生成：

该步骤的输入是步骤 1、步骤 3、步骤 5、步骤 6，输出是步骤 7。以上述输入为基础，给出生成全局质量参数优化配置方案的方法。在该方法中，先建立求解配置方案生成问题的带约束的目标优化模型，即模糊非线性规划模型，然后利用置信度这一概念将其转换为两个线性规划模型并进行求解，最后获得全局质量参数的优化配置方案。

在上述过程中，我们还要充分考虑到服务互联网设计者声明的价值期望具有的模糊性和不确定性，综合利用模糊绝对线性回归和模糊非线性规划方法，高效地解决设计过程中价值指标与全局质量参数间量化映射关系确定以及全局质量参数优化配置方案生成两个关键子问题。

在进行服务互联网价值–质量–能力优化设计时，通过对多个服务互联网参与者收集数据，综合多方的认知和经验，提供质量指标的参考性配置，降低单纯凭借想象估计对服务互联网进行设计时的设计难度和主观误差。此外，随着所设计的服务互联网的执行，可以收集更多与模型相关的数据。

在这种情况下，这些模型的参数将不断优化，然后更新的模型可以用来获得更合适的配置方案。更多详情请参见文献［74］。

8.1.2　基于博弈论的服务协同方案优化定制方法

星系是天文学的术语，指由恒星、围绕着恒星转动又能自转的行星及一些卫星组成的星系。经典的价值星系理论将价值星系描述成一个由恒星企业、供应商和合作伙伴等行星企业，以及顾客共同构成的复杂价值创造整体。恒星企业是价值星系中的核心企业，其利用自身高位资源将捕捉的顾客需求传递到价值星系中并负责资源的统筹调度，把每个环节交由最具有优势的行星企业完成，从而形成快速高效的市场响应机制。行星企业等其他星系成员企业通过嵌入价值星系得到了恒星企业技术、管理、设备方面的帮助，高效发挥了自身的优势，进入全球市场并实现了更多的收益。

从组织理论的角度来观察服务互联网的形态，可以发现其是由众多价值星系构成的参与者网络，其中每个价值星系是以一个恒星企业为中心的柔性契约网络，其中恒星企业被多个行星企业围绕，与此同时，每个行星企业又关联着多个卫星企业。如图 8-3 所示，在科技服务领域的服务互联网中，第四方科技服务平台即恒星企业，它被众多的区域性、地方性第三方科技服务平台围绕，而这些行星平台又关联着多个卫星服务提供商，这些卫星提供商是具体的科技服务的提供者。这些行星平台和卫星提供商在恒星平台的领导和指挥下，按照一定的协同优化方案，与顾客一起来实现价值创造。

在服务互联网环境下，复杂的价值星系取代线性的价值链成为价值创造的主要形态。而随着价值星系中价值创造流程的非线性化，星系成员企业的角色、关系、组织结构也随之发生变化。恒星企业不仅要经营好与顾客的关系，还需要处理好星系成员企业之间的关系。在合作博弈基础上建立公平的价值分享机制是维护价值星系良好运转的关键。为此，非常有必要研究基于博弈论的服务协同方案优化定制方法，以指导恒星、行星和卫星企业与顾客一起更加高效的进行价值创造[78]。

在实际进行服务互联网价值-质量-能力优化设计时，生成的配置方案需要遵循如下约束：①质量参数的配置需要能够支持价值期望的实现；②质量参数的配置结果应该在质量参数的合理取值范围内。当上述两个约束

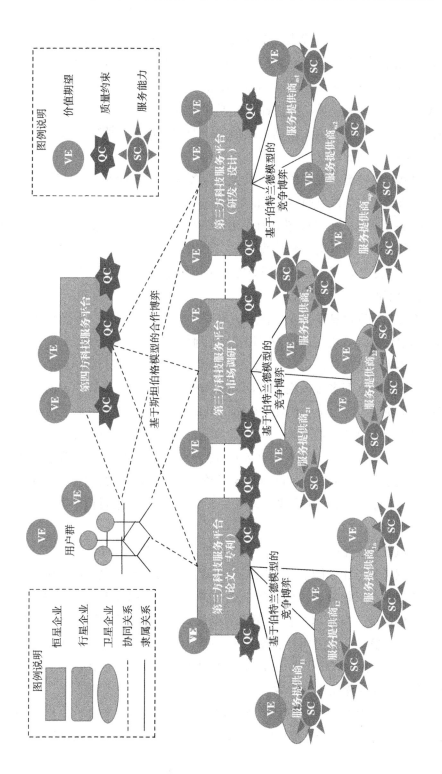

图 8-3　科技服务领域中价值星系示意图

条件不能同时满足时，则代表存在冲突，解的可行域为空，此时会出现配置失败的情况。由于在服务互联网设计时，服务参与者的服务能力已经固定，因此出现的价值冲突可以归为两种情况。

①单一价值冲突：某个参与者的价值期望过高，即使不考虑其他价值期望，现有的服务能力也无法满足当前价值期望，是价值期望与服务参与者的服务能力之间的冲突。

②关联价值冲突：现有的服务质量和服务能力无法同时满足所有价值期望，是价值期望与价值期望之间的冲突。

如图 8-4 所示，由于服务能力无法再提高，为了消解价值冲突，使用面向多方价值冲突消解的自动协商方法，由服务组织者对各个服务参与者的价值期望的退让进行协调，使服务能力可以满足所有协调后的价值期望，消解所有价值冲突。

由于许多协商信息涉及企业隐私，在很多情况下参与者并不愿意将自己的协商信息暴露在协商过程中，因此我们假设所有的协商过程中彼此的协商信息均为私密信息，互不了解，只能依靠自己的认知进行预估。

根据服务互联网多方冲突消解问题本身的特点，对于价值冲突消解框架进行了分析与设计。中心代理（Center Agent，CA）为服务互联网组织者在协商平台中实例化后的代理，不仅是冲突消解过程中的调控者，同时也是协商的参与者，协商中代表了服务互联网参与者的整体利益，追求整体效用的最大化，因此 CA 也可视为服务互联网整体利益的协商代理。$agent_i$ 代表与第 i 个价值期望的协商代理。图 8-5 描述了冲突消解过程整体的流程框架。

在价值期望退让的过程中，并非每个价值期望值退让得越多越好，只有真正有意义的退让才能消解冲突，对配置的顺利进行产生积极作用。针对单一价值冲突，相关的价值期望必须进行退让，否则冲突无法消解。针对关联价值冲突，可能部分价值期望的退让也可以达到消解冲突的效果。因此，我们计算单一价值冲突下各个价值期望的最小退让值作为 CA 的协商底线值，表示 CA 可以接受的 agent 退让的最小值，若退让值无法达到该底线值，则代表冲突消解必然失败。

在每个服务互联网中，根据其不同时期的战略目的，各个价值指标拥有不同的权重。在 CA 计算全局优化退让方案的过程中，以集体效用损失最

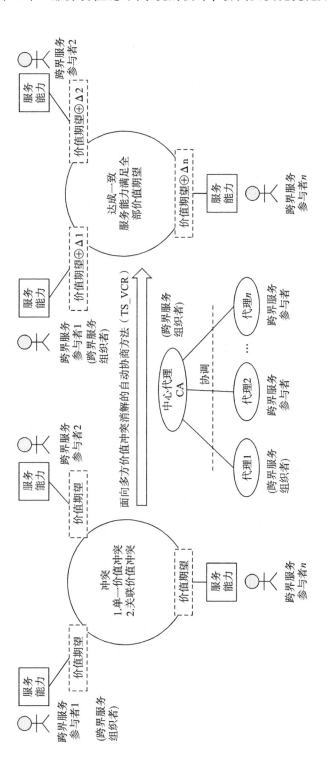

图 8-4　服务互联网设计中的价值冲突及消解

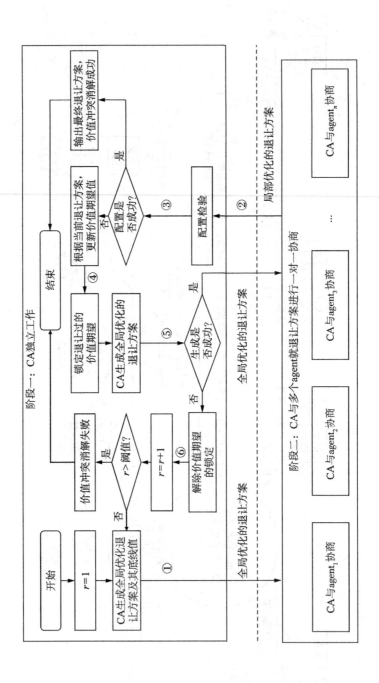

图8-5 服务互联网价值冲突消解整体框架

小为目标函数生成全局优化退让方案，不考虑各个服务参与者的个体利益和退让的公平性，仅仅是 CA 制定的一种理想方案。

在发生关联价值冲突的情况下，若一直以此方式计算退让的价值期望及其退让值，则每次方案中退让的价值期望将保持不变，部分价值期望值被连续要求退让，导致冲突消解过程缺乏公平性，消解速度缓慢甚至消解失败。

为了避免这种情况，我们在整体消解框架中引入锁定和解锁的方法。按照这种策略，从每次价值期望进行退让后锁定至解锁期间，都不会被协商要求进行退让，直至冲突完全消解或协商失败。一方面以全局效用损失最小作为目标函数，有效降低整体效用的损失，更好地实现服务互联网的战略目的；另一方面也可以保证价值期望不会被要求持续降低，保护了参与者的权益，增加了协商策略的合理性和公平性，提高协商的成功率。

计算退让方案时的目标函数为

$$\min \sum_{i=1}^{n} w_i \times \varepsilon_i \times n_i \tag{8-4}$$

式中，ε_i 代表第 i 个价值期望的退让值；w_i 代表第 i 个价值期望的权重；由于各个价值期望的单位不同，n_i 代表第 i 个价值期望的归一化因子。

计算 CA 可以接受的第 i 个价值期望退让最小值的目标函数为

$$\min \varepsilon_i \tag{8-5}$$

该目标函数忽略其他价值期望，仅考虑所有服务资源全部用于实现第 i 个价值期望的这种极端情况下价值期望的最小退让值。

两个目标函数的约束条件为

$$\begin{cases} y_i(q) + \varepsilon_i \geqslant \mathrm{vp}_i & \varepsilon_i \geqslant 0, \quad i = 1,2,3,\cdots,i_0 \\ y_i(q) - \varepsilon_i \leqslant \mathrm{vp}_i & (\varepsilon_i \geqslant 0, \quad i = i_0 + 1, i_0 + 2, i_0 + 3, \cdots, m) \\ q_j = z_j(q) & (j = 1,2,\cdots,n) \\ q_j \in \left[\mathrm{tq}_j^{\,\mathrm{lp}}, \mathrm{tq}_j^{\,\mathrm{up}} \right] & (j = 1,2,3,\cdots,j_0) \\ q_j \in \left\{ \mathrm{tq}_j^{\,\mathrm{lp}}, \cdots, \mathrm{tq}_j^{\,\mathrm{up}} \right\} & (j = j_0 + 1, j_0 + 2, \cdots, n) \end{cases}$$

$$\tag{8-6}$$

式中，vp_i($i=1,2,3,\cdots,m$)代表第 i 个价值期望值，由于价值指标具有方向性，我们设定前 i_0 个价值期望值越大越好，而之后的价值期望值越小越好；$q=(q_1,q_2,q_3,\cdots,q_n)$代表服务互联网中的质量指标；$y_i$($i=1,2,3,\cdots,m$)代表服务互联网中第 i 个价值指标与各个质量指标的关系函数；z_j($j=1,2,3,\cdots,n$)代表了第 j 个质量参数与其他质量参数间的自相关函数；$[tq_j{}^{lp},tq_j{}^{up}]$代表连续的质量指标 q_j 的取值范围；$\{tq_j{}^{lp},\cdots,tq_j{}^{up}\}$代表离散的质量指标 q_j 的取值范围。

　　求解上述模型可以分别求解出初始退让方案和 CA 可以接受的 agent 退让最小值。结合实际的场景，可以对原有的基于 Stackelberg 博弈的自动协商模型进行改进。在基于 Stackelberg 博弈的群智协商方法中，协商分为多个线程同时进行，在单个线程的协商中，CA 与 agent 进行一对一协商，协商代理会根据对方提出的方案来预测对方的底线和谈判参数等，以此来不断修正自己对他人的主观判断，在考虑协同效应的同时，修改自己的报价方案和反报价方案，尽可能提高自己的利益。协商结束后会对最优结果进行保存，并进行多个线程间信息的交互与学习，搜寻协商效果更好的协商参数。直至达到搜寻次数的阈值，协商停止，输出最优的协商结果。更多详情请参见文献 [75]。

8.2　面向服务质量/价值的大规模个性化服务协同定制方法

　　现代的服务互联网系统一般是跨域跨网跨界的复杂服务生态系统，其功能完备性和性能可靠性等不但取决于其中涉及的每一项单独的服务、每一个单独的参与者、每一个业务软件系统，更取决于这些服务、参与者、系统之间的交互与协同。在现实社会中，由于服务系统内部之间彼此缺乏动态有效的协同，导致很多用户动态或个性化的服务需求难以得到高效精准的处理。此外，在现实环境中用户需求更多情况下是大规模并发的，而现有的服务协同组合优化方法大都是单独为单个需求串行构造相应的服务解决方案，且较少考虑一些经过验证的先验知识和历史数据，这使得使用这些方法提供的服务解决方案效率和效果均不理想。同时，传统服务定制方法单纯从用户价值诉求一侧考虑,忽略了服务提供者的价值利益。在正常的服务系统中,只有双方的利益得到均衡优化才能维持服务系统的长期稳定发展。

基于上述考虑,本节提出了一种面向服务质量/价值的大规模个性化服务定制方法[79]。该方法使用需求模式来整合多个用户子需求、减小问题规模,使用服务模式来构建大粒度服务、减少搜索空间和提升搜索效率。同时使用具有先验知识、经过历史数据验证的需求模式和服务模式,以及可以复用的服务网络来提升服务定制的效率,而且还可以从服务提供者和用户双方的角度来实现用户服务价值–供应商服务成本的协同均衡优化。

8.2.1 相关基础定义

本节主要介绍软件服务价值系统协同定制方法中的一些基本概念(用户需求、需求模式、服务、服务模式、服务网络、服务子网、服务价值等)。

用户需求 r_i 定义为 $r_i = \{r_i^{in}, r_i^{out}, r_i^q, r_i^p\}$,其中 r_i^{in}、r_i^{out} 分别为用户需求提供的输入参数和期望的输出参数,r_i^{in}、r_i^{out} 的不同代表了不同用户服务质量/价值需求的功能差异;其中 $r_i^q = \{r_i^A, r_i^E, r_i^T\}$,$r_i^q$ 为用户需求的服务性能约束,r_i^A、r_i^E、r_i^T 分别代表请求服务的可用性可靠性以及响应时间;r^p 为用户需求被满足时用户支付的费用。

需求模式代表在历史需求中抽取出来的频繁连续的需求片段。例如,对于老人健康服务方面的需求,老人在需要医疗协助的同时还需要康复护理服务,本书将这种经常一起出现的"医疗服务+康复护理服务"连续需求片段刻画为一个需求模式。

需求模式定义为 $rp = (rp^{in}, rp^{out}, rp^q, rp^p)$。其中:$rp^{in}$ 代表了需求模式期望输入参数;rp^{out} 代表了需求模式输出参数,输入输出参数的不同代表了需求期望的服务功能不一样;rp^q 代表了需求模式期望的服务性能约束水平,一般包含 5 个方面:服务时间/效率、服务价格成本、服务内容质量、服务资源与条件以及服务风险与信用等;rp^p 代表需求模式片段被满足时,用户愿意支付的服务价格费用。

服务 s_i 定义为 $s_i = \{I_i, O_i, Q_i, P_i\}$。$I_i$、$O_i$ 分别代表服务的输入参数和输出参数(代表服务的功能);Q_i 代表服务的服务质量,$Q_i = \{A_i, E_i, T_i,\}$,其

中 A_i 代表是服务可用性，E_i 代表服务可靠性，T_i 代表服务响应时间；P_i 代表服务价格。

服务质量/价值水平协议集表示为 SetSLA = {SLA$_1$, SLA$_2$, …, SLA$_n$}，对于每一个服务质量/价值水平协议 SLA$_n$，Qset$_n$ 为服务质量/价值水平协议相应的服务质量/价值的性能标准集合。服务质量/价值水平协议 SLA$_n$ 对应的服务质量/价值的性能标准集合 Qset$_n$ = {$q_n{}^1, q_n{}^2, …, q_n{}^k$}。其中的 $q_n{}^i$ 代表了每项具体的服务性能约束指标，如响应时间，可用性，吞吐量等。

服务模式代表从一定规模的服务解决方案中所抽取出来的频繁出现的完整/部分服务组合。例如，在旅游团服务中，旅行社会为用户提供一个完整的旅行服务套餐，服务套餐中的服务在历史服务解决方案中经常以一定的顺序频繁出现。本书对这些高频使用的服务流程进行分析和挖掘，从而形成服务模式。服务模式被定义为 sp = (sp^{in}, sp^{out}, sp^q, sp^p)。其中 sp^{in} 代表服务模式的输入参数；sp^{out} 代表服务模式的输出参数；sp^q 代表服务模式质量参数；sp^p 代表服务模式的价格。

服务网络（Service Network，SN）代表将分散在互联网和现实中的各类服务（e-Service、人工服务、信息、资源）等按特定方式连接形成的网络，彼此之间通过特定的协同与互操作协议进行交互。服务网络不是针对单个用户需求的，在处理大规模用户需求时，服务网络中一个子网络代表了一种服务解决方案。图 8-6 显示了一个服务网络的示例，在服务网络中主要包含 4 个部分，输入参数、输出参数、具体的服务以及它们之间的有向边。有关服务网络的详细描述和定义参见参考文献［80］。

在上述服务网络中，对于给定的用户需求，可以对用户需求定制个性化的服务解决方案。在满足用户需求功能约束和服务质量约束下，服务网络中一个子网代表了一种解决方案。对于一个用户需求，服务网络中可能存在不同的子网络都可以满足用户需求，如图 8-6 中对于服务节点 S_6，存在 3 条有向边传递参数 P_4 到 S_6，在最终服务解决方案定制中只需要选择一条有向边。

服务价值定义为服务提供者和用户通过服务的提供与使用所获得的好处或者收效程度，可通过用户或提供者在某一方面状态的改善及其程度进行度量。因此，服务互联网环境下的服务价值可定义为服务互联网环境中的众多利益相关者通过参与协同交互过程所获得的好处或收效程度。

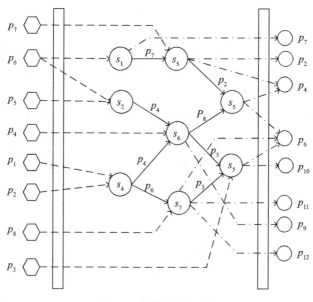

图 8-6　服务网络示例

8.2.2　面向服务质量/价值的大规模个性化服务协同定制算法

（1）问题定义

对于一个个的用户个性化需求 $r = (r^{in}, r^{out}, r^{q}, r^{p})$，在候选服务集中分别找出各自相应的最佳服务解决方案。这里，用户需求 r 的个性化不仅体现在需求的功能差异上，也体现在需求所要求的服务性能上。根据上文所述，下面给出问题的形式化定义。

输入：用户个性化需求 r 以及海量候选服务集合。

输出：问题的输出为针对用户需求 r 定制的服务解决方案 soln。

目标：尽可能降低服务解决方案的构造时间，见式（8-7），

$$\min T(\text{soln}) \tag{8-7}$$

约束：满足用户需求

$$I(\text{soln}) \in r^{in} \tag{8-8}$$

$$r^{out} \in O(\text{soln}) \tag{8-9}$$

$$q(\text{soln}) > r^{q} \tag{8-10}$$

$$C(\text{soln}) < r^p \qquad\qquad (8-11)$$

式中，$I(\text{soln})$、$O(\text{soln})$ 分别代表服务解决方案 soln 的输入参数集和输出参数集；$q(\text{soln})$ 代表组合服务的各项服务质量指标值，本书选取了 3 项服务质量/价值参数，即服务可靠性、可用性及响应时间。$C(\text{soln})$ 代表了组合服务的成本。组合服务的各项服务质量/价值参数 $q(\text{soln})$ 及组合服务的成本 $P(\text{soln})$ 可由表 8-1 所示的工作流模型聚合公式计算出。在工作流模型中主要包含顺序结构、并行结构、选择结构及循环结构。服务解决方案中主要包含了这 4 种基本结构，通过不同的组合服务结构的不同计算公式可以得到组合服务的各项指标值。

表 8-1　服务质量/价值指标聚合公式

服务性能指标	顺序结构	并行结构	选择结构	循环结构
可用性	$\Pi_n a(s_i)$	$\min_i a(s_i)$	$\Pi_n p \times a(s_i)$	$(\Pi_n a(s_i))^n$
可靠性	$\Pi_n r(s_i)$	$\min_i r(s_i)$	$\Pi_n p \times r(s_i)$	$(\Pi_n r(s_i))^n$
响应时间	$\sum_n r_t(s_i)$	$\max_i r_t(s_i)$	$\sum_n p \times r_t(s_i)$	$n \times \sum_n r_t(s_i)$
成本	$\sum_n c(s_i)$	$\sum_n c(s_i)$	$\sum_n p \times c(s_i)$	$n \times \sum_n c(s_i)$

（2）算法研究思路

本节提出的基于需求模式/服务模式、面向服务质量/价值的大规模个性化服务协同定制算法，其核心是采用一种迭代增强和大规模定制的策略来构建满足用户个性化需求的服务协同组合方案或系统。它首先根据历史服务数据构建面向领域/跨领域的服务需求模式库/服务模式库，构建初始的服务网络并同时对大量用户需求根据其需求性能约束进行排序，之后依次处理各用户需求。然后，对于服务需求，在当前服务网络中检查是否存在一个服务子网满足当前需求。如果不存在则采用相关的服务协同定制算法来构建新的解决方案，并将该服务解决方案加入到当前服务网络中。如果当前服务网络中存在可以满足当前用户需求的服务解决方案，则直接利用现有的服务解决方案来快速高效地响应用户需求。上述思路的相应的伪代码如下。

算法：基于需求/服务模式的服务网络系统构建算法

Input:CS,R

Output:$SN,SR,\{CN_i\}$

（1）$R\leftarrow Sort\,(R)$

（2）$if\ n=1$

（3）$SN^{(n)}\leftarrow ORSC\,(r,CS)\,,CN_n=SN^{(n)}$

（4）$Else$

（5）$SN^{(n-1)}=SN\_CT\,(R/r_n,CS)$

（6）$\overline{SN^{(n-1)}}=prune(SN^{(n-1)},I(SN^{(n-1)})\setminus I(r_n))$

（7）$\forall\,s_i\in\overline{SN^{(n-1)}},\ NC_i=0$

（8）$soln\leftarrow ORSC\,(r,CS)$

（9）$If\ \ r_n^{out}\subseteq\overline{SN^{(n-1)}}\wedge\overline{SN^{(n-1)}}>r_n^q$

（10）$\overline{SN^{(n-1)}}\leftarrow judge(\overline{SN^{(n-1)}},soln)$

（11）$CN_n\leftarrow\overline{SN^{(n-1)}},SR\leftarrow SR\cup\{r_n\}$

（12）$Else$

（13）$SN^{(n-1)}\leftarrow soln$

（14）$SN^{(n)}\leftarrow merge\,(SN^{(n)},SN^{(n-1)})$

（15）$return$

上述算法的输入为海量候选服务集 CS 以及用户需求集 R，输出为构建完成的服务网络系统，可满足的用户需求集 SR 以及满足各用户需求的服务解决方案 $\{CN_i\}$。算法第 1 行利用 sort 函数对用户需求进行排序，第 2~第 3 行处理需求个数为 1 的情况，第 5 行迭代处理第 n 个用户需求，并在处理第 n 个需求前，先为前（$n-1$）个需求构造服务解决方案；算法第 6 行对构造的服务网络进行剪枝，剪去与第 n 个用户需求无关的输入参数，服务节点以及输出参数得到服务网络；同时第 7 行将剪枝后服务的协商成本置为 0，便于服务能够再次参与服务组合中；算法第 8~第 10 行利用基于需求/服务模式的服务组合协同定制算法为用户需求构造一个新的服务解决方案。

（3）面向服务质量/价值的大规模个性化服务协同定制算法

这种算法具体来说，其实现过程包括以下 9 个步骤。

步骤 1. 基于一定规模的历史数据集，构建面向领域/跨领域的服务需求模式库/服务模式库；然后，建立相应每一对需求模式/服务模式的匹配概率；同时初始化服务网络为空。

步骤 2. 对于用户需求集 R 中的每个用户个性化需求，根据它们的服务性能约束对应的服务质量/价值水平协议构建服务质量关系图，通过图的广度优先遍历实现对大规模用户需求的排序，得到按降序排列的需求集 $\{r_i\}$ ($i=1$, $2,\cdots,n$)。用户需求处理顺序的不同对服务提供者的收益将产生影响，先处理的用户需求由于其服务性能更高，对应的服务解决方案有更大概率满足后续用户需求。

步骤 3. 对于当前用户需求 r_i，利用遗传算法在需求模式库中找到能满足当前需求 r_i 的最佳需求模式集 RP_i 来代替 r_i。算法中遗传算法适应度函数考虑需求模式集成本，先验知识以及需求与需求模式集的功能相似性 3 个因素。

步骤 4. 对于当前用户需求 r_i 和在步骤 3 找到的代替 r_i 的最佳需求模式集，利用步骤 1 中建立的需求模式–服务模式匹配概率，找出最佳的服务模式集并以此生成满足 r_i 的服务解决方案。如果服务模式集不能完全满足需求 r_i，则对于缺失的服务节点选择最佳的服务来补充已有服务模式集来生成需求 r_i 的服务解决方案。

步骤 5. 采用工作流模型聚合公式，计算步骤 4 中定制的需求 r_i 的服务解决方案成本大小为 cost_i。

步骤 6. 在处理当前用户需求 r_i 时，对已经处理的所有需求迭代形成的服务网络进行剪枝，判断服务网络中是否存在服务子网 j 满足当前需求 r_i。

步骤 7. 如果步骤 6 中存在服务子网 j 满足当前用户需求 r_i，计算其成本为 cost_j。比较 cost_i 与 cost_j 大小，当 $\mathrm{cost}_i<\mathrm{cost}_j$ 时，采用步骤 4 中定制的服务解决方案同时采用渐进迭加的策略将新使用的服务解决方案导入到服务网络中，否则直接复用已有的服务子网 j 来满足 r_i。如果步骤 6 中不存在服务子网 j 满足当前用户需求 r_i，则直接使用步骤 4 中定制的服务解决方案来满足用户需求 r_i 并采用渐进迭加策略的策略将新使用的服务解决方案导入到服务网络中。

步骤 8. 根据步骤 2 中的需求排序结果依次按照步骤 3—步骤 7 的步骤循环处理各个用户需求 r_i ($i=1,2,\cdots,n$)。

步骤 9. 对于每个用户需求 r_i，输出经过优化选择的个性化服务解决方案。

算法的具体流程如图 8-7 所示。

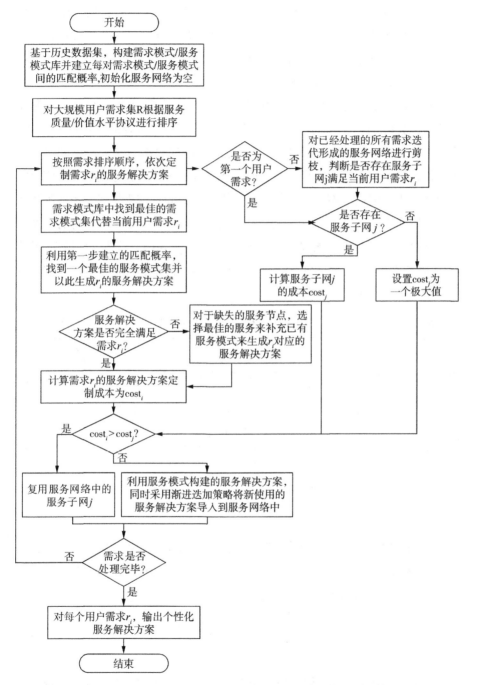

图 8-7　面向服务质量/价值的大规模个性化服务协同定制算法

在上述步骤中，几个关键的步骤当中涉及一些具体的算法，如需求模式/服务模式映射、基于服务水平协议的用户需求排序、需求模式选择、服务模式集选择算法等，下面对它们逐一进行介绍。

1）需求模式/服务模式映射

对于从历史数据中挖掘出的需求模式库和服务模式库，为了充分利用这些历史先验知识，需要建立需求模式与服务模式两者的映射匹配关系，如图 8-8 所示。需求模式与服务模式之间匹配的概率数字大小不同代表了服务模式满足需求模式的程度。当匹配概率为 1 时代表服务模式完全满足需求模式，当匹配概率不为 1 时代表服务模式部分满足需求模式，当匹配概率为 0 时则代表服务模式与需求模式没有联系。对于每个需求模式都有一系列的服务模式与之存在匹配关系，对于每一对（rp_i, sp_j），需要计算需求模式 rp_i 和服务模式 sp_j 之间的匹配概率，在建立需求模式和服务模式之间的匹配概率中主要考虑下面 2 个因素。

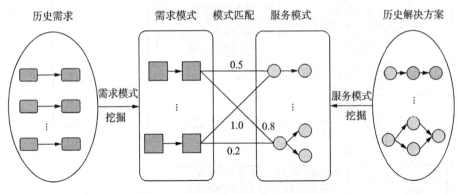

图 8-8　需求模式/服务模式映射实例

①先验知识：先验知识代表了一个服务模式 sp_j 用来满足一个需求模式 rp_i 的后验概率。这个概率是从历史服务请求和历史服务解决方案中抽象出的经验知识。使用朴素贝叶斯定理表示如下：

$$p_{ij} = \frac{p(rp_i)p(sp_j/rp_i)}{p(sp_j)} \qquad (8-12)$$

式中，$p(sp_j) = s_+/n$，s_+ 代表在历史服务解决方案中服务模式 sp_j 出现的次数；n 代表历史记录中服务解决方案的总个数；$p(rp_i) = r_+/n$，r_+ 代表在历史服务请求中需求模式 rp_i 出现的次数；$p(\mathrm{sp}_j/\mathrm{rp}_i) = c_+/r_+$，$c_+$ 表示服务模式 sp_j 与需求模式 rp_i 在历史服务需求–服务解决方案记录中共同出现的次数。

②服务模式与需求模式的相似性：其中 I 代表服务性能的指示函数，当 I 中服务模式性能满足需求模式的约束条件时值为 1，条件不成立时值为 0。$\oplus$ 代表满足符号。当服务模式的服务质量满足需求模式的服务质量约束时，指示函数值为 1，否则为 0。需求模式与服务模式的输出参数相同的比例越高时，a_{ij} 也就越高，代表服务模式 sp_j 对 rp_i 更有用。

$$a_{ij} = \frac{I(\mathrm{sp}_i^{\,q} \oplus \mathrm{rp}_i^{\,q}) \times |\ \mathrm{rp}_i^{\,\mathrm{out}} \cap \mathrm{sp}_j^{\,\mathrm{out}}\ |}{|\ \mathrm{rp}_i^{\,\mathrm{out}}\ |} \tag{8-13}$$

需求模式和服务模式之间匹配的概率分数可以由上面两个指标得出，w_1 和 w_2 代表了两个指标的权重，两者和为 1。

$$s(\mathrm{rp}_i,\mathrm{sp}_j) = w_1 p_{ij} + w_2 a_{ij} \tag{8-14}$$

定义一个需求模式的先验分数为需求模式与每个相映射的服务模式的匹配分数之和

$$s(\mathrm{rp}_i) = \sum_{j=1}^{n} s(\mathrm{rp}_i,\mathrm{sp}_j) \tag{8-15}$$

2）基于服务水平协议的用户需求排序

在对大规模的用户需求中，存在着大量的功能相似但性能约束水平不同的需求。用户需求处理顺序的不同，会给服务提供者带来不同的收益。根据用户需求的服务性能约束对应的服务水平协议对用户需求进行排序，可以得到按照降序排列的用户需求集 R。从而在处理用户需求时可以尽可能实现原子服务的复用，达到优化服务提供者利益的目的。

服务水平协议集定义为 $\mathrm{SetSLA} = \{\mathrm{SLA}_1, \mathrm{SLA}_2, \cdots, \mathrm{SLA}_n\}$。对于其中的每一个服务水平协议 SLA_n，Qset_n 为该服务水平协议对应的服务质量标准集合，$\mathrm{Qset}_n = \{q_n^{\,1}, q_n^{\,2}, \cdots, q_n^{\,k}\}$。确定用户需求所属的服务水平协议后，定义各服务水平协议之间的质量优劣关系，构造一个服务质量水平关系图，这是一个有向无环图，如图 8-9 所示。

在图 8-9 中对于任意一条边相邻的两个节点，上层节点代表的服务质量约束优于下层节点。同一层中不直接相邻的两个顶点代表的服务质量约束关系是一种不等关系。例如在图 8-9 中，对于 SLA_1 和 SLA_2 两个节点，SLA_1 代表的服务质量标准集 $Qset_1$ 优于 SLA_2 代表的服务质量标准集 $Qset_2$。同时 $Qset_1$ 与 $Qset_2$ 存在下列约束关系：

$$\forall q_1^i \in Qset_1, q_2^i \in Qset_2$$
$$q_1^i > q_2^i \tag{8-16}$$

>表示优于符号，对于正向 QoS 属性指标，表示 q_1^i 大于 q_2^i，对于负向的 QoS 属性指标表示 q_1^i 小于 q_2^i。

对于同一层中的 SLA_2 和 SLA_3 两个节点，所代表的服务质量标准集是一种不等关系，如式（8-17）所示：

$$\exists q_2^i \in Qset_2, q_3^i \in Qset_3, q_2^v \in Qset_2, q_3^v \in Qset_3$$
$$q_2^i > q_3^i, q_2^v < q_3^v \tag{8-17}$$

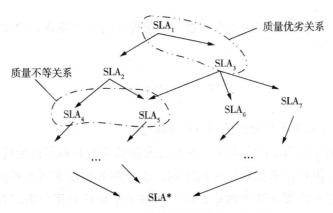

图 8-9　不同服务的服务质量水平关系图

通过构造一个服务质量关系图，可以得到各用户需求服务质量的相对优劣关系。通过服务质量关系图广度优先遍历节点遍历顺序来处理用户需求时，可以最大可能实现服务解决方案的复用增大服务提供者的利益。

3）需求模式/集选择

建立需求模式/服务模式匹配关系后，对于每一个用户需求 r_i，在需求模式库中利用遗传算法找到一个最佳的需求模式集 RP_i 来代替用户需求。遍历需求模式库 RP，找到被需求覆盖的需求模式集 RP_i。如果计算出的需求模式集 RP_i 为空，则代表没有任何先验知识可以应用于需求 r_i，在服务模式选择阶段传统的服务组合方法 EDMOEA[81] 将会调用来构造服务解决方案。如果 RP_i 中需求模式互不重叠则 RP_i 为最佳需求模式集。否则可以采用常用的一些智能组合优化方法如遗传算法来寻找最佳的需求模式集合 RP_i。在遗传算法中，可用一条染色体 X 代表需求 r_i 对应的一个最佳需求模式集，染色体 X 适应度函数在设计时主要考虑如下几个方面的因素。

①从利益出发考虑，由于互联网上存在大量的功能相同但服务质量不同的服务，服务质量越高服务价格也越高。当一个需求模式被需求覆盖时，需求模式集的服务质量约束刚刚满足需求的服务质量约束就好，这样可以最大可能降低服务提供者的成本。

$$c_1(X) = |\ r_i^q - q(RP_i)\ | \qquad (8-18)$$

染色体 X 代表可能的一种需求模式集 RP_i。q 是计算需求模式集 QoS 的聚合函数。

②需求模式集 RP_i 的功能输出参数和需求的功能输出参数重叠程度越大越好，这样可以尽可能减少模式匹配的次数，从而服务定制效率将得到提高。

$$c_2(X) = \frac{|\ r_i^{out} \cap (U_{rp_i \in RP_i} rp_i^{out})\ |}{|\ r_i^{out}\ |} \qquad (8-19)$$

③考虑需求模式的先验知识，先验知识越多的需求模式越能被服务模式满足。

$$c_3(X) = \frac{1}{|\ RP_i\ |} \times \sum_{rp_i \in RP_i} s(rp_i) \qquad (8-20)$$

$|\ RP_i\ |$ 代表了需求模式集中需求模式的个数。综上，遗传算法的适应度函数可以设计式（8-10），w_1、w_2、w_3 分别代表了 3 个指标的权重，三者的权重值和为 1。

$$f(X) = w_1 c_1(X) + w_2 c_2(X) + w_3 c_3(X) \qquad (8-21)$$

4）服务模式/集选择

在双边映射匹配中假设需求模式集 RP_i 相映射的服务模式集为 SP_i。为了精准匹配需求模式，首先对于需求模式集 RP_i 中的每一个需求模式通过式（8-22）找到匹配分数最高的服务模式 sp_i 加入到 SP_i。

$$sp_i = \forall_{sp_j \in SP_i} \max s(rp_i, sp_j) \qquad (8-22)$$

在大多数情况下，由于服务模式和需求模式之间不能百分之百匹配，一个服务模式可能只能满足需求模式的一半功能输出，这种情况下需要寻找其他的服务模式来满足需求模式集的功能输出。通过式计算 SP_i 中的每个服务模式与需求模式集 RP_i 的相关度，一个服务模式的相关度越大，表明这个服务模式对需求模式集的作用更大，能够满足更多的需求功能输出。

$$c_4(sp_i, RP_i) = \frac{\sum_{rp_j \in RP_i} s(rp_j, sp_i)}{|RP_i|} \qquad (8-23)$$

在计算相关度时，考虑当前服务与 SP_i 中已有服务的重叠度。通过式（8-24）定义服务模式与服务模式集 SP_i 之间的重叠度，服务模式间的重叠度代表了服务模式之间服务功能的重叠度。

$$lap(sp_j, SP_i) = \frac{|sp_i^{out} \cap (U_{sp_t \in SP_i} sp_t^{out})|}{|sp_i^{out}|} \qquad (8-24)$$

迭代的计算服务模式与需求模式集的相关度：每次迭代中选择与需求模式集相关度最大的服务模式加入到 SP_i 中，同时设置阈值 a，将小于阈值的服务模式从 SP_i 中去除掉，算法迭代直到 SP_i 为空。

当服务模式生成的服务解决方案不能完全满足 r_i 时，对于缺失的服务节点，需要从候选服务集中选出一个最佳的候选服务来补充原有服务模式来生成 r_i 对应的服务解决方案。对当前服务节点的候选服务集按照服务价格进行升序排序，然后根据排序后的候选服务集按照服务价格从低到高筛选候选服务，选择第一个满足用户需求的服务与原有服务模式相结合来生成完整的服务解决方案。

8.3　面向产品服务配置的价值系统协同优化方法

8.3.1　引言

随着服务互联网的高速发展，传统的批量生产服务模式正逐步向大规模个性化定制服务模式演化，大量服务资源会不断地被交替占用与释放以满足不同的个性化需求。尽管服务平台（公有/私有的制造服务平台或服务互联平台等）聚集了大量的、跨区域、跨领域的服务资源，但在某些时刻也会有相当的服务资源由于服务能力达到上限而无法提供服务。例如，对于一些较为稀有的高精尖设备服务、高级咨询专家与知识资源服务等，由于其紧缺性原因将会极大地约束在产品服务配置与 QoS 方面的个性化定制。因此，大规模个性化需求的定制一般受限于定制时刻相关服务平台的可用服务与服务能力。针对该类问题，需要建立有效的需求定制交互机制，使用户能够根据可用服务情况逐步定制期望的产品服务配置选项与服务 QoS 期望/约束值。最后，根据用户定制的需求（产品服务配置与 QoS 期望值）优化优选可用服务，构建基于服务组合的动态价值系统满足用户定制需求，提供高价值服务。

鉴于 8.2 节服务网络在需求分析与服务设计的桥梁作用，本研究考虑利用它来降低可定制产品服务配置选项分析问题的复杂度，通过分析服务资源约束来确定可定制的产品服务配置选项集，以提高需求定制的响应效率。针对用户定制需求 QoS 期望值边界评估问题，建立基于 QFD 模型两阶段质量屋，结合服务子网络服务历史与可用服务 QoS 情况分析用户个性化服务需求 QoS 期望值边界，支撑用户的个性化需求定制。最后，基于用户个性化需求利用启发式方法优选服务，构建优化服务组合。

8.3.2　基于服务价值网的可定制产品配置选项挖掘

在个性化需求定制阶段，用户第一步需要定制其期望的是"什么样的产品与服务"，然后选择期望的实现的产品与相关服务的服务组合 QoS 的属性值。其中，"什么样的产品与服务"包含了产品的配置参数、产品属性值与相关服务的配置参数。本书将上述选项统称为"产品服务配置选项"，将服务组合的 QoS 简称为"服务 QoS"。一般地，同一产品服务配置选项的实现需要一组服务协同完成。

　　用户与服务的提供者一起构成的一个服务网络/子网络可以看作一个服务价值链或服务价值子网，一方面体现了实现产品服务配置选项的服务参与者间协同过程，另一方面体现了服务参与者之间价值与信息交互。服务历史数据包含了产品服务配置选项内容与服务提供者 QoS 实现等信息。同时，服务历史数据也隐含了服务价值网络的协作关系。通过对比历史服务数据与可用服务数据，利用服务价值网的协作关系可进一步确筛选可定制的产品服务配置选项。因此，基于服务子网络的服务价值网不仅可用于分析可定制的产品服务配置选项，还可用于评估实现一组产品服务配置选项的可定制的服务 QoS 范围。本节利用服务价值网与 QFD 分别为用户提供可定制的产品服务配置选项与可定制服务 QoS 边界。

　　图 8-10 是基于服务价值网的可定制产品服务配置选项挖掘的基本思路：从挖掘历史记录中实现产品服务配置选项的价值子网全集入手，以当前服务平台中可配置的价值子网为参考依据确定可定制的产品服务配置选项集。此外，还需分析价值子网间的协作关系以确定产品服务配置选项间的约束关系。

　　图 8-10 中所描述的过程可分为如下三个步骤。

　　步骤 1. 识别产品配置选项的价值子网集合：

　　通过产品制造服务历史记录挖掘每个制造记录中实现某个产品服务配置选项的参与者以及其价值交换关系，挖掘产品服务配置1选项 k 的服务价值子网 $\text{SVN}_i^{l,k}=(A,R,V,w),i=1,2,\cdots,n$ 为价值子网序号，$A=C\cup P\cup E$ 表示参与者集合，C，P 和 E 分别为用户、服务提供商与使能者；R 为价值交换关系，$r\in R=(v_{i,j},a_i,a_j),a_i,a_j\in A,v_{i,j}\in V$ 为价值参与者 a_i 与 a_j 间的交换价值，a_i 是价值生产者，a_j 是价值消费者。V 为价值子网中全部交换价值的集合，$w=e^{1/(\text{tn}-\text{to})}$ 为决定价值子网 i 是否有效的权重，tn 为当前时间，to 为价值子网 i 最近被使用的时间，w 随着未被使用的时间增加而减小，当 w 减小到一定值，则认为该价值子网失效。在价值子网中，交换价值 $v_{i,j}$ 都依附在制造资源上，每个价值子网 i 依赖于一组制造资源 SR（Service Resources）。由于外包模式的存在，一般会将一组 SR 分解，通过使能者外包给多个服务提供商共同协作完成。针对每一条服务记录，本步骤挖掘的价值

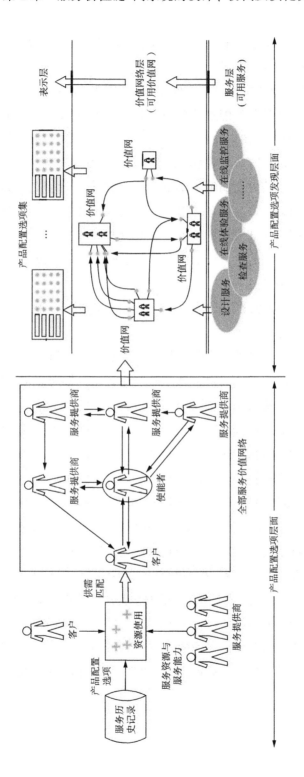

图 8-10 可定制产品服务配置选项发现过程

子网 $SVN_i^{l,k}$ 为一条记录中针对某产品服务配置选项的包含使能者的高层次、有效的且唯一的服务价值网。

步骤 2. 基于可用服务价值子网发现可定制产品服务配置及其选项：

针对每一个产品服务配置选项的服务价值子网集合，遍历所有价值子网中相关服务参与者(用户除外) $a_i = (RE, CA, q_c)$。其中，RE 为服务提供者或使能者能够提供的与产品服务配置选项相关的服务资源数量，CA 为在相关产品服务配置选项方面的可提供服务能力数目，q_c 为服务提供者承诺的服务质量。针对某一产品服务配置选项，当其相关服务价值子网中存在至少一个价值子网的全部成员的服务资源数量与服务能力不为零时，该配置选项可以被定制。因此，可分析服务价值子网的可用情况发现可定制产品的配置集及其选项集。

步骤 3. 基于服务价值子网协同关系发现可定制产品服务配置选项间关联关系：

采用服务历史记录进一步分析某一配置选项的价值子网与其他配置选项价值子网的关联关系。针对每条产品制造记录，发现该记录中的不同价值子网个数，构建价值子网关联关系 $R\_N = (SVN_i^{l,k}, SVN_j^{m,n})$。例如，某条产品制造记录中包含 $SVN_3^{1,2}$、$SVN_3^{2,2}$ 与 $SVN_1^{3,1}$ 三个价值子网，则需要建立 $(SVN_3^{1,2}, SVN_3^{2,2})$，$(SVN_3^{2,2}, SVN_1^{3,1})$ 与 $(SVN_3^{1,2}, SVN_1^{3,1})$ 三个价值子网关系对。遍历所有服务历史记录结合价值子网关系对分析在步骤 2 中发现的可用价值子网间的关联关系，建立可定制产品服务配置选项间的约束关系。

通过以上 3 个步骤，可以有效识别可定制的产品服务配置集合、配置选项集合与选项间的约束关系，用于支撑用户个性化产品需求定制，保证用户定制的个性化需求在服务平台的服务能力范围之内。

图 8-11 给出实现上述 3 个步骤的遍历算法伪代码，算法以服务历史记录、服务提供商与使能者信息为输入，以可定制的配置及其选项集为输出。算法需要人工设定服务价值子网的"有效"权值。算法还可以增量遍历服务历史记录，维护价值子网有效状态，更新可用价值子网间关联关系。

输入：服务历史记录 H，有效权重 θ

输出：配置及配置选项集 FUN，$FUNI$

1. $SV \leftarrow$ Search H for all service value networks

2. $S_A \leftarrow$ search available service suppliers

3. $SV_A \leftarrow SV \cap S_A$ //可用价值子网集

4. for all sv_a in SV_A do

5. if $sv_a . \text{w} \geq \theta$ then add sv_a to SV_U

6. end for

7. $R \leftarrow F_1(SV_U, H)$ //建立价值子网间关联关系

8. FUN，$FUNI \leftarrow F_2(SV_U, H, R)$ //获取配置及其选项集

9. return：FUN，$FUNI$

图 8-11　可定制产品服务配置与配置选项集发现算法

通过上述算法获得可定制的产品服务配置选项集与配置选项间约束关系，供用户选择定制。当用户选定某一包含 x 个产品服务配置选项 $F_S = (f_1, f_2, \cdots, f_x)$ 的产品后，需要进一步评估制造该产品的服务组合的服务 QoS 范围，支撑用户后续的 QoS 期望定制。由于用户仅关注成本、执行时间、可用性与可靠性等 QoS 参数，仅评估上述服务 QoS 参数供用户定制。

8.3.3　基于 QFD 的可定制服务 QoS 范围评估

用户定制产品服务配置选项集 F_S 后，实现相关产品生产制造的服务组合可定制 QoS 范围由与 F_S 相关的价值子网集决定。为了根据 F_S 估计服务组合可定制 QoS 范围，本节基于 QFD 技术，通过构建服务 QoS 与价值子网集映射的两阶段质量屋，依据价值子网集 QoS 实现情况估计服务组合的可定制 QoS 边界。

在服务设计与分析中，典型的 QFD 应用为 SQFD[63]，一种面向用户的设计模型，强调以用户的声音（Voice of Customer，VoC）为驱动，通过服务 QoS、服务任务、服务行为与服务活动的三阶段质量模型，将服务 QoS 约束转换至服务活动 QoS 约束。参考 SQFD，提出服务组合 QoS 分解的两阶段 QFD 模型，定义"如何把用户定制的服务 QoS 需求约束转换为价值子网的 QoS 约束"与价值子网的职能范围。两阶段 QFD 模型如图 8-12 所示。

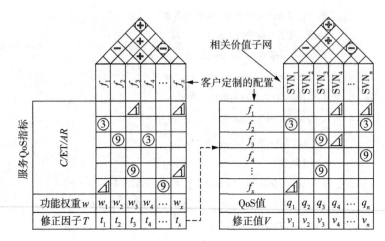

图 8-12　服务 QoS 分解的两阶段 QFD 模型

如图所示，在将用户定制的服务 QoS 约束映射到每个服务价值子网的 QoS 约束的过程中，由于中间桥梁"产品定制配置选项"的存在，需要先根据第一阶段的质量屋与相关矩阵、向量，将服务组合的 QoS 约束转换为定制的产品服务配置选项的 QoS 约束。然后，根据第二阶段质量屋将定制配置选项的 QoS 约束映射到价值子网的 QoS 约束。

基于此，基于定制的产品服务配置选项集估计可定制的服务 QoS 范围的问题本质是通过定制的产品服务配置选项集定位相关价值子网集，并依据价值子网集的 QoS 反向评估服务 QoS 的可定制范围，是图 8-12 中 QoS 分解两阶段的逆向过程。因此，可利用上述模型，以价值子网的 QoS 约束为引导，逆向评估可定制的服务 QoS 上下界，并计算 QoS 属性值间约束关系。

针对实现定制的产品服务配置选项集的一组价值子网集，评估服务组合可定制的 QoS 范围的具体分为以下 3 个步骤。

步骤 1. 基于服务历史记录挖掘每个价值子网的 QoS 约束：

针对实现用户定制的配置选项每个价值子网集合，使用服务历史记录分别计算集合中每个价值子网的 QoS 数值。针对具体价值子网 i，不同的 QoS 指标计算规则不同，具体规则如下。

①成本 c_i 计算：获取价值子网 i 的历史记录，利用 $c_i = c_l / N$ 计算价值子网 i 的平均成本，N 为子网 i 在历史记录中出现次数，c_l 为在历史记录 l 中的成本。

②执行时间 t_i 计算：虽然可用成本计算相类似的方法计算价值子网 i 的平均执行时间 $t_i = t_l/N$，但 t_l 为在服务记录 l 中的"真实"执行时间；由于服务记录中多个价值子网可以并行执行，t_l 的计算公式为

$$t_1 = T_a^i + (T_{total} - \sum_n T_a^n) \times \frac{T_p^i}{\sum_j T_p^j} \qquad (8-25)$$

式中，T_a^i 为价值子网 i 在记录 l 的单独执行的时间；T_p^i 为与其他价值子网并行执行时间；n 为记录 l 中具有单独执行时间的价值子网个数；$T_a^i + T_p^i$ 为价值子网在服务记录中的全部执行时间，一般为上一节点任务结束时间点与该节点任务结束时间点的差值，包括该节点的任务等待时间与任务执行过程中的故障维修时间等；T_{total} 为服务历史记录的执行总时间；T_p^i 为全部并行时间总和。图 8-13 是一个价值子网的"真实"执行时间估计案例。如图 8-13 所示，各价值子网的"真实"执行时间分别为 $t_1 = 0 + [17 - (4+3)] \times (7/23) = 3.06$（小时），$t_2 = 3 + [17 - (4+3)] \times (10/23) = 7.34$（小时）与 $t_3 = 4 + [17 - (4+3)] \times (6/23) = 6.6$（小时）。

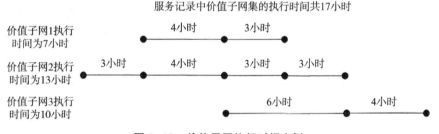

图 8-13　价值子网执行时间实例

③可用性 a_i 计算：利用 $a_i = K/N$ 综合计算可用性值，K 为子网 i 成功执行次数。

④可靠性 r_i 计算：利用 $r_i = S/K$ 综合计算可靠性值，S 为无故障成功执行次数。

通过上述规则计算得到价值子网 i 的 QoS 约束 $q_i = (c_i, t_i, a_i, r_i)$。针对一个包含 n 个价值子网的价值子网集 Z 的 QoS 约束用 $\boldsymbol{O}_{single} = (C_Z, T_Z, A_Z, R_Z)^T$ 表示。

$$O_{\text{single}} = \begin{bmatrix} c_1 & c_2 & \cdots & c_n \\ t_1 & t_2 & \cdots & t_n \\ a_1 & a_2 & \cdots & a_n \\ r_1 & r_2 & \cdots & r_n \end{bmatrix} \qquad (8-26)$$

其中，$C_Z = (c_1, \cdots, c_n)$ 为价值子网集的成本向量。T_Z、A_Z 与 R_Z 分别为价值子网集的执行时间、可用性与可靠性向量，向量结构与向量 C_n 一致。重复上述步骤可计算用户定制配置选项对应全部全价值子网集的 QoS 约束，并以此估计可定制的服务 QoS 属性值范围。

步骤 2. 基于价值子网集的 QoS 约束估计可定制的服务 QoS 范围：

根据价值子网集 QoS 约束，利用图 8-12 的 QFD 模型的逆过程计算服务 QoS 约束，需要从第二阶段的质量屋模型出发，通过价值子网的 QoS 约束，计算定制产品服务配置选项的质量约束，而后通过第一阶段的质量屋计算服务 QoS 约束。给定某一个价值子网集 Z，其可实现的服务 QoS 的估计规则如下。

①服务成本 c_z 计算：服务成本计算需要首先计算每个定制产品服务配置选项的成本。用户定制的产品服务配置选项集的成本可用向量 $C_f = (c_1, c_2, \cdots, c_x)$ 表示，其中 c_x 为定制的配置选项 f_x 的成本。由 QFD 第二阶段的质量屋结构，可以利用价值子网集的成本向量 C_Z 与矩阵 R 计算定制的产品服务配置选项集的成本用向量。矩阵 R 可以通过价值子网与定制的配置选项之间的关联关系计算

$$r_{ij} = \begin{cases} 1 & (\text{if } F(\text{SVN}_j) = 1) \\ \dfrac{c_{ij}}{c_j} & (\text{if } F(\text{SVN}_j) > 1) \\ 0 & (\text{otherwise}) \end{cases} \qquad (8-27)$$

式中，r_{ij} 为第 i 个配置选项与第 j 个价值子网的关联关系，且 $\sum r_{ij} = 1$，F 为判断与 SVN_j 相关的配置选项数目函数；c_{ij} 为价值子网 SVN_j 实现定制配置选项 f_i 的成本，$\sum c_{ij} = c_j$，n 为与价值子网 SVN_j 相关的定制选项数目。获得矩阵 R 后，基于价值子网集成本向量 C_Z，可用下式计算定制产品服务配置选项集的成本向量 C_f。

$$C_f = C_Z \times R^{\mathrm{T}} \qquad (8-28)$$

基于 C_f，可进一步利用 $c_z = c_i \in C_f$，计算服务的总成本 c_z。由于采用矩阵 R 的转置矩阵，需要对 C_f 中的元素基于 $\sum c_i$，中心点元素对调元素位置才能真实反映定制配置选项的成本分配。同时，使用 $w_x = c_x \big/ \sum c_i$，可以进一步计算定制的配置选项成本权重向量 $W_c^Z = (w_1, w_2, \cdots, w_x)$，用于 QoS 间数据值的约束计算。

②服务执行时间 t_Z 计算：与成本计算相似，利用矩阵 R 价值子网集执行时间向量 T_Z 与式 $T_f = T_Z \times R^{\mathrm{T}}$ 计算每个定制的配置选项占用的执行时间向量 $T_f = (t_1, t_2, \cdots, t_x)$。其中，$t_x$ 为定制的配置选项 f_x 的执行时间。当某一价值子网 SVN_j 与多个定制选项相关时，与式（8-26）类似，矩阵 R 的归一化值需要根据价值子网在不同定制配置选项的执行时间进行修订，即 $r_{ij} = t_{ij} / \sum t_{ij}$。获得 T_f 向量后，计算服务的执行总时间 $t_Z = \sum t_i$，$t\_i \in T_f$，进而对向量中的元素基于中心点元素对调位置，并计算执行时间权重向量 W_t^Z。

③服务可用性 a_Z 计算：可用性取价值子网集的可用性最小值，即 $a_Z = \min A_Z$。

④服务可靠性 r_Z 计算：取价值子网集的可靠性最小值，即 $r_Z = \min R_Z$。

利用上述计算规则计算基于一个价值子网集 Z 的服务组合的 QoS 约束向量 $q_Z = (c_Z, t_Z, a_Z, r_Z)$。针对用户定制的产品服务配置选项所对应的全部 m 个价值子网集合 G，可计算服务组合 QoS 向量 $O_{\mathrm{all}} = (C_G, T_G, A_G, R_G)^{\mathrm{T}}$ 为

$$O_{\mathrm{all}} = \begin{bmatrix} c_1 & t_1 & a_1 & r_1 \\ c_2 & t_2 & a_2 & r_2 \\ \vdots & \vdots & \vdots & \vdots \\ c_m & t_m & a_m & r_m \end{bmatrix} \qquad (8-29)$$

式中，$C_G = (c_1, c_2, \cdots, c_m)$ 为服务组合可定制成本向量。T_G、A_G 与 R_G 分别为服务组合的可定制执行时间、可用性与可靠性向量。根据向量 O_{all}，可定制的服务 QoS 的上下界分别为 $q_u = (\max C_G, \max T_G, \max A_G, \max R_G)$ 与 $q_d = (\min C_G, \min T_G, \min A_G, \min R_G)$。

步骤 3. 基于两阶段 QFD 模型分析可定制服务 QoS 数值间约束关系：

通过 q_u 与 q_d，可以为用户提供可定制的服务 QoS 范围。在定制的产品服务配置选项不变的情况下，当用户选定某一 QoS 属性值时，其他 QoS 属性的可定制上下界值会因价值子网的 QoS 属性值间的约束关系发生联动变化。例如，用户选择成本为 3500 元时，可定制服务执行时间的上下界则对应为 19 天与 20 天（上界也可不设限）；而当选择成本为 3300 元时，可定制的服务执行时间的上下界变为 21 天与 22 天。为保证上述定制的 QoS 值间的约束关系，防止出现服务 QoS 定制偏差，影响用户的满意度，针对不同 QoS 属性值定制，其余属性值上下界的计算规则如下。

①成本定制：当用户选择服务成本 c_k 时，首选根据 QFD 第一阶段的质量屋，利用 $C_f = c_k \times W_c$ 计算定制配置选项的成本向量，其中 W_c 为基于全部价值子网的可定制产品服务配置选项成本权重 W_c^z 的均值权重，$w_j \in W_c = w_c^j / \sum w_c^x$，且 $w_c^j = \sum w_{m,j}$，$w_{m,j} \in W_c^z$，W_c^z 为步骤 2 中基于每个价值子网集计算的定制产品服务配置选项成本权重向量，m 为价值子网集个数。然后，利用 QFD 第二阶段的质量屋，针对与定制选项不同结构关系的价值子网集（如 6 个定制配置选项与包含 5 个价值子网的子网集，或 6 个定制配置选项与包含 6 个价值子网的子网集），利用 $C_z = C_f \times R$ 分别计算价值子网集的成本向量，R 为定制选项与价值子网集中价值子网的关联关系矩阵，结构取决于定制配置选项与价值子网的结构关系。如果定制配置选项 i 由价值子网 j 负责，则 $r_{ij} = 1$，否则 $r_{ij} = 0$。可依据成本向量 C_z 过滤价值子网集，去除成本向量元素均大于 C_z 的价值子网集。针对过滤后的价值子网集，利用步骤 2 中"服务执行时间 t_z 计算"与"服务的可用性 a_z 与可靠性 r_z 计算"计算规则重新计算服务的可定执行时间、可用性与可靠性的上下界。

②执行时间定制：用户选择某一服务执行时间后，其他 QoS 属性值上下界计算过程与成本定制的计算规则相似 $T_f = t_k \times W_t$。其中，定制配置选项的执行时间权重向量 W_t 是根据步骤 2 基于每个价值子网集计算的定制选项的执行时间权重向量 W_t^z 计算得到，并使矩阵 R 计算价值子网集的执行时间向量 $T_z = T_f \times R$，并依据向量 T_z 过滤价值子网集（仅保留执行时间向量元素均小于 T_z 相应元素的价值子网集）。最后利用步骤 2 中的规则①、③与④重新计算可定制成本、可用性与可靠性的上下界。

③可用性定制：用户定制可用性 a_k 后，直接利用 a_k 过滤价值子网集，去除可用性向量中最小值低于 a_k 的价值子网集。而后使用步骤 2 中的规则①、②与④分别计算其余 QoS 属性值的上下界。

④可靠性定制：用户定制可靠性 r_k 后，直接利用 r_k 过滤价值子网集，去除可靠性向量中最小值低于 r_k 的价值子网集。而后使用步骤 2 中的规则①、②与③分别计算其余 QoS 属性值的上下界。

通过以上 3 个步骤，根据用户定制的产品服务配置选项，可以估计出实现用户定制产品服务配置选项的服务组合的可定制服务 QoS 上下界，供用户定制。同时，还可以进一步就计算可定制服务 QoS 属性值间的约束关系，用于实现用户定制服务 QoS 时的属性值联动，一方面保证服务 QoS 定制的有效性与一致性；另一方面确保定制的服务 QoS 属性值在价值子网集的能力范围之内。

图 8-14 是评估可定制服务 QoS 范围算法的伪代码。算法以定制的产品服务配置选项与服务历史记录为输入，输出可定制的服务 QoS 属性的上下界。

针对使用上述算法评估的可定制服务 QoS 上下界，从服务平台运营管理的角度，可通过一组修复参数 $q_r = (c_r, t_r, a_r, r_r)$ 矫正估计的可定制服务 QoS 的上下界，其中 c_r 可以根据本文评估方法的误差与从平台运营角度出发期望获得的服务利润额确定，t_r 可根据评估误差与平台平均服务延迟确定，其他两个修正参数可以根据评估方法误差确定。将修复后的可定制服务 QoS 上下界反馈给用户，支撑用户定制期望的服务 QoS 属性值向量 q_e 后。当用户确定 q_e 后，需求定制完成。

输入：历史记录 H，产品陪着选项集 F_s，有效时间 t

输出：q_u，q_d

1. SV←F_1（F_s）//获取定制的产品配置选项对应的价值子网集

2. for all sv in SV do

3. O_{single} = F_2（sv，t）//基于步骤 1 计算价值子网集 QoS 向量

4. O_{all} = F_3（O_{single}）//基于步骤 2 计算价值子网集对应服务组合的 QoS 指标

5. build q_u，q_d and calculate constraints//评估范围并基于步骤 3 计算 QoS 指标间约束关系

6. end for

7. return q_u，q_d

图 8-14　基于产品服务配置选项集的服务组合可定制 QoS 范围评估算法

8.3.4　面向定制需求的服务方案设计与优化方法

用户定制的个性化需求 $R_e = (F_S, q_e)$ 后，为了提供一组有效服务组合，首先需要设计一个包含服务组合结构与服务组合节点 QoS 约束的服务方案，然后针对服务方案进行服务组合优化[82]。服务方案是服务组合构建的基础，指可以完成某些任务的一组不同类型的服务节点构成的服务组合配置框架。一般情况下，可以利用已有服务方案进行服务组合优化。服务互联网环境下个性化定制服务模式不断追求极致地满足用户个性化需求，针对用户的个性特征与具体需求，利用服务池中的大量的不同类型的专业化、小微化的原子服务构建一组精细化的服务组合为用户提供服务。

针对服务方案模式进行服务组合优化，需要根据服务方案模式 QoS 属性与其他服务相关属性构建多目标优化函数为每个服务方案节点选择最优候选服务。

一个包含 n 个服务的服务组合可用 $X = (\mathrm{ms}_1, \mathrm{ms}_2, \cdots, \mathrm{ms}_n)$ 表示。该服务组合的全局 QoS 属性值向量 $\boldsymbol{q}_X = (c_X, t_X, a_X, r_X, s_X, e_X, p_X)$ 由其组成服务 ms_n 的 QoS 属性值 $q_n = (c_n, t_n, a_n, r_n, s_n, e_n, p_n)$ 计算而来。例如，$c_X = F_c(c_1, \cdots, c_n)$，$F_c$ 为成本计算函数，即服务组合的成本可由其组成服务的成本计算获得。服务间的交互逻辑一般包括顺序、并行、分支与循环，不同交互逻辑，QoS 属性值计算公式不同，具体计算公式可见表 8-2。例如，顺序结构成本、执行时间、响应时间与能耗取所有服务的属性值之和，而可用性、可靠性与企业声誉取所有服务属性值的最小值。

表 8-2　不同服务交互逻辑的 QoS 属性值计算公式

QoS 属性	顺序	并行	分支	循环
成本 (c)	$\sum_{i=1}^{k} c(\mathrm{ms}_i)$	$\sum_{i=1}^{k} c(\mathrm{ms}_i)$	$p_i \sum_{i=1}^{k} c(\mathrm{ms}_i)$	$k \sum_{i=1}^{k} c(\mathrm{ms}_i)$
执行时间 (t)	$\sum_{i=1}^{k} t(\mathrm{ms}_i)$	$\max t(\mathrm{ms}_i)$	$p_i \sum_{i=1}^{k} t(\mathrm{ms}_i)$	$k \sum_{i=1}^{k} t(\mathrm{ms}_i)$
可用性 (a)	$\min a(\mathrm{ms}_i)$	$\min a(\mathrm{ms}_i)$	$p_i \sum_{i=1}^{k} a(\mathrm{ms}_i)$	$\min a(\mathrm{ms}_i)$
可靠性 (r)	$\min r(\mathrm{ms}_i)$	$\min r(\mathrm{ms}_i)$	$p_i \sum_{i=1}^{k} r(\mathrm{ms}_i)$	$\min r(\mathrm{ms}_i)$
响应时间 (s)	$\sum_{i=1}^{k} s(\mathrm{ms}_{x}i)$	$\max\{s(\mathrm{ms}_i)\}$	$\sum_{i=1}^{k} p s(\mathrm{ms}_i)$	$l \sum_{i=1}^{k} s(\mathrm{ms}_i)$
能耗 (e)	$\sum_{i=1}^{k} e(\mathrm{ms}_i)$	$\sum_{i=1}^{k} e(\mathrm{ms}_i)$	$\sum_{i=1}^{k} p e(\mathrm{ms}_i)$	$l \sum_{i=1}^{k} e(\mathrm{ms}_i)$
企业声誉 (p)	$\min p(\mathrm{ms}_i)$	$\min p(\mathrm{ms}_i)$	$p_i \times \sum_{i=1}^{k} p(\mathrm{ms}_i)$	$\min p(\mathrm{ms}_i)$

服务的 QoS 属性类型一般分为两类,一类为属性值越大越好的属性,称为正向属性,如可靠性与可用性;另一类为属性值越小越好,称为负向属性,如成本与执行时间[83]。为了将服务组合优化多目标优化函数转换为单目标优化函数,需要标准化不同类的属性。对正向与负向 QoS 属性标准化的公式分别为

$$q_{nor+} = \frac{q - q_{min}}{q_{max} - q_{min}} \quad\quad\quad (8-30)$$

$$q_{nor-} = \frac{q_{max} - q}{q_{max} - q_{min}} \quad\quad\quad (8-31)$$

式中,q_{max} 与 q_{min} 分别为一组服务组合 QoS 属性值的最大值与最小值。通过上述公式,正向属性的属性值越大,标准化后的值也越大,而负向属性的属性值越小,其标准化后的值越大。因此,可构建服务组合的单目标函数为

$$\max f(X) = w_1 c_X + w_2 t_X + w_3 a_X + w_4 r_X + w_5 s_X + w_6 e_X + w_7 p_X$$

$$\text{s.t.} \quad q_X^- = F(q_1, \cdots, q_n) \leqslant Q_{max}$$

$$q_X^+ = F(q_1, \cdots, q_n) \geqslant Q_{min} \quad\quad\quad (8-32)$$

$$\sum_{i=1}^{7} w_i = 1$$

式中,w_i 为属性权值,Q_{max},Q_{min} 分别为负向属性 q_X^- 最大与正向属性 q_X^+ 最小的服务 QoS 属性约束。可以看出,为最大限度地满足同一分类簇的所有服务方案,以服务方案模式的 q_s^* 约束中最小成本 c_{min}、最小时间 t_{min}、最大可用性 a_{max} 与最大可靠性 r_{max} 为约束执行服务组合优化,最优解可满足全部的服务方案。同时,非最优解也可能满足某些服务方案,提高服务方案的处理效率。

需根据服务方案模式的每个服务节点 s_i 的 QoS 约束 q_i^n 过滤候选服务,构建候选服务集。由于存在独占型、并发共享型与分时复用型服务,需要针对不同服务的类型进行预处理。独占型服务在同一时刻仅能为一个需求服务,仅以单一服务的形式出现在候选服务集中;并发共享型服务在同一时刻可为多个需求提供服务,将此类服务复制其最大并发数个服务加入服务候选集中;针对分时复用型服务,复制 $k = T_c/t$ 个服务加入服务候选集中,其中 T_c 为所属服务组合结构节点的时间约束值,t 为服务的一次平均执行时间,此外,由于服

务为分时复用型，还需修正复制的服务执行时间为 $t_r=kt$，其中 k 为服务序号。

服务平台的海量候选服务严重影响了智能优化算法的求解效率，严重时将会使服务平台崩溃。

8.3.5　案例分析

以海尔 COSMplat 制造服务平台中冰箱产品为例，利用图 8-11 遍历历史服务记录发现可定制产品服务配置选项，表 8-3 是部分可定制产品服务配置选项对应的价值子网简例。

表 8-3　部分可定制产品服务配置选项

类别	产品配置	可定制选项	价值子网
产品	容积	225 升	$SVN_1^{1,1}$, $SVN_2^{1,1}$
		206 升	$SVN_1^{1,2}$, $SVN_2^{1,2}$, $SVN_3^{1,2}$
	调温方式	手动	$SVN_1^{2,1}$, $SVN_2^{2,1}$, $SVN_3^{2,1}$
		电脑智能控温	$SVN_1^{2,2}$, $SVN_2^{2,2}$
	箱门材质	彩晶	$SVN_1^{3,1}$, $SVN_2^{3,1}$
		彩膜	$SVN_1^{3,2}$, $SVN_2^{3,2}$
	喷漆图案	丁香花	$SVN_1^{4,1}$, $SVN_2^{4,1}$
		水波荡漾	$SVN_1^{4,2}$, $SVN_2^{4,2}$
服务	最后一公里配送	送货上门	$SVN_1^{5,1}$, $SVN_2^{5,1}$
		自提点自提	$SVN_s^{5,2}$, $SVN_s^{5,2}$
	安装方式	自行安装	$SVN_1^{6,1}$, $SVN_2^{6,1}$, $SVN_3^{6,1}$
		专业安装	$SVN_1^{6,2}$, $SVN_2^{6,2}$
		一站式安装	$SVN_1^{6,3}$, $SVN_2^{6,3}$

冰箱可定制的产品服务配置一般包括冰箱容积、调温方式、箱门材质、喷漆图案、"最后一公里"配送与安装等（冰箱的长宽高、除菌方式、制冷方式与管控模式也均可定制）。每个产品服务配置均有多个可定制的选项，如冰箱容积有 225 升与 206 升。而每个产品服务配置选项可由至少一个价值子网实现。

以表 8-3 为例，遍历配置选项 225 升的价值子网集合中的服务参与者，发现每个选项的可用价值子网。如果该选项中的所有价值子网均不可用，则选项"容积 225 升"不可定制。如果容积下的所有选项均无可用价值子网，则冰箱的容积不可定制。通过遍历全部配置选项的价值子网集合，根据可用的价值子网发现可定制的配置选项集合。图 8-15 是可定制配置选项间约束关系的案例。

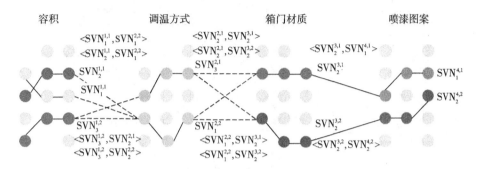

图 8-15　基于可用价值子网的可定制产品服务配置选项间约束案例

图 8-14 中"容积"配置下有 3 个可用价值子网，可定制的容积为 225 升与 206 升。相似地，可定制的调温方式为"手动"与"电脑智能控温"。但由于存在 $(\mathrm{SVN}_1^{1,1}, \mathrm{SVN}_1^{2,2})$ 与 $(\mathrm{SVN}_2^{1,1}, \mathrm{SVN}_1^{2,2})$ 的关联关系，当用户定制冰箱容积为 225 升时，在调温方式只能定制"电脑智能控温"选项。同样地，当用户选择箱门材质为彩晶时，喷漆图案只能选择丁香花，而选择彩膜材质时，可喷漆图案为"水波荡漾"。

假设用户定制的一组配置选项为 $F_S =$（225 升，电脑智能控温，彩晶，丁香花）。由于 225 升选项下有两个可用的价值子网，则实现该组配置选项的价值子网集分别为 $\mathrm{SVN}_2^{1,1}$、$\mathrm{SVN}_1^{2,2}$、$\mathrm{SVN}_2^{3,1}$、$\mathrm{SVN}_1^{4,1}$ 与 $\mathrm{SVN}_1^{1,1}$、$\mathrm{SVN}_1^{2,2}$、$\mathrm{SVN}_2^{3,1}$、$\mathrm{SVN}_1^{4,1}$。该组产品服务配置选项的服务组合的可定制 QoS 范围、QoS 属性值之间的约束关系均由上述两个价值网子网集的 QoS 值决定（如价格低于 2000 元，服务持续时间大于 20 天等 QoS 属性值间的约束）。通过图 8-14 算法可进行 QoS 上下界的识别。例如，基于上述 2 个价值子网集的 QoS 上下界分别为（1899, 30, 0.7, 0.7）与（1999, 27, 0.8, 0.8），最后用户选择 $q_e =$（1999, 27, 0.8, 0.8）作为产品的 QoS，至此用户需求 R_e 定制完成。

针对用户定制的需求 R_e，系统可以复用已有服务方案，方案如图 8-16 所示。

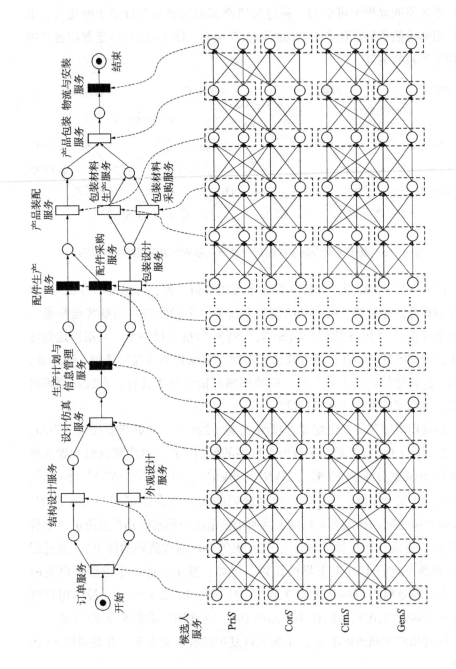

图 8-16　产品制造服务组合结构

其中，变迁代表服务任务（黑色变迁表示同类型的并行服务任务），该服务的业务流程共有 72 个服务任务（黑色服务任务表示多个同类服务任务的集合），每个服务任务平均拥有 58 个候选服务，在一段时间内平均的服务能力数为 156。在每个任务的服务候选集的服务 QoS 指标内，为每个服务任务随机构建 20 个候选服务作为不包含在服务历史方案中的新服务。基于服务方案与需求 R_e，目标函数中的权值设置为 $w_1 = w_2 = 0.3$，$w_3 = w_4 = 0.2$，最后利用遗传算法进行求解，获得一组服务完成用户定制的需求。此时，基于产品服务配置的、面向个性化定制需求的动态价值网/链优化完成。

8.4　考虑服务价值水平的产品服务供应链收益及其契约协调方法

8.4.1　引言

现代信息技术作为使能手段正在驱动传统以产品为中心的企业加速向多元化的服务性制造方向发展。如今的消费者要找到一种既不含服务活动也没有植入任何服务的产品已非常困难。服务和产品如影随形，服务以各种形态融入到了产品全生命周期的各个环节。例如，传统的汽车产业采用经销商模式，制造和服务提供相对独立，汽车销售和售后服务由经销商承担，整车厂仅赚取制造环节的利润。特斯拉从 2003 年横空出世至今，正在颠覆传统汽车行业。与传统整车厂不同，它构建了完整封闭的汽车生态系统，包括电池工厂、整车工厂、直营店、服务中心、超级充电站、二手车，以及无人驾驶租赁服务等；汽车销售完成后，车主通过后续的服务获取仍将持续为特斯拉贡献利润，如联网/云服务、软件升级、维修服务、超级充电站、二手车认证、无人驾驶租赁等。据不完全估计，特斯拉的汽车全生命周期价值量可能达到制造环节的 3~4 倍。

从特斯拉问世至今，其基本目标从来不是仅靠提供运输载重功能汽车产品赚取利润，而是从拓宽服务领域、提高服务水平等方面来提升企业价值。传统以产品为中心的工业链已转变为以核心服务产品为中心以及拓展服务的价值增值链。

基于上述考虑，本节将研究构建考虑制造商、服务商产品服务价值水平的产品服务供应链的收益独立决策、联合决策等基本模型，并讨论产品服务供应链各参与企业在进行不同服务投入（对于用户来说代表不同的产品服务价值水平）对于供应链整体以及各节点企业收益或价格的影响。

8.4.2　相关概念

定义 8-1　制造商产品服务价值水平：制造商根据市场需求在基本产品及其基本配套基础上进行的服务投入水平。

定义 8-2　服务商产品服务价值水平：服务商在与制造商建立合作关系的基础上，以市场需求为导向，结合产品基本特性，在其衍生服务方面进行的服务投入水平。例如，京东平台销售电脑的主页面会在厂家提供的整机、配套服务基础上提供附加的屏幕保险、延长保修期等服务。

定义 8-3　消费者市场需求量：在某一时期、一定的产品服务交易价格和价值水平条件下，愿意购买某产品服务的消费者总数。

定义 8-4　消费者市场容量：在某一时期，不考虑产品服务交易价格和价值水平等因素的前提下，愿意购买某产品服务的消费者总数。通常消费者市场容量大于消费者市场需求量。

定义 8-5　制造商服务投入成本：指制造商在基本产品成本投入基础上，为提高产品服务水平而额外付出的成本投入。

定义 8-6　服务商服务投入成本：指服务商基本服务投入成本基础上，为提高产品衍生服务水平而额外付出的成本投入。

定义 8-7　独立决策：制造商和服务商是独立决策的主体，双方从自身获取到的市场发展信息以及企业发展战略做出符合自身核心价值追求的决策，实现自身收益最优。

定义 8-8　联合决策：制造商和服务商作为一个整体进行决策，链上所有决策者以整个产品服务供应链的收益最大化作为决策目标。

定义 8-9　收益共享契约[84]：制造商为巩固与服务商之间的高水平合作，同时为提高双方合作获取的收益，减少市场波动带来的不必要收益损失。前者将以一个较低的交易价格将产品与基本服务提供给后者，而后者则将销售给消费者获取的收益所得的一定比例支付给前者，此处的比例系数由双方共同协商决定。

8.4.3　问题描述与符号说明

假设本节研究对象是由单一制造商、单一服务商、消费者市场组成的三级产品服务供应链（Product Service Supply Chain，PSSC），制造商在整个供应链中通过提供自身生产的基本产品和基本配套服务给服务商和用户，服务商在产品制造商提供的产品服务基础上提供相关衍生服务，并将产品服务系统提供给消费者。本节主要研究制造商和服务商的产品服务价值水平在一定的契约协调机制和决策机制条件下对整个供应链产生影响，并建立相关的决策模型和协调模型。该研究的自变量为制造商与服务商双方的产品服务价值水平；因变量为消费者市场需求量，服务商与市场消费者之间的交易价格和双方收益；定常变量为服务商产品服务价值水平影响系数，服务商投入成本系数，制造商产品服务价值水平影响系数，制造商投入成本系数等。

研究用到的具体符号说明见表8-4。

针对本节研究问题，做出如下假设：

①在三级产品服务供应链中，制造商通过在产品+基本配套服务的质量方面做出投入，服务商通过在衍生服务方面做出投入，由双方共同为产品服务需求方即消费者提供产品+服务。

②假设链上制造商、服务商均具有风险中性特性且完全理性，制造商的生产能力足够大，服务商的服务能力同样足够大。

③产品服务供应链上制造商和服务商之间信息对称，且双方以实现收益最大化为目标。

④D_0是指在当前产品服务供应链上制造商、服务商产品服务价值水平前提下，当前市场的基准值（市场的刚性需求和潜在需求的总和）。随着链上节点企业合作模式以及产品服务水平的增减，交易价格也相应的变化，会导致各种情形下的市场需求有所变化。

⑤制造商与服务商在提高产品服务价值水平的同时需要付出一定的成本，参考文献［85］，基于表8-4可得到服务商的投入成本函数为 $c_r = \dfrac{1}{2}\mu q_r^{\,2}$，制造商的投入成本函数为 $c_m = \dfrac{1}{2}\varphi q_m^{\,2}$。

表 8-4 符号说明表

符号	说明
D	表示消费者市场的总需求，$D=D_0+\varepsilon$，表示随机误差项 ε 的期望为 0，方差为 δ^2
π_r^1，π_r^2，π_r^S	分别代表在独立决策、联合决策服务商的收益
π_m^1，π_m^2，π_m^S	分别代表在独立决策、联合决策下制造商的收益
π_{TC}，π_{TC}^S	代表联合决策下整个供应链的收益
D^1，D^2，D^S	分别代表在独立决策、联合决策下的消费者市场需求量
p^1，p^2，p^S	分别代表在独立决策、联合决策下服务商与消费者的交易价格
ω^1，ω^2	分别代表在独立、联合决策下制造商与服务商之间的交易价格
α	消费者产品服务需求受服务商交易价格影响系数
β	消费者产品服务需求受制造商产品服务价值水平的影响系数
γ	消费者产品服务需求受服务商产品服务价值水平的影响系数
q_m^1，q_m^2，q_m^S	分别代表在独立决策、联合决策下的制造商产品服务价值水平
q_r^1，q_r^2，q_r^S	分别代表在独立决策、联合决策下的服务商产品服务价值水平
c_r	服务商的基本单位成本
c_m	制造商的基本单位成本
η_1	收益共享契约下服务商保留其收益的比例，$0<\eta_1<1$
μ	服务商的额外投入的成本系数
φ	制造商的额外投入的成本系数

注：上标 1 表示在独立决策模式下的最优值；上标 2 表示在联合决策模式下的最优值；上标为 S 的变量为经过收益共享契约协调后的最优值。

8.4.4 考虑产品服务价值水平的 PSSC 收益基本决策模型

构建产品服务价值水平的 PSSC 基本决策模型，研究两者在独立决策和联合决策两种模式下双方的最优定价策略和整个产品服务供应链的总收益，并对两种模式下服务商与制造商、消费者之间最优交易价格、市场需求量、决策双方产品服务价值水平、收益进行对比分析。

（1）考虑产品服务价值水平的 **PSSC** 收益独立决策模型

独立决策模式下决策过程为制造商首先确定与服务商的交易价格和自身产品服务价值水平，告知服务商。服务商在获取制造商信息和自身观测市场的基础上，确定与消费者之间的交易价格和自身产品服务价值水平。

基于以上问题描述及基本假设，可得消费者需求函数[86] 为

$$D = D_0 - \alpha p + \beta q_r + \gamma q_m \qquad (8-33)$$

其中，$D_0 - \alpha p > 0$，即在制造商和服务商的产品服务价值水平为 0 时，存在基本市场需求。

根据以上分析，可得服务商的期望收益函数为

$$E(\pi_r^1) = (p - \omega - c_r)D - \frac{1}{2}\mu q_r^2 \qquad (8-34)$$

制造商的期望收益函数为

$$E(\pi_m^1) = (\omega - c_m)D - \frac{1}{2}\varphi q_m^2 \qquad (8-35)$$

将式（8-33）代入式（8-34）和式（8-35）中，可得服务商、制造商收益函数为

$$E(\pi_r^1) = (p - \omega - c_r)(D_0 - \alpha p + \beta q_r + \gamma q_m) - \frac{1}{2}\mu q_m^2 \quad (8-36)$$

$$E(\pi_m^1) = (\omega - c_m)(D_0 - \alpha p + \beta q_m) - \frac{1}{2}\varphi q_m^2 \qquad (8-37)$$

采用逆向求解法，可得服务商与消费者之间交易价格、服务商产品服务价值水平的最优决策(p, q_r)，服务商期望收益 $E(\pi_r^1)$ 的 Hessian 矩阵 $\boldsymbol{H}_1$：

$$\boldsymbol{H}_1 = \begin{bmatrix} \dfrac{\partial^2 E(\pi_r^1)}{\partial p^2} & \dfrac{\partial^2 E(\pi_r^1)}{\partial p \partial q_r} \\ \dfrac{\partial^2 E(\pi_r^1)}{\partial q_r \partial p} & \dfrac{\partial^2 E(\pi_r^1)}{\partial q_r^2} \end{bmatrix} = \begin{bmatrix} -2\alpha & \beta \\ \beta & -\mu \end{bmatrix} \qquad (8-38)$$

当矩阵 $\boldsymbol{H}_1$ 负定时，说明式（8-36）存在最优决策解，即有$-2\alpha < 0$，$-\mu < 0$，$\beta > 0$，$|\boldsymbol{H}_1| = 2\alpha\mu - \beta^2$，当 $\beta^2/2\alpha < \mu$ 时，存在 $|\boldsymbol{H}_1| = 2\alpha\mu - \beta^2 > 0$，$\boldsymbol{H}_1$ 负定，可求得服务商的最优交易价格和产品服务价值水平。

分别求出 $E(\pi_r^1)$ 对 p 和 q_r 的一阶导数并令其等于 0，可得

$$\frac{\partial E(\pi_r^1)}{\partial p} = D_0 - 2\alpha p + \beta q_r + \gamma q_m + \alpha\omega + \alpha c_r = 0 \qquad (8-39)$$

$$\frac{\partial E(\pi_r^1)}{\partial q_r} = (p - \omega - c_r)\beta - \mu qr = 0 \qquad (8-40)$$

联立以上两式，可得

$$q_r = \frac{\beta D_0 + \beta\gamma q_m - \alpha\beta(\omega + c_r)}{2\alpha\mu - \beta^2} \qquad (8-41)$$

$$p = \frac{\mu(D + \gamma q_m + \alpha\omega + \alpha c_r) - \beta^2(\omega + c_r)}{2\alpha\mu - \beta^2} \qquad (8-42)$$

令 $k = \mu/(2\alpha\mu - \beta^2)$，则供应链上服务商的期望收益 $E(\pi_r^1)$ 和期望市场需求量 D 为

$$E(\pi_r^1)(\omega, q_m) = \frac{k}{2}(D_0 + \gamma q_m - \alpha\omega - \alpha c_r)^2 \qquad (8-43)$$

$$D(\omega, q_m) = \alpha(D_0 + \gamma q_m - \alpha\omega - \alpha c_r) \qquad (8-44)$$

将式（8-40）、式（8-41）代入式（8-37）中，可以得到链上制造商的期望收益：

$$E(\pi_m) = (\omega - c_m)k\alpha(D_0 + \gamma q_m - \alpha\omega - \alpha c_r) - \frac{1}{2}\varphi q_m^2 \qquad (8-45)$$

则制造商期望收益 $E(\pi_r^1)(\omega, q_m)$ Hessian 矩阵 $\boldsymbol{H_2}$：

$$\boldsymbol{H_2} = \begin{bmatrix} \dfrac{\partial^2 E(\pi_m^1)}{\partial \omega^2} & \dfrac{\partial^2 E(\pi_m^1)}{\partial \omega \partial q_m} \\ \dfrac{\partial^2 E(\pi_m^1)}{\partial q_m \partial \omega} & \dfrac{\partial^2 E(\pi_m^1)}{\partial q_m^2} \end{bmatrix} = \begin{bmatrix} -2k\alpha^2 & \alpha k\gamma \\ \alpha k\gamma & -\varphi \end{bmatrix} \qquad (8-46)$$

当 $\beta^2/2\alpha < 0$ 时，$k > 0$，有 $-2k\alpha^2 < 0$，$-\varphi < 0$，$k\alpha\gamma > 0$。存在 $|\boldsymbol{H_2}| = k\alpha^2$ $(2\varphi - k\gamma^2)$，当 $\varphi > k\gamma^2/2$ 时，$|\boldsymbol{H_2}| > 0$，$|\boldsymbol{H_2}|$ 负定。此时可求得制造商的最优策略。

分别求出 $E(\pi_m^1)$ 对 ω 和 q_m 的一阶导数并令其等于 0，可得

$$q_m^1 = \frac{k\gamma(D_0 - \alpha c_r - \alpha c)}{2\varphi - k\gamma^2} \qquad (8-47)$$

$$\omega^1 = \frac{\varphi(D_0 - \alpha c_r - \alpha c_m)}{\alpha(2\varphi - k\gamma^2)} + c_m \qquad (8-48)$$

$$q_r^1 = \frac{k\beta\gamma(D_0 - \alpha c_r - \alpha c_m)}{\mu(2\varphi - k\gamma^2)} \qquad (8-49)$$

$$p^1 = \frac{(k\alpha + 1)\varphi(D_0 - \alpha c_r - \alpha c_m)}{\alpha(2\varphi - k\gamma^2)} + c_m + c_r \qquad (8-50)$$

结论1：在独立决策下的产品服务供应链中，存在唯一的均衡解 $(q_m^1,$ $\omega, q_r^1, p^1)$。

将以上诸式代入式（8-33）可得此时的市场需求为

$$D^1 = \frac{k\alpha\varphi(D_0 - \alpha c_r - \alpha c_m)}{2\varphi - k\gamma^2} \qquad (8-51)$$

同理，可得在独立决策模式下，制造商、服务商的期望收益：

$$E(\pi_r^1) = \frac{k\varphi^2(D^1 + \gamma q_m^1 - \alpha c_r - \alpha c_m)^2}{2(2\varphi - k\gamma^2)^2} \qquad (8-52)$$

$$E(\pi_m^1) = \frac{k\varphi(D^1 + \gamma q_m^1 - \alpha c_r - \alpha c_m)^2}{2(2\varphi - k\gamma^2)^2} \qquad (8-53)$$

进而，可得独立决策下产品服务供应链的最优总收益为

$$E(\pi_T^1) = E(\pi_r^1) + E(\pi_m^1) = \frac{\varphi k(3\varphi - k\gamma^2)(D^1 - \alpha c_r - \alpha c_m)^2}{2(2\varphi - k\gamma^2)^2} \qquad (8-54)$$

（2）考虑产品服务价值水平的 PSSC 收益联合决策模型

在联合决策模式下，制造商和服务商作为一个整体进行决策，决策变量包括制造商产品服务价值水平、服务商产品服务价值水平以及服务商与消费者之间的交易价格等，在供应链整体收益函数中融入上述决策变量，可得到联合决策模式下整个供应链的收益。

此时，产品服务供应链的期望需求函数可以表示为

$$D^2 = D_0 - \alpha p + \beta q_r + \gamma q_m \qquad (8-55)$$

整个产品服务供应链上的期望收益函数为

$$E(\pi_{TC}^2) = (p - c_r - c_m)D^2 - \frac{1}{2}\mu q_r^2 - \frac{1}{2}\varphi q_m^2 \qquad (8-56)$$

针对式（8-54）分别求 $E(\pi_{TC}^2)$ 对 p，q_r，q_m 的二阶偏导数，可得产品服务供应链的总期望收益函数的 Hessian 矩阵 $\boldsymbol{H}_3$：

$$\boldsymbol{H}_3 = \begin{bmatrix} \dfrac{\partial^2 E(\pi_{TC}^2)}{\partial p^2} & \dfrac{\partial^2 E(\pi_{TC}^2)}{\partial p \partial q_r} & \dfrac{\partial^2 E(\pi_{TC}^2)}{\partial p \partial q_m} \\[2mm] \dfrac{\partial^2 E(\pi_{TC}^2)}{\partial q_r \partial p} & \dfrac{\partial^2 E(\pi_{TC}^2)}{\partial q_r^2} & \dfrac{\partial^2 E(\pi_{TC}^2)}{\partial q_r \partial q_m} \\[2mm] \dfrac{\partial^2 E(\pi_{TC}^2)}{\partial q_m \partial p} & \dfrac{\partial^2 E(\pi_{TC}^2)}{\partial q_m \partial q_r} & \dfrac{\partial^2 E(\pi_{TC}^2)}{\partial q_m^2} \end{bmatrix} = \begin{bmatrix} -2\alpha & \beta & \gamma \\ \beta & -\mu & 0 \\ -\varphi & 0 & -\varphi \end{bmatrix} \qquad (8-57)$$

当 $\beta^2/2\alpha < \mu$ 时，有 $|\boldsymbol{H}_3| = \mu\gamma^2 - \varphi(2\alpha - \beta^2)$，当满足 $2\mu\alpha - \beta^2 > 0$ 和 $\varphi > k\gamma^2$，有 $|\boldsymbol{H}_3| < 0$，$\boldsymbol{H}_3$ 负定，此时可求得产品服务供应链的唯一最优决策。

分别求出 $E(\pi_{TC}^2)$ 对 p，q_r，q_m 的一阶偏导数并令其等于0，可得

$$\frac{\partial E(\pi_{TC}^2)}{\partial p} = D_0 - 2\alpha p + \beta q_r + \gamma q_m + \alpha c_r + \alpha c_m = 0 \qquad (8-58)$$

$$\frac{\partial E(\pi_{TC}^2)}{\partial q_r} = \beta(p - c_r - c_m) - \mu q_r = 0 \qquad (8-59)$$

$$\frac{\partial E(\pi_{TC}^2)}{\partial q_m} = \gamma(p - c_r - c_m) - \varphi q_m = 0 \qquad (8-60)$$

联立以上三式，可得

$$p^2 = \frac{k\varphi(D_0 - \alpha c_r - \alpha c_m)}{\varphi - k\gamma^2} + c_r + c_m \qquad (8-61)$$

$$q_r^2 = \frac{k\varphi\beta(D_0 - \alpha c_r - \alpha c_m)}{\mu(\varphi - k\gamma^2)} \qquad (8-62)$$

$$q_m^2 = \frac{k\gamma(D_0 - \alpha c_r - \alpha c_m)}{\varphi - k\gamma^2} \qquad (8-63)$$

将以上三式代入式（8-52）可得，市场需求为

$$D^2 = \frac{k\alpha\varphi(D_0 - \alpha c_r - \alpha c_m)}{\varphi - k\gamma^2} \qquad (8-64)$$

将以上四式代入式（8-55）可得

$$E(\pi_{TC}^2) = \frac{k\varphi(D_0 - \alpha c_r - \alpha c_m)^2}{2(\varphi - k\gamma^2)} \qquad (8-65)$$

（3）两种基本决策模式的结果对比

通过对产品服务供应链中制造商和服务商的产品服务价值水平与决策分析，分别得出独立决策和联合决策两种模式下双方的产品服务价值水平、消费者与制造商、服务商之间交易价格、市场需求量和整个产品服务供应链的收益等。

由表8-5可得以下结论。

结论2：在独立决策和联合决策两种模式下，后者的制造商和服务商产品服务价值水平较高。

证明：若这两种决策模式下最优唯一决策存在，需要保证 $\varphi > k\gamma^2$，则不同决策模型下制造商和服务商产品服务价值水平的差值分别为

$$\Delta(q_r^2 - q_r^1) = \frac{k\varphi\beta(D_0 - \alpha c_r - \alpha c_m)}{\mu(\varphi - k\gamma^2)} - \frac{k\varphi\beta(D_0 - \alpha c_r - \alpha c_m)}{\mu(2\varphi - k\gamma^2)} > 0$$

$$\qquad (8-66)$$

$$\Delta(q_m^2 - q_m^1) = \frac{k\gamma(D_0 - \alpha c_r - \alpha c_m)}{\varphi - k\gamma^2} - \frac{k\gamma(D_0 - \alpha c_r - \alpha c_m)}{2\varphi - k\gamma^2} > 0$$

$$\qquad (8-67)$$

$q_r^2 > q_r^1, q_m^2 > q_m^1$，证毕。

表8-5　不同决策模式下的结果对比

对比内容	表达式
制造商与服务商的交易价格	$\dfrac{(k\alpha+1)\ \varphi\ (D_0 - \alpha c_r - \alpha c_m)}{\alpha\ (2\varphi - k\gamma^2)} + c_m + c_r$ $\dfrac{k\varphi\ (D_0 - \alpha c_r - \alpha c_m)}{(\varphi - k\gamma^2)} + c_r + c_m$
产品服务供应链整体收益	$\dfrac{\varphi k\ (3\varphi - k\gamma^2)\ (D_0 - \alpha c_r - \alpha c_m)^2}{2\ (2\varphi - k\gamma^2)^2}$ $\dfrac{k\varphi\ (D_0 - \alpha c_r - \alpha c_m)^2}{2\ (\varphi - k\gamma^2)}$

对比内容	表达式
市场需求	$$\dfrac{k\alpha\varphi\ (D_0-\alpha c_r-\alpha c_m)}{2\varphi-k\gamma^2}$$ $$\dfrac{k\alpha\varphi\ (D_0-\alpha c_r-\alpha c_m)}{\varphi-k\gamma^2}$$
服务商产品服务价值水平	$$\dfrac{k\beta\varphi\ (D_0-\alpha c_r-\alpha c_m)}{\mu\ (2\varphi-k\gamma^2)}$$ $$\dfrac{k\varphi\beta\ (D_0-\alpha c_r-\alpha c_m)}{\mu\ (\varphi-k\gamma^2)}$$
制造商产品服务价值水平	$$\dfrac{k\gamma\ (D_0-\alpha c_r-\alpha c_m)}{2\varphi-k\gamma^2}$$ $$\dfrac{k\gamma\ (D_0-\alpha c_r-\alpha c_m)}{\varphi-k\gamma^2}$$

结论 3：在独立决策和联合决策两种模式下，后者服务商与消费者之间的交易价格较高。

证明如下：

$$p^2 - p^1 = \frac{k\varphi(D_0 - \alpha c_r - \alpha c_m)}{\varphi - k\gamma^2} - \frac{(k\alpha + 1)\varphi(D_0 - \alpha c_r - \alpha c_m)}{\alpha(2\varphi - k\gamma^2)} > 0$$

$$(8-68)$$

$p^2 > p^1$，证毕。

结论 4：独立决策模式下的市场需求小于联合决策模式，并且当制造商投入成本趋近于无穷大的时候，两者的市场需求之比趋近于 1/2。

证明如下：

$$\lim_{\varphi\to\infty}\frac{D^1}{D^2} = \lim_{\varphi\to\infty}\frac{\varphi - k\gamma^2}{2\varphi - k\gamma^2} = \frac{1}{2} < 1 \qquad (8-69)$$

证毕。

结论 5：独立决策模式下的产品服务供应链的整体收益小于联合决策模式，并且当制造商投入成本趋近于无穷大的时候，两者的整体收益之比趋近于 3/4。

证明如下：

$$\lim_{\varphi\to\infty}\frac{E(\pi_T)}{E(T_{TC})} = \lim_{\varphi\to\infty}\frac{(3\varphi - k\gamma^2)(\varphi - k\gamma^2)}{(2\varphi - k\gamma^2)^2} = \frac{3}{4} < 1 \qquad (8-70)$$

证毕。

8.4.5　考虑产品服务价值水平的 PSSC 收益共享契约协调模型

通过对独立决策下的产品服务价值水平与联合决策下的产品服务价值水平进行大小比较，得出独立决策下的制造商和服务商的产品服务价值水平均小于联合决策模式下的产品服务价值水平，并且当制造商投入成本趋近于无穷大的时候，两者的市场需求量的比值趋近于 1/2，两者的产品服务供应链上整体收益的比值趋近于 3/4。其中，联合决策是依靠链上节点企业之间的一种不可靠的关系维系的结果，但是在完全市场环境下，这种关系一般并不十分牢靠，由此引出了新的问题：在完全竞争市场环境下，如何实现独立决策模式下 PSSC 收益水平达到联合决策模式下的收益水平？

基于上述表述以及现有文献的分析，尤其是考虑到契约协调在传统产品供应链等方面的优越性[87-88]，下面采用收益共享契约对 PSSC 进行协调。

（1）PSSC 收益共享契约模型的构建

本部分基于独立决策模式下的产品服务供应链，研究制造商、服务商产品服务价值水平的定价及收益分配等问题，并采用收益共享契约来实现协调。结合本书的研究对象及研究背景，本书的收益共享契约具体内容是制造商与服务商之间制定一个交易价格（即制造商收益的一部分来源是服务商确定与消费者交易价格后获取收益的按比例返还）。此时下游位置的服务商，将自身与消费者之间的交易收益按照事前协商的一定比例（$1-\eta_1$）返还给制造商，以此来弥补制造商的损失，此处，共同协商确定的一个目标是确保双方经过契约协调后各方收益水平均高于独立决策模式，同时保证产品服务供应链上决策双方愿意执行此契约。

基于上述内容，本研究问题描述如下：产品服务供应链上的制造商、服务商根据了解到的市场需求 D^s，首先确定双方的产品服务价值水平（q_r^s, q_m^s），然后确定双方各自的交易价格 p^s，ω^c，再根据收益共享契约决定收益分配系数 η_1，其中 $0<\eta_1<1$。因此，采用此契约进行协调后，契约可表述为（ω^s, η_1）。

消费市场需求函数可以表示为

$$D^s = D_0 - \alpha p + \beta q_r + \gamma q_m \tag{8-71}$$

式中，$D_0-\alpha p>0$，即在双方产品服务价值水平为 0 时，存在基本市场需求。协调契约下服务商的期望收益函数为

245

$$E(\pi_r^S) = \eta_1 \left[(p - \omega - c_r)(D_0 - \alpha p + \beta q_r + \gamma q_m) - \frac{1}{2}\mu q_r^2 \right] \quad (8-72)$$

协调契约下制造商的期望收益函数为

$$E(\pi_m^S) = (1 - \eta_1)\left[(p - \omega - c_r)(D_0 - \alpha p + \beta q_r + \gamma q_m) - \frac{1}{2}\mu q_r^2 \right] + (\omega - c_m)(D_0 - \alpha p + \beta q_r + \gamma q_m) - \frac{1}{2}\varphi q_m^2 \quad (8-73)$$

（2）PSSC 收益共享契约模型的求解与分析

利用逆向求解法可得服务商的最优决策 (p^S, q^S)，服务商期望收益 $E(\pi_r^S)$ 的 Hessian 矩阵 $\boldsymbol{H}_4$：

当矩阵 $\boldsymbol{H}_4$ 负定时，可得，式（8-72）存在最优决策，即有 $-2\alpha\eta_1 < 0$，$-\eta_1\mu < 0$，$\beta\eta_1 > 0$，$|\boldsymbol{H}_4| = \eta_1^2(2\alpha\mu - \beta^2)$，当 $\beta^2/2\alpha < \mu$ 时，存在 $|\boldsymbol{H}_4| = \eta_1^2(2\alpha\mu - \beta^2) > 0$，$\boldsymbol{H}_4$ 负定，此时，可求得服务商的最优交易价格和产品服务价值水平。

$$\boldsymbol{H}_4 = \begin{bmatrix} \dfrac{\partial^2 E(\pi_r^S)}{\partial p^2} & \dfrac{\partial^2 E(\pi_r^S)}{\partial p \partial q_r} \\ \dfrac{\partial E(\pi_r^S)}{\partial q_r \partial p} & \dfrac{\partial E(\pi_r^S)}{\partial q_r^2} \end{bmatrix} = \begin{bmatrix} -2\alpha\eta_1 & \beta\eta_1 \\ \beta\eta_1 & -\eta_1\mu \end{bmatrix} \quad (8-74)$$

分别求 $E(\pi_r^S)$ 对 p 和 q_r 的一阶偏导数并令其等于 0 可得

$$\frac{\partial E(\pi_r^S)}{\partial p} = \eta_1 D_0 - 2\eta_1\alpha p + \eta_1\beta q_r + \eta_1\gamma q_m + \eta_1\alpha\omega + \eta_1\alpha c_r = 0$$
$$(8-75)$$

$$\frac{\partial E(\pi_r^S)}{\partial p_r} = \eta_1\beta p - \eta_1\beta\omega - \eta_1\beta c_r + \eta_1\mu q_r = 0 \quad (8-76)$$

联立式（8-75）和式（8-76）可得

$$q_r^S = \frac{\beta D_0 + \beta\gamma q_m - \alpha\beta(\omega + c_r)}{2\alpha\mu - \beta^2} \quad (8-77)$$

$$p^s = \frac{\mu(D_0 + \gamma q_m + \alpha\omega + \alpha c_r) - \beta^2(\omega + c_r)}{2\alpha\mu - \beta^2} \qquad (8-78)$$

将以上两式代入式（8-72）和式（8-73）中，可得

$$D^s(\omega^s, q_m^s) = \alpha k(D + \gamma q_m - \alpha\omega - \alpha c_r) \qquad (8-79)$$

$$E(\pi_m^s)(\omega^s, q_m^s) = \frac{\lambda k(D + \gamma q_m - \alpha\omega - \alpha c_r)^2}{2} \qquad (8-80)$$

$$E(\pi_{TC}^S) = E(\pi_r^S) + E(\pi_m^S) = (p - \omega - c_r)(D_0 - \alpha p + \beta q_r +$$

$$\gamma q_m) - \frac{1}{2}\mu q_r^2 + (\omega - c_m)(D_0 - \alpha p + \beta q_r + \gamma q_m) - \frac{1}{2}\varphi q_m^2 \qquad (8-81)$$

将独立决策模式下产品服务供应链上整体收益等于联合决策下的整体收益，通过该方法可以使得独立决策和联合决策双方最优决策行为保持一致。进一步地，令 $E(\pi_S^{TC}) = E(\pi_{TC})$ ，对 $E(\pi_{TC}^S)$ 求 p、q_r 和 q_m 的偏导数，可得

$$p^s = p^2 = \frac{k\varphi(D_0 - \alpha c_r - \alpha c_m)}{\varphi - k\gamma^2} + c_r + c_m \qquad (8-82)$$

$$q_r^s = q_r^2 = \frac{k\varphi\beta(D_0 - \alpha c_r - \alpha c_m)}{\mu(\varphi - k\gamma^2)} \qquad (8-83)$$

$$q_m^s = q_m^2 = \frac{k\gamma(D_0 - \alpha c_r - \alpha c_m)}{\varphi - k\gamma^2} \qquad (8-84)$$

结论 6：在考虑采用收益共享契约对产品服务供应链进行协调时，服务商和制造商的产品服务价值水平、服务商和消费者之间的交易价格等与联合决策模式下的情形一致。说明通过收益共享契约可以实现独立决策模式下 PSSC 的协同优化。

将 $q_m^s = k\gamma(D_0 - \alpha c_r - \alpha c_m)/(\varphi - k\gamma^2)$ 代入式（8-77），联立式（8-73）可得

$$\omega^s = \frac{(2\alpha\mu\varphi - \beta^2\varphi - \mu\gamma^2)\alpha\beta c_m}{(2\alpha\mu\varphi - \beta^2\varphi - \mu\gamma^2)\alpha\beta} = c_m \qquad (8-85)$$

将 p^s 和 q_m^s 代入式（8-79）：

$$D^s = \frac{k\alpha\varphi(D_0 - \alpha c_r - \alpha c_m)}{\varphi - k\gamma^2} = D^2 \qquad (8-86)$$

结论7：在采用收益共享契约对产品服务供应链进行协调时，制造商以 c_m 作为与服务商之间交易的价格是使得 PSSC 实现协调的必要条件。

结论8：协调契约下的 PSSC 市场需求量等于联合决策模式下的市场需求量，且大于独立决策模式下的市场需求量。

将结果 $\omega^S = c_m$，p^S，q_r^S，q_m^S 分别代入式（8-72）和式（8-73），可得

$$E(\pi_r^S) = \frac{\eta_1 \varphi}{\varphi - k\gamma^2} \frac{k\varphi(D_0 - \alpha c_r - \alpha c_m)^2}{2(\varphi - k\gamma^2)} \tag{8-87}$$

$$E(\pi_m^S) = (1 - \frac{\eta_1 \varphi}{\varphi - k\gamma^2}) \frac{k\varphi(D_0 - \alpha c_r - \alpha c_m)^2}{2(\varphi - k\gamma^2)} \tag{8-88}$$

式中，$\eta_1^* = \eta_1 \varphi / (\varphi - k\gamma^2)(0 < \eta_1 < 1)$ 是双方收益分配比，服务商与制造商根据自身规模、市场能力以及在行业中所占有的地位共同确定收益分配比。当 PSSC 达到协调时，为了使制造商和服务商都自愿执行该契约，仍需满足 $E(\pi_r^S) > E(\pi_r^1)$，$E(\pi_m^S) > E(\pi_m^1)$，基于此两条件，可得 η_1 的取值范围为

$$\left(\frac{\varphi - k\gamma^2}{2\varphi - k\gamma^2}\right)^2 < \eta_1 < \frac{\varphi - k\gamma^2}{2(2\varphi - k\gamma^2)} \tag{8-89}$$

$$\eta_1 = \frac{\mu}{2\alpha\mu - \beta^2} \tag{8-90}$$

由于为了使 PSSC 上决策双方均接受并自愿执行该契约，在满足上述两个条件的基础上，可得 η_1 的一定取值范围，为了便于分析收益分配比对于链上决策双方收益的影响，在接下来的数值分析验证部分，本书对 η_1 在取值范围内进行等量划分，并代入最优分配比例 η_1^* 中，即 8.4.6 节中收益共享契约协调中的 η_1^* 的不同取值的来源。

8.4.6　数值验证及分析

设 A 地存在某一电子产品生产制造商和服务商。其中，生产制造商生产某一品牌产品与配套的基本服务，并将其销售给服务商，服务商将衍生服务与之进行高效组合形成全套的产品服务销售给消费者。此款电子产品在某地区基本的潜在需求量为 100 万件，制造商的单位生产成本为 2 万元，服务商的单位生产成本为 5 万元，服务商额外投入成本为 600 元，制造商额

外投入成本为 700 元，在对制造商、服务商市场统计数据进行计算、分析的基础上，得到市场消费者产品服务需求受产品服务价格的影响系数范围为（5.8，6.1），本验证取值为 6.0，产品服务需求受双方产品服务价值水平的影响系数范围分别为（22，27），（28，31），本验证分别取 25、30。

本部分通过数值算例，验证以上构建模型以及得出的结论的有效性，采用 Python 仿真分析相关参数对最优决策的影响。

（1）决策双方产品服务价值水平下契约有效性分析

由表 8-6 可知，在无契约协调的情形下，独立决策模式下 PSSC 不能达到联合决策、契约协调后的产品服务价值水平。通过分析表 8-6 可得出如下结论。

表 8-6　考虑决策双方产品服务价值水平的 PSSC 收益决策方法对比

决策模式	相关参数								
	λ_s	p	ω	D_0	q_r	q_m	$E(\pi_r)$	$E(\pi_m)$	$E(\pi_{TC})$
独立模式	N/A	14.95	7.13	16.87	0.12	0.12	48.87	92.01	140.88
集中模式	N/A	13.00	N/A	35.98	0.25	0.26	N/A	N/A	173.89
收益共享契约机制协调	0.2490	13.00	2	35.98	0.25	0.26	49.0605	124.8324	173.89
	0.2516	13.00	2	35.98	0.25	0.26	49.5739	124.3190	173.89
	0.2542	13.00	2	35.98	0.25	0.26	50.0872	123.8057	173.89
	0.2568	13.00	2	35.98	0.25	0.26	50.6006	123.2923	173.89
	0.2595	13.00	2	35.98	0.25	0.26	51.1139	122.7790	173.89

①在现实完全竞争市场环境下，本研究提出的收益共享契约协调方法可以使得独立决策模达到联合决策模式下的收益水平。

②由联合决策模式数值分析表，可得出如下结论：联合决策不能解决整个链上决策双方的收益分配问题，即没有实现类似独立决策模式下的各方收益值。

（2）决策双方不同产品服务价值水平下的灵敏度分析

1）服务商产品服务价值水平影响系数对决策双方相关参数的影响

在独立决策模式下，为了分析服务商产品服务价值水平影响系数在使用收益共享契约协调前和协调后对服务商和制造商产品服务价值水平、服务商与消费者交易价格以及双方期望收益的影响，本节在 β 可取值范围内采用数值模拟方法对上述影响变化趋势进行模拟。

由图 8-17（a）和（b）可知，在采用收益共享契约进行协调时，制造商和服务商的产品服务价值水平会随着服务商品服务价值水平影响系数的增加而整体上升，而服务商与市场消费者之间的交易价格整体下降。

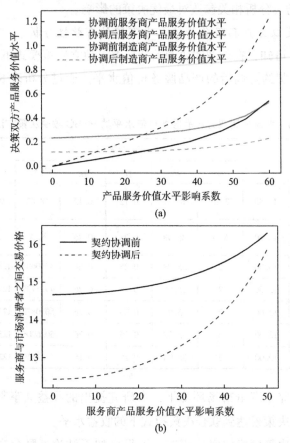

图 8-17 β 对供应链上决策双方产品服务价值水平和交易价格的影响

由图 8-18（a）和（b）可知，在采用收益共享契约进行协调时，消费者市场需求量与服务商产品服务价值水平影响系数呈正相关，且制造商与服务商在协调后获得收益也在增加，综合图 8-17（b）结果可以得出收益共享契约对该模型是有效的。

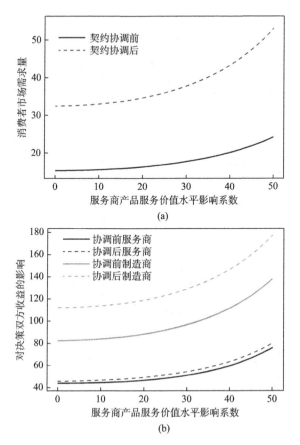

图 8-18　β 对消费者市场需求量和双方收益的影响

2）制造商产品服务价值水平系数对决策双方相关参数的影响

在独立决策模式下，为了分析制造商产品服务价值水平影响系数对协调前后服务商和制造商产品服务价值水平、服务商与消费者交易价格以及双方期望收益的影响，本节在 γ 可取值范围内采用数值模拟方法对影响变化趋势进行模拟。

由图 8-19（a）可知，无论是制造商还是服务商，随着制造商产品服务价值水平影响系数的变化，他们呈现正增长趋势。

同时协调后链上决策双方的产品服务价值水平均比独立决策模式下的情形要高；由图 8-19（b）可知，服务商与市场消费者之间的交易价格随着制造商产品服务价值水平影响系数的变化，呈现正增长趋势，同时协调后的交易价格均比独立决策模式下的情形要低。

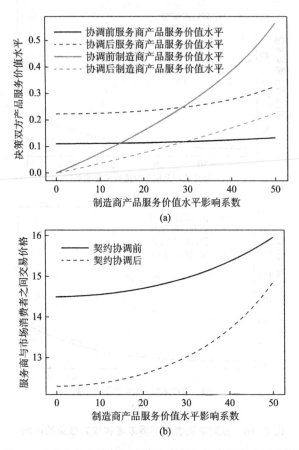

(a)

(b)

图 8-19 γ 对供应链上决策双方产品服务价值水平和交易价格的影响

由图 8-20（a）可知，消费者市场需求量随着制造商产品服务价值水平的变化，呈现正增长趋势，并且消费者市场需求量在协调之后显著增长；由图 8-20（b）可知，无论是制造商还是服务商协调后获得的收益比独立决策模式下的收益均要高，服务商与市场消费者之间的交易价格经过协调之后价格在下降，综上可得，收益共享契约对该模型是有效的。

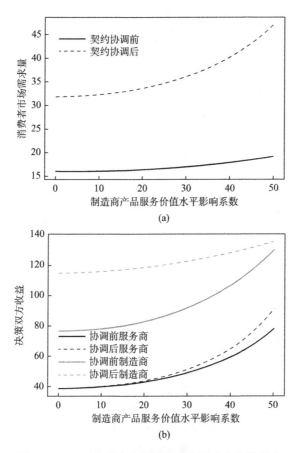

图 8-20 γ 对消费者市场需求量和双方收益的影响

3）服务商产品服务成本投入对决策双方相关参数的影响

在独立决策模式下，为了分析服务商产品服务成本系数对协调前后服务商和制造商产品服务价值水平、服务商与消费者交易价格以及双方期望收益的影响，本节在 μ 取值范围内采用数值模拟方法对影响变化趋势进行模拟。

由图 8-21（a）可知，无论是制造商还是服务商产品服务价值水平随着服务商投入成本影响系数的变化，呈现负增长趋势。同时协调后链上决策双方的产品服务价值水平均比独立决策模式下的情形要高。

由图 8-21（b）可知，服务商与市场消费者之间的交易价格随着制造商产品服务价值水平影响系数的变化，呈现负增长趋势，同时协调后的交易价格均比独立决策模式下的情形要低。

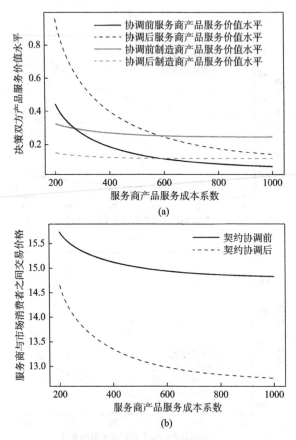

图 8-21 服务商成本投入 μ 对供应链上决策双方产品
服务价值水平和交易价格的影响

由图 8-22（a）可知，消费者市场需求量随着服务商投入成本系数的变化，呈现负增长趋势，并且消费者市场需求量在协调之后显著增长。由图 8-22（b）无论是制造商还是服务商协调后获得的收益比独立决策模式下的收益均要高。

从图 8-21（b）可知，服务商与市场消费者之间的交易价格经过协调之后价格在下降，综上可得，收益共享契约对该模型是有效的。

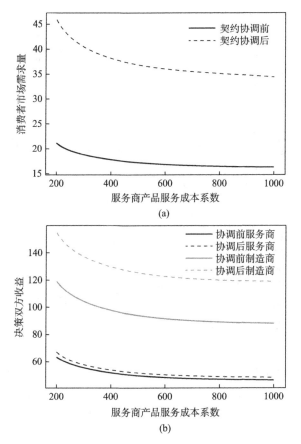

图 8-22　服务商投入成本投入 μ 对消费者市场需求量和双方收益的影响

4）制造商产品服务成本投入对决策双方相关参数的影响

在独立决策模式下，为了分析制造商产品服务成本系数对协调前后服务商和制造商产品服务价值水平、服务商与消费者交易价格以及双方期望收益的影响，本节在 φ 可取值范围内采用数值模拟方法对影响变化趋势进行模拟。

由图 8-23（a）可知，无论是制造商还是服务商随着制造商投入成本影响系数的变化，呈现负增长趋势。同时协调后链上决策双方的产品服务价值水平均比独立决策模式下的情形要高。由图 8-23（b）可知，服务商与市场消费者之间的交易价格随着制造商成本系数的变化，呈现负增长趋势。协调后的交易价格均比独立决策模式下的情形要低。

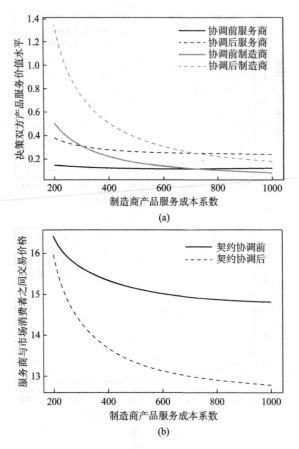

(a)

(b)

图 8-23 制造商成本投入 φ 对链上决策双方产品
服务价值水平、交易价格的影响

由图 8-24（a）可知，消费者市场需求量与服务商投入成本系数呈负增长趋势。由图 8-24（a）可知，消费者市场需求量在协调之后显著增长。

由图 8-24（b）无论是制造商还是服务商协调后获得的收益比独立决策模式下的收益均要高。从上图 8-23 可知，服务商与市场消费者之间的交易价格经过协调之后价格在下降，综上可得，收益共享契约对该模型是有效的。

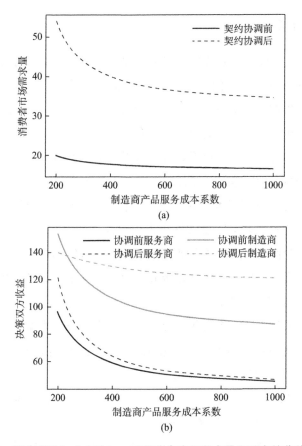

图 8-24 制造商投入成本投入 φ 对消费者市场需求量和双方的收益的影响

8.5 考虑多影响因素的产品服务供应链 网络均衡优化决策方法

相比较 8.4 节研究对象是由一个制造商、一个服务商以及用户市场组成的三级供应链，本节研究对象则是一个由多个制造商、多个服务商以及众多用户组成的服务供应链网络。本节主要内容是在服务提供商、第三方服务平台决策双方不同服务价值水平、风险偏好特性，以及衍生服务性能等诸多因素条件下的服务供应网络均衡优化决策方法。

8.5.1 相关概念

定义1 服务提供商服务价值水平：服务提供商为第三方服务平台提供原子服务时的服务水平。例如，在携程 App 中，餐饮、交通等单一服务提供者面向第三方服务平台等时的服务水平；在海尔供应链网络中涉及提供单一原子服务的送货安装、维修、清洗等。

定义2 第三方服务平台服务价值水平：第三方服务平台在向用户提供所能提供服务的水平。例如，携程 App 通过自身平台，将用户所需服务组合成服务系统提供给消费者时的服务水平；在海尔供应链网络中，"一站式家电全生命周期解决方案"服务平台为用户提供送货安装、维修、清洗、二手家电回收、置换及室内空气治理、厨房生活家电解决方案等一系列服务。

定义3 服务可靠性：是指在服务供应链网络中，服务提供者服务商可靠并且准确完成服务的能力。

定义4 风险中性：指服务供应链上服务商、第三方服务平台在获取收益、服务定价等方面对待风险的态度是既不冒进也不保守，通常以服务交易价格、服务成本等要素构造收益函数。

定义5 风险规避[89]：现实市场活动中，供应链上决策者由于产品服务需求市场的诸多不确定因素，而导致不得不面临难以规避的各类风险。在风险面前，不同决策者拥有不同的偏好，其中，风险规避者惧怕风险带来的损失，更在乎自身收益的稳定性。

定义6 服务供应链网络：由多个第三方服务平台、服务提供商以及用户组成，其中存在服务流、物流、资金流、信息流等。在服务供应链网络中，服务提供商层将原子服务提供给第三方服务平台或者用户，第三方服务平台将平台服务接口按照不同用户需求将获取到的海量服务进行甄选、组合后提供给用户的过程，将此类网络统称为服务供应链网络（Service Supply Chain Network，SSCN），如图 8-25 所示。

本节用到的具体参数符号说明见表 8-7~表 8-9。

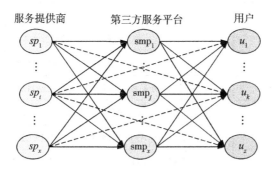

图 8-25　典型服务供应链网络 SSCN 组成结构

表 8-7　基本参数说明表

符号	定义
i	第 i 个第三方服务平台，$i=1, 2, \cdots, M$
j	第 j 个服务提供商，$j=1, 2, \cdots, N$
v	第 v 个服务消费者市场，$v=1, 2, \cdots, K$
Q_i	第三方服务平台 i 生产服务的数量。所有的 Q_i 形成列向量 $\boldsymbol{Q} \in R_+{}^M$
$Q_i{}^s, Q_j{}^s$	第三方服务平台 i、服务提供商 j 提供原子服务数量。所有的 $Q_i{}^s$，$Q_j{}^s$ 形成列向量 $\boldsymbol{Q}^{s1} \in R_+{}^M$，$\boldsymbol{Q}^{s2} \in R_+{}^N$
s_i, s_j	第三方服务平台 i、服务提供商 j 的服务价值水平。所有的 s_i，s_j 形成列向量 $\boldsymbol{S}^1 \in R_+{}^M$，$\boldsymbol{S}^2 \in R_+{}^N$
$Q_{iv}{}^{s1}, Q_{ijv}{}^{s2}$	分别表示第三方服务平台 i 与消费者 v 之间的基本配套服务成交量，第三方服务平台 i 与消费者市场 v 之间的衍生服务交易量。分别形成列向量 $\boldsymbol{Q}^1 \in R_+{}^{MK}$，$\boldsymbol{Q}^2 \in R_+{}^{MNK}$
$p_v{}^{s1}, p_v{}^{s2}$	分别表示消费者市场 v 支付的基本配套服务价格，消费者市场 v 支付的衍生服务价格，所有需求市场价格分别形成列向量 $\boldsymbol{p}^1 \in R_+{}^K$，$\boldsymbol{p}^2 \in R_+{}^K$

表 8-8　网络内生交易价格变量说明表

符号	说明
$p_{iv}{}^s$	第三方服务平台 i 与需求市场 v 的自营服务交易价格
$p_{ij}{}^s$	第三方服务平台 i 与服务提供商 j 衍生服务交易价格
$p_{ijv}{}^s$	第三方服务平台 i 与需求市场 v 的衍生服务交易价格

表 8-9　网络相关函数表达式说明表

符号	定义
$f_i(Q_i{}^s, s_i)$	第三方服务平台 i 的服务嵌入成本
$f_j(Q_j{}^s, s_j)$	服务提供商 j 的服务嵌入成本
$c_{iv}{}^s = c_{iv}{}^s(Q_{iv}{}^s)$	第三方服务平台 i 与消费者 v 之间交易自身服务的成本函数
$c_{ij} = c_{ij}(Q_{ijv}{}^s)$	第三方服务平台 i 与服务提供商 j 之间的交易衍生服务的成本函数
$c_{iv}{}^{j,s} = c_{iv}{}^{j,s}(Q_{ijv}{}^s)$	第三方服务平台 i 与需求市场 v 之间的外包服务交易成本函数
$\hat{c}_{ij} = \hat{c}_{ij}(Q_{ij}{}^s)$	服务提供商 j 与第三方服务平台 i 之间的服务交易成本函数
$t_{jv} = t_{jv}(Q_{ijv}{}^s)$	服务提供商 j 与需求市场 v 之间的服务提供成本函数
$\hat{c}_{iv}{}^s = \hat{c}_{iv}{}^s(Q_{iv}{}^s)$	消费者 v 与第三方服务平台 i 之间参与服务的成本函数
$\hat{c}_{iv}{}^{j,s} = \hat{c}_{iv}{}^{j,s}(Q_{ijv}{}^s)$	消费者 v 与服务提供商 j 之间的服务参与成本函数
$d_v(p_v, s_i, s_j)$	需求市场 v 的服务需求函数
$d_v{}^{s1}(d_v, p_v{}^{s1*}, p_v{}^{s2*}, s_i)$	需求市场 v 的自营服务需求函数
$d_v{}^{s2}(d_v, p_v{}^{s1*}, p_v{}^{s2*}, s_j)$	需求市场 v 的外包服务需求函数
$c_{ij}{}^{s,s}(Q_{ij}{}^s, s_j{}' - s_j)$	服务商需要额外付出的成本函数，与第三方服务平台 i 交易量和服务提供商 j 的服务价值水平相关

8.5.2　SSCN 收益均衡基本模型的构建

（1）问题描述

本书主要研究的是由 M 个第三方服务平台、N 个服务提供商和 K 个用户共同构成服务供应链网络。服务供应链网络中，同一层级中的各成员之间存在相互竞争关系，上下层成员之间存在产品服务的协同关系。网络中各参与成员均以自身收益最大化作为决策目标。此外，由于本节考虑的服务供应链网络中服务提供商考虑了市场不确定性因素及服务交付的可靠性等特性，其收益函数继续沿用 8.4 节中均值-方差方法进行度量。

通过对现有相关研究文献的分析，本节对现有的研究工作进行了如下拓展。

①由多个第三方服务平台、服务提供商、用户组成的复杂服务供应链网络结构中，考虑服务提供商具有风险规避、第三方服务平台具有风险中

性特性。

②在服务供应链网络均衡模型中，构建第三方服务平台、服务提供商收益函数。

③在服务供应链网络收益模型中，考虑第三方服务平台、服务提供商服务价值水平、服务可靠性等影响因素，探究服务供应链网络中各层参与决策者的行为和均衡条件。

④对不同决策因素在可取值范围内等量进行改变，分析对服务供应链网络中第三方服务平台、服务提供商收益的影响。

（2）第三方服务平台市场收益均衡模型的构建

由于第三方服务平台具有风险中性特性，其市场均衡模型可以其平台收益最大化作为目标函数，收益函数具体可以表达为式（8-91）。

$$\pi_i = \sum_{v=1}^{K} p_v^{s1} Q_{iv}^{s1} - f_i(Q^{s1}, s_i) - \sum_{v=1}^{K} c_{iv}^{s}(Q_{iv}^{s1}) \qquad (8-91)$$

式（8-92）为其收益目标函数。

$$\max \pi_i$$

$$\text{s. t.} \quad Q_i^s \geqslant \sum_{v=1}^{K} Q_{iv}^s \qquad (i = 1, 2, \cdots, M)$$

$$Q_{iv}^s \geqslant 0; \quad Q_{ijv}^s \geqslant 0; \quad s_i \geqslant 0 \ \forall j, v \qquad (8-92)$$

式中，第一个约束条件表示第三方服务平台 i 原子服务量大于等于市场交易量，第二个表示第三方服务平台提供的服务需要满足市场对服务的总需求。网络中第三方服务平台层大量的个体进行的是纳什非合作博弈，且每个成员均以其自身最大化作为决策目标。所有第三方服务平台的最优决策行为可通过变分不等式进行数学模型描述，即确定 $(Q^{1*}, S^1) \in \Omega^M$，其中 $\Omega^M = R_+^{MK+MK}$，满足：

$$\sum_{v=1}^{K} \left[\frac{\partial f_i(Q^{s1*}, s_i^*)}{\partial Q_{iv}^{s1}} + \frac{\partial c_{iv}^s(Q_{iv}^{s1*})}{\partial Q_{iv}^{s1}} - p_{iv}^{s*} \right] \times \left(Q_{iv}^s - Q_{iv}^{s*} \right) +$$

$$\left[\frac{\partial f_i(Q^{s1*}, s_i^*)}{\partial s_i^*} \right] \times \left(s_i - s_i^* \right) \geqslant 0 \qquad (8-93)$$

（3）服务提供商市场收益均衡模型的构建

由于用户对服务的随机波动需求，服务提供商面临来自需求的波动风险。而由于海量服务商、第三方服务平台在协作完成用户所需服务过程中，

261

可能面临着单一服务契合度低、个别服务商与整体的契合度低等问题，使得服务供应链网络中的服务提供商成为风险规避者。因此，服务提供商市场均衡模型是以服务提供商收益最大化作为目标。

在本节中，先建立风险中性下的服务提供商收益函数，进而再构建风险规避下的服务提供商收益函数。用符号 $E_{\pi j}$ 表示服务提供商的期望收益，用 $U_{\pi j}$ 表示期望收益，根据前景理论，二者之间的关系可以表示为

$$U_{\pi j} = E_{\pi j} + \rho_j \min(0, E_{\pi j}) \qquad (8-94)$$

其中 $\rho_j = 1$ 为风险中性情形。

服务提供商将自身单一服务以服务接口的形式提供给平台，并获得收益，同时承担服务的嵌入成本和向需求市场提供服务的提供成本。

风险中性下，服务商 j 的收益函数为

$$V_j = \sum_{i=1}^{M} \sum_{v=1}^{K} p_v^{s2} Q_{ijv}^{s2} - f_j(Q^{s2}, s_j) - \sum_{i=1}^{M} \sum_{v=1}^{K} \hat{c}_{ij}(Q_{ijv}^{s}) - $$
$$\sum_{v=1}^{K} t_{jv}\left(\sum_{i=1}^{M} Q_{ijv}^{s} \right) - c_{ij}^{s,s}(Q_{ij}^{s}, s_j' - s_j) \qquad (8-95)$$

使用式（8-96）表示风险规避收益函数：

$$A(V) \begin{cases} V - V_0 & (V \geqslant V_0) \\ \rho(V - V_0) & (V < V_0) \end{cases} \qquad (8-96)$$

式中，V_0 表示初始值；ρ 表示风险规避水平，当风险规避时，ρ 的取值为1，而风险规避下，ρ 的值为大于1的数，且风险规避水平越高，ρ 也越大。为简化计算，假设 $V_0 = 0$。

根据式（8-93）～式（8-95）得到式（8-97）～式（8-99），即风险规避下服务提供商的期望收益为

$$U_{\pi j} = E_{\pi j} + (p_j - 1)\min\{0, E_{\pi j}\} \qquad (8-97)$$

$$s.t. \qquad Q_j^s \geqslant \sum_{i=1}^{M} \sum_{v=1}^{K} Q_{ijv}^s \qquad (j = 1, 2, \cdots, N) \qquad (8-98)$$

$$Q_{ijv} \geqslant 0; s_j \geqslant 0, \forall i, j, v \qquad (8-99)$$

约束条件式（8-98）表示服务提供商提供的原子服务数量大于等于交易量，约束条件式（8-99）表示自变量取值范围。通过对式（8-97）求

Q_{ijv}^{S*} 二阶导数，可知此问题为凸规划问题。因此，所有服务提供商的最优行为可以用变分不等式进行数学建模描述，即确定 $(Q^{2*}, S^{2*}) \in \Omega^N$，其中 $\Omega^N = R_+^{MNK+N}$，满足：

$$\sum_{i=1}^{M} \sum_{v=1}^{K} \left(\frac{\partial f_n(Q^{S2*}, s_j^*)}{\partial Q_{ijv}^{S*}} + \frac{\partial t_{jv}(Q_{ijv}^S)}{\partial Q_{ijv}^{S*}} - p_{ij}^{S*} \right) \times (Q_{ijv}^S - Q_{ijv}^{S*}) -$$

$$(\rho_j - 1) \sum_{i=1}^{M} \frac{\partial c_{ij}^{S,S}(Q_{ij}^S, s_j^*)}{\partial Q_{ijv}^{S*}} \times (Q_{ij}^S - Q_{ljv}^{S*}) +$$

$$\left\{ \frac{\partial f_n(Q^{S*}, s_j^*)}{\partial s_j^*} + \frac{\partial (Q_{ij}^S, s_j)}{\partial s_j^*} - (\rho_j - 1) \sum_{i=1}^{M} \frac{\partial c_{ij}^{S,S}(Q_{ij}^S, s_j' - s_j)}{\partial} \right\} \times (s_j - s_j^*) \geqslant 0$$

$$(8-100)$$

由式（8-100）可知，由于涉及风险规避，$\rho_j > 1$，所以其最优决策值会与风险中性时的决策不同。

（4）用户收益均衡模型的构建

用户根据第三方服务平台提供的服务价格购买服务，根据服务提供商提供服务的类型、服务的价格购买服务。利用消费者收益函数，需求市场的消费者在购买服务时，既会考虑服务价格也会考虑自身参与服务的成本。第三方服务平台服务交易价格与消费者参与成本之和等于消费者给出的价格时，消费者愿意进行交易。

$$p_{ijv}^{S*} + \hat{c}_{iv}^{j,S}(q_{ijv}^{S*}) \begin{cases} = p_v^{S2*} & (Q_{ijv}^{S*} > 0) \\ \geqslant p_v^{S2*} & (Q_{ijv}^{S*} = 0) \end{cases} \qquad (8-101)$$

$$p_{iv}^{S*} + \hat{c}_{iv}^{S}(Q_{iv}^{S*}) \begin{cases} = p_v^{S1*} & (Q_{iv}^{S*} > 0) \\ \geqslant p_v^{S1*} & (Q_{iv}^{S*} = 0) \end{cases} \qquad (8-102)$$

在均衡状态下，若用户愿意向第三方服务平台支付相应的价格，则市场上服务需求量等于第三方服务平台的服务供应量。若用户不愿意支付相应费用，则说明消费者对服务需求量较低，可视为小于等于第三方服务平台的服务供应量。

在均衡状态下，若用户愿意向第三方服务平台支付相应的价格，则市场上服务需求量等于第三方服务平台服务供应量。若消费者不愿意支付相应费用，则说明消费者对服务需求量较低，可视为小于等于第三方服务平台服务供应量。

$$d_k^{S1}(d_v, p_v^{S1^*}, p_v^{S2^*}, s_i) \begin{cases} = \sum_{i=1}^{M} Q_{iv}^S & p_v^{S1^*} > 0 \\ \leqslant \sum_{i=1}^{M} Q_{iv}^S & p_v^{S1^*} = 0 \end{cases} \qquad (8-103)$$

$$d_k^{S2}(d_v p_v^{S1^*}, p_v^{S2^*}, s_j) \begin{cases} = \sum_{j=1}^{N} Q_{ijv}^S & p_v^{S2^*} > 0 \\ \leqslant \sum_{j=1}^{N} Q_{ijv}^S & p_v^{S2^*} = 0 \end{cases} \qquad (8-104)$$

可通过变分不等式对网络中用户层最优策略行为进行描述，构建数学模型，即可确定 $(Q^{1^*}, Q^{2^*}, p^{1^*}, p^{2^*}) \in \Omega^k$，其中 $\Omega^k = R_+^{MK+K}$，满足：

$$\sum_{i=1}^{M} \sum_{j=1}^{N} (p_{iv}^{S^*} + \hat{c}_{iv}^*(Q_{iv}^*) - p_v^{S1^*}) \times (Q_{ijv}^S - Q_{ijv}^{S^*}) +$$

$$\sum_{i=1}^{M} \sum_{j=1}^{N} (p_{ijv}^{S^*} + \hat{c}_{iv}^{n,s^*}(Q_{ijv}^{S^*}) - p_v^{S2^*}) \times (Q_{ijv}^S - Q_{ijv}^{S^*}) + \qquad (8-105)$$

$$(\sum_{i=1}^{M} Q_{iv}^{s^*} - d_v^{s1^*}(d_v, p_v^{s1^*}, p_v^{s2^*}, s_i)) \times (p_v^{s1} - p_v^{s1^*}) +$$

$$(\sum_{i=1}^{M} \sum_{j=1}^{N} Q_{ijv}^{s^*} - d_v^{s2^*}(d_v, p_v^{s1^*}, p_v^{s2^*}, s_j)) \times (p_v^{s2} - p_v^{s2^*}) \geqslant 0$$

8.5.3　SSCN 收益均衡模型的构建

服务供应链网络系统的整体均衡条件为整个服务供应链网络中所有决策者都达到收益均衡。因此，将式（8-102）、式（8-104）联立，消去服务供应链网络中各网络层间的内生交易价格变量，得到整个服务供应链网络均衡条件，即可确定 $(q_{iv}^{S^*}, q_{ijv}^{S^*}, s_i^*, s_j^*, p_v^{S1^*}, p_v^{S2^*})$：

借鉴文献［90］~文献［92］，结合互补理论、变分不等式理论两者等价关系，可知，当 $q_{iv}^* > 0$ 时，表明服务供应链网络各层成员均达到了均衡状态。

$$Q_{iv}^* = \frac{\partial f_i(Q_i)}{\partial Q_{iv}^*} + \frac{\partial c_{iv}(Q_{iv}^*)}{\partial Q_{iv}^*} \qquad (8-106)$$

当 $Q_{ijv}^{s*} > 0$ 时,

$$p_{ij}^* = \frac{\partial f_j(Q_j^{s*}, s_j^*)}{\partial Q_{ijv}^{s*}} + \frac{\partial c_{ij}(Q_{ijv}^{s*})}{\partial Q_{ijv}^{s*}} + \frac{\partial t_{ij}(Q_{ijv}^{s*})}{\partial Q_{ijv}^{s*}} \qquad (8-107)$$

$$p_{ijv}^{s*} = \frac{\partial f_j(Q_j^{s*}, s_j^*)}{\partial Q_{ijv}^{s*}} + \frac{\partial c_{ij}(Q_{ijv}^*)}{\partial Q_{ijv}^*} + \frac{\partial c_{iv}^{j,s}(Q_{ijv}^*)}{\partial Q_{ijv}^*} + \frac{\partial c_{ij}(Q_{ijv}^s)}{\partial Q_{ijv}^*} + \frac{\partial t_{jv}(Q_{ijv}^s)}{\partial Q_{ijv}^*}$$

$$(8-108)$$

8.5.4 SSCN 收益均衡模型的求解算法

上述的服务提供商、第三方服务平台及消费者需求市场的优化问题均为凸优化问题,由变分不等式理论可将其进行转化。参考文献 [87] 和文献 [93],模型的求解工作可采用修正投影算法进行。在投影算子进行计算时,其每步迭代量较小,通过适当的修正,计算结果更加准确,算法逻辑思维更加严密。

算法的描述为

$$X^t = P_k(X^{t-1} - \alpha F(X^{t-1})) \qquad (8-109)$$

式中,$\overline{X}^{t-1} = P_K(X^{t-1} - \alpha F(\overline{X}^{t-1}))$;$X$ 为变量;P_k 是投影算法;$\alpha > 0$ 是迭代步长;F 为函数,算法终止条件为 $|X^t - X^{t-1}| \leq \varepsilon$。

8.5.5 数值验证及分析

设 A 地存在由 2 个服务提供商、2 个第三方服务平台以及 2 个消费者市场组成的服务供应链网络,其中,2 个服务提供商之间存在竞争关系,2 个第三方服务平台之间存在竞争关系,2 个消费者需求市场存在异质性偏好,服务提供商与第三方服务平台之间存在增值服务的交易关系,服务提供商与消费者需求市场之间存在基本配套服务的交易关系。同时参考现有供应链网络相关文献数值验证部分函数关系式,构建符合 A 地服务供应链网络的相关成本函数、利润函数以及市场需求量函数等。构建相关参数和函数如下:

$$f_i(Q_i^s, s_i) = 2(Q_i^s)^2 + Q_i^s + \frac{1}{2}s_i^2 + 2 \qquad (8-110)$$

$$f_j(Q_j^s, s_j) = (Q_j^s)^2 + \frac{3}{2}Q_j^s + \frac{2}{5}s_j^2 + 1 \qquad (8-111)$$

$$c_{iv}^s(Q_{iv}^s) = \frac{1}{5}(Q_{iv}^s)^2 + \frac{5}{2}Q_{iv}^s \qquad (8-112)$$

$$c_{ij}(Q_{ijv}^s) = \frac{1}{2}(Q_{ijv}^s)^2 + 2Q_{ijv}^s \qquad (8-113)$$

$$c_{iv}^{j,s}Q_{ijv}^s = \frac{1}{3}(Q_{ijv}^s)^2 + \frac{3}{2}Q_{ijv}^s \qquad (8-114)$$

$$\hat{c}_{ij}(Q_{ijv}^s) = \frac{1}{2}(Q_{ijv}^s)^2 + Q_{ijv}^s \qquad (8-115)$$

$$t_{jv}(Q_{ijv}^s) = (Q_{ijv}^s)^2 + Q_{ijv}^s \qquad (8-116)$$

$$\hat{c}_{iv}(Q_i) = 0.6Q_{iv} + 3 \qquad (8-117)$$

$$\hat{c}_{ij}^s(Q_{iv}^s) = \frac{1}{2}Q_{iv}^s + 5 \qquad (8-118)$$

$$\hat{c}_{ij}^{j,s}(Q_{iv}^s) = \frac{1}{4}Q_{ijv}^s + 2 \qquad (8-119)$$

$$d_v(p_v, s_i, s_j) = 100 - 2p_v + e(s_i + s_j) \qquad (8-120)$$

$$d_v^{s1}(d_v, p_v^{s1*}, p_v^{s2*}, s_i) = d_v - 1.8p_v^{s2} + 0.7p_k^{s1} + 3s_i \qquad (8-121)$$

$$d_v^{s2}(d_v, p_v^{s1*}, p_v^{s2*}, s_j) = \frac{3}{2}d_v - 1.9p_v^{s2} + \frac{1}{2}p_k^{s1} + \frac{5}{2}s_j \qquad (8-122)$$

通过 Python 编制修正投影算法求解程序，设置固定迭代步长 0.001，终止误差取值为 10^{-8}，随机生成初始值。

接下来进行模型的均衡解与灵敏度分析，以分析验证网络均衡模型中风险规避因素的意义。

（1）风险规避系数变化对网络均衡中服务提供商、第三方服务平台收益的影响

由图 8-26（b）可知，服务商的收益与风险规避系数大致呈正相关关系，且收益增长的幅度逐步变大。以服务商与制造商之间交付成功率为 0.7 为例，当风险值在规避水平为 1.1 和 1.5 范围内每增加一个单位时，服务商

的收益值依次增加0.27，18.49，23.99和26.40，说明服务商自身收益与风险规避水平呈正比。同时，由图8-26（a）可知，服务商的风险规避水平增大，会带来制造商收益的降低。

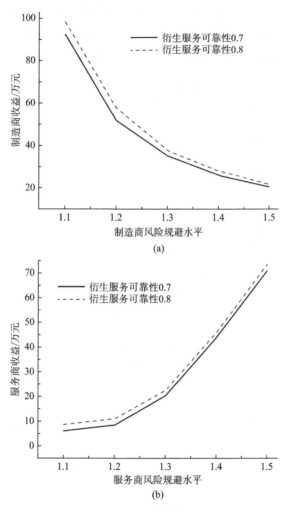

图8-26　风险规避水平对制造商和服务商收益的影响

（2）考虑衍生的增值服务可靠性对制造商、服务商的收益的影响

由图8-27可知，衍生服务可靠性的提高对于制造商和服务商都是有益的，同时风险规避系数越小，衍生服务可靠性对两者的影响越大。

（3）分析及验证网络均衡模型中考虑风险规避因素的意义

由图 8-27 可知，在是否考虑风险规避的两种情形下，整个服务供应链网络的收益均衡解的变化结果。在制造商收益图 8-27（a）中，制造商收益随着风险规避水平的增加而降低。在服务商收益图 8-27（b）中，在衍生服务一定取值范围内，服务商收益与风险规避水平呈反比。而无论是制造商收益还是服务商收益均受衍生服务可靠性的影响，且变化呈逐步增大。

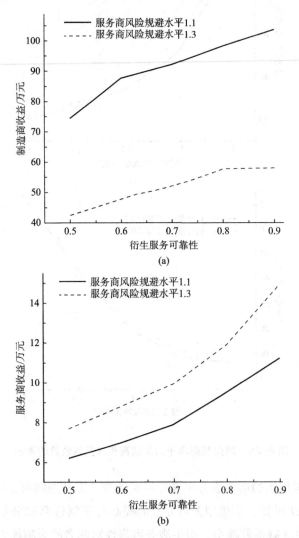

图 8-27　衍生服务可靠性对制造商和服务商收益的影响

8.6　面向多边价值共创单元的服务价值链/网系统演化方法

8.6.1　问题描述和假设

（1）问题描述

由第 5 章内容可知，服务价值链/网作为一种新的生态系统，它是一种基于互联网的、由海量服务组成的、动态演化的复杂类生态系统，由价值共创单元、共生模式及共生环境组成。下面分别对上述概念以及相关术语进行简单描述。

价值共创单元是具有相同或者相似功能的共生单元的集合，共生单元是指构成共生关系的基本能量生产和单位。

共生模式，即共生关系，指的是共生单元之间的作用方式，包括服务种群之间的竞争、寄生、偏利共生和互利互惠 4 种模式。其中：竞争共生模式表示在价值共创的环境中，不同共生单元之间无共生作用，两者之间相互排斥；寄生共生模式表示在价值共创的环境中，一类被寄生的价值共创单元发展受损，另一类寄生的价值共创单元发展受益；偏利共生模式表示在价值共创的环境中，一类价值共创单元发展无损无益，另一类价值共创单元发展受益；互利互惠共生模式表示两类价值共创单元在价值共创的环境中，双方是互利互惠共赢的共生关系。

共生环境是除共生单元以外的所有要素总和，一般包括能对服务生态系统运行造成影响的政府政策环境、经济环境以及文化环境等；市场环境容量规模是指在服务生态系统的演化过程中，价值共创单元的规模成长变化受到诸多因素限制所能达到的最大规模容量；均衡点是指服务生态系统演化到了一定周期使该系统达到稳定状态时的各类价值共创单元的规模；自然增长率在表示在一定时间内，服务生态系统价值共创单元群体规模的增长数量。

本节所研究的服务价值链/网生态系统是由众多的第三方服务平台、众多的服务提供商以及众多的服务消费者组成的复杂系统。其中，第三方服务平台/服务提供商/服务消费者中包括多个不同类型的价值共创单元，每类价值共创单元包括多个规模/数量可变的共生单元。每个共生单元之间有不同的共生关系，具有相同或者相似功能的共生单元之间可能是竞争关系，具有不同功能的共生单元之间可能是互利互惠关系，等等。

针对这样一个复杂的服务生态系统，系统内的价值共创单元规模如何演化？在该系统趋于或达到稳定时，其价值共创单元规模如何？价值共创单元之间的共生模式、共生条件如何？共生作用系数等因素对共生演化的影响如何？这是在服务生态系统共生演化过程中需要解决的问题。

针对上述问题，本研究引入 Logistic 模型并对其进行扩展，构建服务生态系统中价值共创单元的共生演化模型，并采用雅各比矩阵研究该系统不同价值共创单元在服务生态系统中达到稳定状态的共生模式和共生的条件，并得出了一些有价值的结论[55]。

（2）研究假设

针对上述问题，本研究做出如下假设。

①服务生态系统中存在 N 类服务提供商价值共创单元（如在汽车生产销售服务系统中有整车产品提供商、保险类服务提供商、金融类服务提供商、车辆保养类服务提供商等），M 类服务消费者价值共创单元以及两类第三方服务平台价值共创单元（一类为仅提供搜索的第三方服务平台价值共创单元，另一类为提供搜索、挖掘和服务组合的第三方服务平台价值共创单元）。

②设服务生态系统中服务提供商 N 类价值共创单元规模为 $sp_i(i=1,2,\cdots,N)$，自然增长率为 p_i；服务消费者 M 类价值共创单元规模为 $u_j(j=1,2,\cdots,N)$，自然增长率为 q_j；第三方服务平台两类价值共创的单元规模为 $cd_z(z=1,2)$，自然增长率为 m_z。N_{sp_i}、N_{u_j}、N_{cd_z} 为在价值共创给定情况下价值共创单元规模的最大值。

③考虑价值协同共创单元均服从 Logistic 成长规律，增长率受共创单元密度影响。

④在 Logistic 扩展模型中，共生作用系数为负表示价值共创单元发展受损，共生作用系数为正表示价值共创单元发展受益。

⑤$\gamma_{sp_i u_j}$ 表示服务消费者 u_j 对服务提供商 sp_i 的共生作用系数；$\gamma_{u_j sp_i}$ 表示服务提供商 sp_i 对服务消费者 u_j 的共生作用系数；$r_{sp_{is}}$ 表示服务提供商 sp_s 对服务提供商 sp_i 的共生作用系数。

⑥在竞争模式下，考虑提供同质功能服务价值共创单元之间的竞争。

⑦用户根据系统的实际情况来自行定义相关时间单位，如"代""天"等。

8.6.2　价值共创单元的共生演化模型

（1）多类价值共创单元共生演化模型

基本 Logistic 模型的微分方程表达式可以描述为

$$\frac{\mathrm{d}N(t)}{\mathrm{d}t} = a\left[1 - \frac{N(t)}{N^*}\right]N(t), N(t_0) = N_0 \qquad (8-123)$$

式中，$N(t)$ 表示第 t 个周期的研究主体的种群规模；a 表示研究主体的自然增长率；$\left[1 - \dfrac{N(t)}{N^*}\right]$ 表示有限资源对研究主体自身规模增长的阻碍作用。N^* 由于资源密度制约造成的研究主体的最大环境容量。

在服务生态系统中，考虑价值共创单元相互作用时，每类价值共创单元的增长率不仅受自身种群规模影响，还受对方价值共创单元种群规模影响。由此，可以通过扩展的 Logistic 模型描述出 N 类服务提供商、M 类服务消费者和两类第三方服务平台价值共创单元相互作用的共生演化模型：

$$\frac{\mathrm{d}(\mathrm{sp}_i)}{\mathrm{d}t} = p_i\mathrm{sp}_i\left(1 - \frac{\mathrm{sp}_i}{N_{\mathrm{sp}_i}} + \sum_{j=1}^{M} r_{\mathrm{sp}_iu_j}\frac{u_j}{N_{u_j}} + \sum_{s=1}^{i-1} r_{\mathrm{sp}_{is}}\frac{\mathrm{sp}_s}{N_{\mathrm{sp}_s}} + \sum_{s=i+1}^{N} r_{\mathrm{sp}_{is}}\frac{\mathrm{sp}_s}{N_{\mathrm{sp}_s}}\right)$$

$$(8-124)$$

$$\frac{\mathrm{d}(u_j)}{\mathrm{d}t} = q_ju_j\left(1 - \frac{u_j}{N_{u_j}} + \sum_{i=1}^{N} r_{u_j\mathrm{sp}_i}\frac{\mathrm{sp}_i}{N_{\mathrm{sp}_i}}\right) \qquad \left(j = 1,2,\cdots,M\right)$$

$$(8-125)$$

$$\frac{\mathrm{d}(\mathrm{cd}_1)}{\mathrm{d}t} = m_1\mathrm{cd}_1\left(1 - \frac{\mathrm{cd}_1}{N_{\mathrm{cd}_1}} + \sum_{j=1}^{M} r_{\mathrm{cd}_1u_j}\frac{u_j}{N_{u_j}} + \sum_{i=1}^{N} r_{\mathrm{cd}_1\mathrm{sp}_i}\frac{\mathrm{sp}_i}{N_{\mathrm{sp}_i}} + r_{\mathrm{cd}12}\frac{\mathrm{cd}_2}{N_{\mathrm{cd}_2}}\right)$$

$$(8-126)$$

$$\frac{\mathrm{d}(\mathrm{cd}_2)}{\mathrm{d}t} = m_2\mathrm{cd}_2\left(1 - \frac{\mathrm{cd}_2}{N_{\mathrm{cd}_2}} + \sum_{j=1}^{M} r_{\mathrm{cd}_2u_j}\frac{u_j}{N_{u_j}} + \sum_{i=1}^{N} r_{\mathrm{cd}_2\mathrm{sp}_i}\frac{\mathrm{sp}_i}{N_{\mathrm{sp}_i}} + r_{\mathrm{cd}21}\frac{\mathrm{cd}_1}{N_{\mathrm{cd}_1}}\right)$$

$$(8-127)$$

式中，$\sum_{j=1}^{M} r_{\mathrm{sp}_i u_j} \dfrac{u_j}{N_{u_j}}$ 表示服务消费者种群规模对服务提供商每类价值共创单

元增长的影响，$r_{\mathrm{sp}_i u_j}$ 表示服务消费者 u_j 对服务提供商 sp_i 的价值共创单元的

共生作用系数；$\sum_{s=1}^{i-1} r_{\mathrm{sp}_{is}} \dfrac{\mathrm{sp}_s}{N_{\mathrm{sp}_s}} + \sum_{s=i+1}^{N} r_{\mathrm{sp}_{is}} \dfrac{\mathrm{sp}_s}{N_{\mathrm{sp}_s}}$ 表示服务提供商中其他类价值

共创单元对服务提供商中第 i 类价值共创单元的影响。$\sum_{i=1}^{N} r_{u_j \mathrm{sp}_i} \dfrac{\mathrm{sp}_i}{N_{\mathrm{sp}_i}}$ 表示服

务提供商种群规模对服务消费者每类价值共创单元的增长的影响，$r_{u_j \mathrm{sp}_i}$ 表

示服务提供商 sp_i 对服务消费者 u_j 价值共创单元的共生作用系数。

$\sum_{i=1}^{N} r_{\mathrm{cd}_1 \mathrm{sp}_i} \dfrac{\mathrm{sp}_i}{N_{\mathrm{sp}_i}}$、$\sum_{i=1}^{N} r_{\mathrm{cd}_2 \mathrm{sp}_i} \dfrac{\mathrm{sp}_i}{N_{\mathrm{sp}_i}}$ 表示服务提供商种群规模对第三方服务平台

每类价值共创单元的增长的影响，$\sum_{j=1}^{M} r_{\mathrm{cd}_1 u_j} \dfrac{u_j}{N_{u_j}}$、$\sum_{j=1}^{M} r_{\mathrm{cd}_2 u_j} \dfrac{u_j}{N_{u_j}}$ 表示服务消

费者规模对服务平台价值共创单元增长的影响。

（2）三类价值共创单元共生演化模型

对于上述的服务生态系统而言，当其价值共创单元的种类达到4个及以上数量时，其模型计算量非常庞大。为了简化该过程并不失代表性，本书对系统模型所涉及的价值共创单元的种类进行了如下简化。这里，考虑服务提供商中只有两类价值共创单元：A类价值共创单元和B类价值共创单元；服务消费者中只考虑一类价值共创单元（普通消费能力的服务消费者），第三方平台只有一个价值共创单元。

A类、B类价值共创单元之间以及与服务消费者价值共创单元的相互作用共生演化模型分别为

$$F(\mathrm{sp}_1) = \frac{\mathrm{d}(\mathrm{sp}_1)}{\mathrm{d}t} = p_1 \mathrm{sp}_1 \left(1 - \frac{\mathrm{sp}_1}{N_{\mathrm{sp}_1}} + r_{\mathrm{sp}_1 u_1} \frac{u_1}{N_{u_1}} + r_{\mathrm{sp}_{12}} \frac{\mathrm{sp}_2}{N_{\mathrm{sp}_2}}\right) \quad (8-128)$$

$$H(\mathrm{sp}_2) = \frac{\mathrm{d}(\mathrm{sp}_2)}{\mathrm{d}t} = p_2 \mathrm{sp}_2 \left(1 - \frac{\mathrm{sp}_2}{N_{\mathrm{sp}_2}} + r_{\mathrm{sp}_2 u_1} \frac{u_1}{N_{u_1}} + r_{\mathrm{sp}_{21}} \frac{\mathrm{sp}_1}{N_{\mathrm{sp}_1}}\right) \quad (8-129)$$

$$G(u_1) = \frac{\mathrm{d}(u_1)}{\mathrm{d}t} = q_1 u_1 \left(1 - \frac{u_1}{N_{u_1}} + r_{u_1 \mathrm{sp}_1} \frac{\mathrm{sp}_1}{N_{\mathrm{sp}_1}} + r_{u_1 \mathrm{sp}_2} \frac{\mathrm{sp}_2}{N_{\mathrm{sp}_2}}\right) \quad (8-130)$$

其共生模式见表8-10。

表 8-10　价值共创单元共生模式

$r_{sp_iu_j}$、$r_{u_jsp_i}$、$r_{sp_{is}}$取值范围	共生模式	备注
$r_{sp_iu_j}=0$，$r_{u_jsp_i}=0$，$r_{sp_{is}}=0$	独立发展	服务提供商、服务消费者各类价值共创单元之间共生系数为零，各自独立的发展
$r_{sp_iu_j}>0$，$r_{u_jsp_i}>0$，$r_{sp_{is}}>0$	互利互惠	服务提供商和服务消费者各类价值共创单元之间共生系数大于零，均收益
$r_{sp_iu_j}=0$，$r_{u_jsp_i}>0$，$r_{sp_{is}}>0$或$r_{sp_iu_j}>0$，$r_{sp_{is}}=0$，$r_{u_jsp_i}=0$	偏利共生	服务提供商与服务消费者共创单元一方收益一方无影响；服务提供商中两类价值共创单元中一方收益一方无影响
$r_{sp_iu_j}<0$，$r_{u_jsp_i}>0$，$r_{sp_{is}}>0$或者$r_{sp_iu_j}>0$，$r_{u_jsp_i}<0$，$r_{sp_{is}}<0$	寄生	服务提供商与服务消费者共创单元一类收益，一类受损；服务提供商中两类价值共创单元中一类收益一类受损
$r_{sp_iu_j}<0$，$r_{u_jsp_i}<0$，$r_{sp_{is}}<0$	竞争	服务提供商与服务消费者中两类共创单元相互竞争；服务提供商中两类价值共创单元相互竞争

8.6.3　模型渐进稳定性分析

针对式（8-128）~ 式（8-130），令 $F(sp_1)=0$、$H(sp_2)=0$、$G(u_1)=0$，得到如下平衡点：$E_1(0,0,0)$，$E_2(0,0,N_{u_1})$，$E_3(N_sp_1,0,0)$，$E_4(0,N_sp_2,0)$，$E_5\left(\dfrac{(r_{sp_1}+1)N_{sp_1}}{1-r_{sp_1}r_{sp_2}},\dfrac{(r_{sp_2}+1)N_{sp_2}}{1-r_{sp_1}r_{sp_2}},0\right)$，$E_6\left(0,\dfrac{(r_{sp_2u_1}+1)N_{sp_2}}{1-r_{u_1sp_2}r_{sp_2u_1}},\right.$ $\left.\dfrac{(r_{u_1sp_2}+1)N_{u_1}}{1-r_{u_1sp_2}r_{sp_2u_1}}\right)$，$E_7\left(\dfrac{(r_{sp_1u_1}+1)N_{sp_1}}{1-r_{u_1sp_1}r_{sp_1u_1}},0,\dfrac{(r_{u_1sp_1}+1)N_{u_1}}{1-r_{u_1sp_1}r_{sp_1u_1}}\right)$，$E_8(sp_1{}^*,sp_2{}^*,u^*)$。其中：

$$sp_1{}^*=\frac{-N_{sp_1}[N_{u_1}(r_{sp_1}+1)+r_{sp_1}r_{sp_2u_1}+r_{sp_1u_1}]}{r_{u_1sp_1}[N_{u_1}(r_{sp_1}+1)+r_{sp_1}r_{sp_2u_1}+r_{sp_1u_1}]+r_{u_1sp_2}[N_{u_1}(r_{sp_2}+1)+r_{sp_2}r_{sp_2u_1}+r_{sp_2u_1}]-1+r_{sp_1}r_{sp_2}}$$

$$sp_2{}^*=\frac{-N_{sp_2}[N_{u_1}(r_{sp_2}+1)+r_{sp_2}r_{sp_1u_1}+r_{sp_2u_1}]}{r_{u_1sp_1}[N_{u_1}(r_{sp_1}+1)+r_{sp_1}r_{sp_2u_1}+r_{sp_1u_1}]+r_{u_1sp_2}[N_{u_1}(r_{sp_2}+1)+r_{sp_2}r_{sp_2u_1}+r_{sp_2u_1}]-1+r_{sp_1}r_{sp_2}}$$

$$u^*=\frac{-N_{u_1}[(r_{sp_1}r_{sp_2}-1]}{r_{u_1sp_1}[N_{u_1}(r_{sp_1}+1)+r_{sp_1}r_{sp_2u_1}+r_{sp_1u_1}]+r_{u_1sp_2}[N_{u_1}(r_{sp_2}+1)+r_{sp_2}r_{sp_2u_1}+r_{sp_2u_1}]-1+r_{sp_1}r_{sp_2}}$$

采用雅各比矩阵，利用李亚普诺夫第一法分析模型的稳定性。如果矩阵 J 的所有特征值均为负，则均衡点稳定；如果矩阵 J 的特征值中至少有一个特征值为正，则不稳定。

雅各比矩阵公式如式（8-131）所示：

$$J = \begin{bmatrix} \dfrac{\partial F(\mathrm{sp}_1)}{\partial \mathrm{sp}_1} & \dfrac{\partial F(\mathrm{sp}_1)}{\partial \mathrm{sp}_2} & \dfrac{\partial F(\mathrm{sp}_1)}{\partial u_1} \\[3mm] \dfrac{\partial H(\mathrm{sp}_2)}{\partial \mathrm{sp}_1} & \dfrac{\partial H(\mathrm{sp}_2)}{\partial \mathrm{sp}_2} & \dfrac{\partial H(\mathrm{sp}_2)}{\partial u_1} \\[3mm] \dfrac{\partial G(u_1)}{\partial \mathrm{sp}_1} & \dfrac{\partial G(u_1)}{\partial \mathrm{sp}_2} & \dfrac{\partial G(u_1)}{\partial u_1} \end{bmatrix} \qquad (8-131)$$

式中，$\dfrac{\partial F(\mathrm{sp}_1)}{\partial \mathrm{sp}_1} = p_1(1 - 2\dfrac{\mathrm{sp}_1}{N_{\mathrm{sp}_1}} + r_{\mathrm{sp}_1 u_1}\dfrac{u_1}{N_{u_1}} + r_{\mathrm{sp}_1 u_1}\dfrac{u_1}{N_{u_1}} + r_{\mathrm{sp}_{12}}\dfrac{\mathrm{sp}_2}{N_{\mathrm{sp}_2}})$；$\dfrac{\partial F(\mathrm{sp}_1)}{\partial \mathrm{sp}_2} = \dfrac{p_1 \mathrm{sp}_1 r_{\mathrm{sp}_{12}}}{N_{\mathrm{sp}_2}}$；$\dfrac{\partial F(\mathrm{sp}_1)}{\partial u_1} = \dfrac{p_1 \mathrm{sp}_1 r_{\mathrm{sp}_1 u_1}}{N_{u_1}}$；$\dfrac{\partial H(\mathrm{sp}_2)}{\partial \mathrm{sp}_1} = \dfrac{p_2 \mathrm{sp}_2 r_{\mathrm{sp}_{21}}}{N_{\mathrm{sp}_1}}$；$\dfrac{\partial H(\mathrm{sp}_2)}{\partial \mathrm{sp}_2} = p_2(1 - 2\dfrac{\mathrm{sp}_2}{N_{\mathrm{sp}_2}} + r_{\mathrm{sp}_2 u_1}\dfrac{u_1}{N_{u_1}} + r_{\mathrm{sp}_{21}}\dfrac{\mathrm{sp}_1}{N_{\mathrm{sp}_1}})$；$\dfrac{\partial H(\mathrm{sp}_2)}{\partial u_1} = \dfrac{p_2 \mathrm{sp}_2 r_{\mathrm{sp}_2 u_1}}{N_{u_1}}$；$\dfrac{\partial G(u_1)}{\partial \mathrm{sp}_1} = \dfrac{q_1 u_1 r_{u_1 \mathrm{sp}_1}}{N_{\mathrm{sp}_1}}$；$\dfrac{\partial G(u_1)}{\partial \mathrm{sp}_2} = \dfrac{q_1 u_1 r_{u_1 \mathrm{sp}_2}}{N_{\mathrm{sp}_2}}$；$\dfrac{\partial G(u_1)}{\partial u_1} = q_1(1 - 2\dfrac{u_1}{N_{u_1}} + \sum_{i=1}^{2} r_{u_1 \mathrm{sp}_i}\dfrac{\mathrm{sp}_i}{N_{\mathrm{sp}_i}})$。

则 $E_1 \sim E_7$ 七个均衡点及其稳定性分析见表8-11。

表8-11 均衡点及其稳定性分析

均衡点	稳定性条件
$E_1\,(0,\ 0,\ 0)$	不稳定
$E_2\,(0,\ 0,\ N_{u_1})$	$r_{\mathrm{sp}_1 u_1} < -1$，$r_{\mathrm{sp}_2 u_1} < -1$
$E_3\,(N_{\mathrm{sp}_1},\ 0,\ 0)$	$r_{\mathrm{sp}_{21}} < -1$，$r_{u_1 \mathrm{sp}_1} < -1$
$E_4\,(0,\ N_{\mathrm{sp}_2},\ 0)$	$r_{\mathrm{sp}_{12}} < -1$，$r_{u_1 \mathrm{sp}_2} < -1$
$E_5\,(\dfrac{(r_{\mathrm{sp}_{12}}+1)\,N_{\mathrm{sp}_1}}{1-r_{\mathrm{sp}_{12}} r_{\mathrm{sp}_{21}}},\ \dfrac{N_{\mathrm{sp}_2}\,(1+r_{\mathrm{sp}_{21}})}{1-r_{\mathrm{sp}_{12}} r_{\mathrm{sp}_{21}}},\ 0)$	$r_{u_1 \mathrm{sp}_1} < -1$，$r_{u_1 \mathrm{sp}_2} < -1$，$r_{\mathrm{sp}_{12}} r_{\mathrm{sp}_{21}} < 1$

均衡点	稳定性条件
$E_6\left(0,\ \dfrac{N_{sp_2}\ (1+r_{sp_2u_1})}{1-r_{u_1sp_2}r_{sp_2u_1}},\ \dfrac{N_{u_1}\ (1+r_{u_1sp_2})}{1-r_{u_1sp_2}r_{sp_2u_1}}\right)$	$r_{u_1sp_2}r_{sp_2u_1}<-1,\ r_{sp_1u_1}<-1,\ r_{sp_{21}}<-1$
$E_7\left(\dfrac{N_{sp_1}\ (1+r_{sp_1u_1})}{1-r_{u_1sp_1}r_{sp_1u_1}},\ 0,\ \dfrac{N_{u_1}\ (1+r_{u_1sp_1})}{1-r_{u_1sp_1}r_{sp_1u_1}}\right)$	$r_{u_1sp_2}r_{sp_2u_1}<1,\ r_{sp_2u_1}<-1,\ r_{sp_{21}}<-1$

对于均衡点 $E_8(\text{sp}_1{}^*,\text{sp}_2{}^*,u^*)$，参考文献 [94]，将式 (8-130) 和式 (8-131) 变式为

$$F(\text{sp}_1)=\frac{\mathrm{d}(\text{sp}_1)}{\mathrm{d}t}=\text{sp}_1\left(1-\frac{p_1\text{sp}_1}{N_{sp_1}}+r_{sp_1u_1}\frac{p_1u_1}{N_{u_1}}+r_{sp_{12}}\frac{p_1\text{sp}_2}{N_{sp_2}}\right)\qquad(8-132)$$

$$H(\text{sp}_2)=\frac{\mathrm{d}(\text{sp}_2)}{\mathrm{d}t}=\text{sp}_2\left(1+r_{sp_{21}}\frac{\text{sp}_1p_2}{N_{sp_1}}-\frac{\text{sp}_2p_2}{N_{sp_2}}+r_{sp_2u_1}\frac{u_1p_2}{N_{u_1}}\right)\qquad(8-133)$$

$$G(u_1)=\frac{\mathrm{d}(u_1)}{\mathrm{d}t}=u_1\left(1+r_{u_1sp_1}\frac{\text{sp}_1q_1}{N_{sp_1}}+r_{u_1sp_2}\frac{\text{sp}_2q_1}{N_{sp_2}}-\frac{u_1q_1}{N_{u_1}}\right)\qquad(8-134)$$

可以得出，$A=\begin{bmatrix}\dfrac{-p_1}{N_sp_1} & \dfrac{r_{sp_{12}}}{N_{sp_2}} & \dfrac{r_{sp_1u_1}p_1}{N_{u_1}}\\[2mm]\dfrac{r_{sp_{21}}p_2}{N_{sp_1}} & -\dfrac{p_2}{N_{sp_2}} & \dfrac{r_{sp_2u_1}p_2}{N_{u_1}}\\[2mm]\dfrac{r_{u_1sp_1}q_1}{N_{sp_1}} & \dfrac{r_{u_1sp_2}q_1}{N_{sp_2}} & -\dfrac{q_1}{N_{u_1}}\end{bmatrix}$。当 $|A|<0$ 且 $\text{sp}_1{}^*>0$，

$\text{sp}_2{}^*>0$，$u^*>0$ 时，则稳定。由此可以得出 E_8 稳定条件为

$$\begin{cases}N_{u_1}(r_{sp_{12}}+1)+r_{sp_{12}}r_{sp_2u_1}+r_{sp_1u_1}>0\\ N_{u_1}(r_{sp_{21}}+1)+r_{sp_{21}}r_{sp_1u_1}+r_{sp_2u_1}>0\\ r_{sp_{12}}r_{sp_{21}}>1\\ r_{u_1sp_1}[1-r_{u_1sp_1}(r_{sp_1u_1}+r_{sp_{12}}r_{sp_2u_1})-r_{sp_{21}}(r_{sp_{12}}+r_{u_1sp_2}r_{sp_1u_1})-r_{u_1sp_2}r_{sp_2u_1}]>0\end{cases}\qquad(8-135)$$

以上八个均衡点中，$E_1(0,0,0)$ 不是稳定点，$E_2(0,0,N_{u_1})$ 是服务提

供商两类价值共创单元灭绝而服务消费者价值共创单元存活的均衡点，
$E_3(N_{sp_1},0,0)$、$E_4(0,N_{sp_2},0)$ 是服务提供商中一类价值共创单元存活而服
务提供商中另一类价值共创单元和服务消费者价值共创单元灭绝的均衡
点，$E_5\left(\dfrac{(r_{sp_{12}}+1)N_{sp_1}}{1-r_{sp_{12}}r_{sp_{21}}},\dfrac{N_{sp_2}(1+r_{sp_{21}})}{1-r_{sp_{12}}r_{sp_{21}}},0\right)$ 是服务提供商中两类价值共创单
元均存活而服务消费者价值共创单元灭绝的均衡点，
$E_6\left(0,\dfrac{N_{sp_2}(1+r_{sp_2u_1})}{1-r_{u_1sp_2}r_{sp_2u_1}},\dfrac{N_{u_1}(1+r_{u_1sp_2})}{1-r_{u_1sp_2}r_{sp_2u_1}}\right)$、$E_7\left(\dfrac{N_{sp_1}(1+r_{sp_1u_1})}{1-r_{u_1sp_1}r_{sp_1u_1}},0,\dfrac{N_{u_1}(1+r_{u_1sp_1})}{1-r_{u_1sp_1}r_{sp_1u_1}}\right)$ 是服
务提供商中一类。价值共创单元和服务消费者价值共创单元存活而服务提
供商中另一类价值共创单元灭绝的均衡点，$E_8(sp_1{}^*,sp_2{}^*,u^*)$ 是三类价值
共创单元共存的均衡点。

8.6.4　数值仿真分析

某著名汽车品牌拥有一个全国性大市场，并在其传统 4S 店销售维修保
养等服务基础上开发出了包括服务提供商、服务消费者和第三方服务平台
的车联网服务生态系统。在该系统中，服务提供商包括汽车销售服务提供
商、车主交通生活服务提供商、汽车保险服务提供商、车辆维修保养服务
提供商等价值共创单元，服务消费者包括普通型消费者、高级型服务消费
者、VIP 服务消费者等价值共创单元，第三方服务平台包括车联网服务平台
价值共创单元。

本书的数值仿真考虑该服务生态系统中，服务提供商仅包括两类价值
共创单元：保险类服务提供商和车辆保养服务提供商，服务消费者仅包括
一类价值共创单元：普通型服务消费者，第三方服务平台只有一个价值共
创单元，即车联网服务平台。在不同的共生模式和共生作用系数下，通过
数值仿真和可视化显示，可以更直观反应价值共创单元的共生演化轨迹和
规律，从而得出相关结论。

假设保险类、车辆保养类价值共创单元之间以及与普通型服务消费者
价值共创单元自然增长率分别为：0.10，0.15，0.20；初始规模均为 50。
在一定资源环境下，三方发展规模均为 1000，演化周期为 1000 代。通过探
究共生作用系数之间的关系，得到服务生态系统的演化过程、路径以及影
响因素。

（1）共生模式仿真结果分析

通过采用 Runge-Kutta 算法对上述方程进行求解，可以探讨在不同共生作用系数取值情况下，各价值共创单元之间如何相互作用及共生演化，以及相关参数因素对规模稳定点的影响如下。

1）独立共生模式

在独立共生模式中，价值共创单元之间共生作用系数为零，即 $r_{sp_1 u_1} = 0$，$r_{sp_{12}} = 0$，$r_{sp_2 u_1} = 0$，$r_{sp_{21}} = 0$，$r_{u_1 sp_1} = 0$，$r_{u_1 sp_2} = 0$。（这里 $r_{sp_1 u_1}$ 表示保险类价值共创单元对普通型服务消费者的共生系数影响，$r_{sp_{12}}$ 表示保险类价值共创单元对车辆保养类价值共创单元的共生系数影响，$r_{sp_2 u_1}$ 表示车辆保养类价值共创单元对普通服务消费者的共生系数影响 $r_{sp_{21}}$ 表示车辆保养类价值共创单元对保险类价值共创单元的共生系数影响，$r_{u_1 sp_1}$ 表示普通服务消费者对保险类价值共创单元的共生系数，$r_{u_1 sp_2}$ 表示普通服务消费者对车辆保养类价值共创单元的共生系数。）独立共生模式演化轨迹如图 8-28 所示。

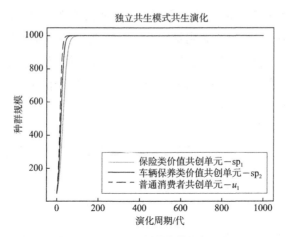

图 8-28　独立共生模式演化轨迹

三类价值共创单元之间不存在共生关系，共生系数均为零，任意两个价值共创单元之间生长速度互不影响，成长规模仅受自身增长率的影响。当三个价值共创单元处于平衡状态时，稳定均衡点为 $(N_{sp_1}, N_{sp_2}, N_{u_1})$，即三类价值共创单元均处于均衡状态时，成长规模达到上限。此模式一般出现在服务生态系统的形成初期，不长久且不稳定。

2）竞争共生模式

①正常竞争共生模式。

在正常竞争共生模式中，共生作用系数取值范围为 [-1，0），三类价值共创单元的发展均受到抑制，均处于均衡状态时，最终稳定规模均小于独立发展模式的最大规模。

如图 8-29（a）所示，三个价值共创单元各自的演化路径大致相同，均在 $0 \sim t_0$ 演化时间内呈增长趋势，在 $t = t_0$ 时，均达到演化稳定点；t_0 之后，演化保持稳定不变。图 8-29（b）~图 8-29（d）中，共生作用系数在 -1~0 区间，无论共生作用系数如何取值，价值共创单元各自的演化路径基本不变，并且三个价值共创单元的最终稳定点基本一致。保险类价值共创单元从初始规模为 50 开始，一直呈不断增长趋势，在 N_1 点达到最大值，从 N_1 点到 N_2 区间呈减少趋势，在 N_2 点达到演化的稳定状态；车辆保养类价值共创单元从初始规模为 50 到 N_2 区间一直呈先增长后减小趋势，在 N_2 点演化达到稳定状态；普通服务消费者共创单元从初始规模为 50 到 N_3 区间一直呈增长趋势，在 N_3 点演化达到稳定状态。由此可知，在此模式下，共生作用系数的绝对值越小，则最终规模稳定点越大，且演化速度越快，即到达稳定点的演化时间越小。由图 8-29 可知，不同共生作用影响下，三个价值共创单元的演化轨迹大致相差无几。

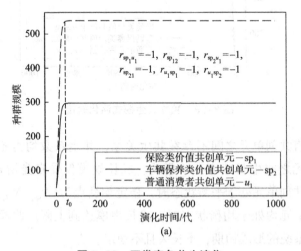

图 8-29 正常竞争共生演化

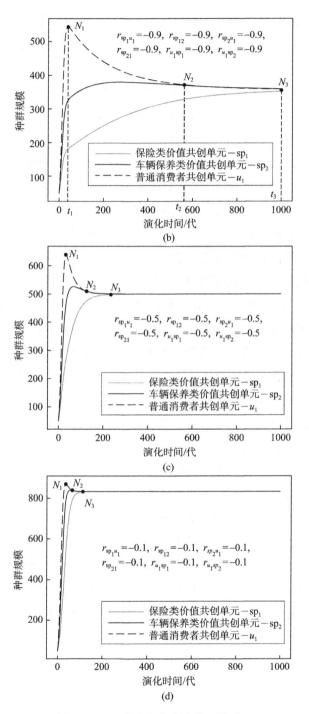

图 8-29　正常竞争共生演化（续图）

命题1：在正常竞争共生模式下，共生作用系数取值范围在（-1，0）时，价值共创单元各自演化路径基本一致，且三个价值共创单元最终规模的稳定点一致。

命题2：在竞争共生模式下，共生作用系数绝对值越大，则最终规模稳定均衡点越小，且演化速度越慢，最终规模稳定的演化时间越大。

②恶性竞争共生模式。

图8-30中，共生作用系数在（-1，-∞）区间，为恶性竞争共生模式的演化。共生作用系数为-1.1~-5.0时，三个价值共创单元各自的演化轨迹基本一致，只是达到稳定状态的时间不一致，且保险和车辆保养价值共创单元的规模发展受到抑制，服务消费者价值共创单元规模未受抑制。保险和车辆保养价值共创单元的演化先增加后减少，最终趋于消亡，服务消费者价值共创单元规模逐渐增加，最终达到规模最高值，保持稳定状态。共生作用系数均为-10时，保险类和普通服务消费者价值共创单元规模发展受到抑制，车辆保养价值共创单元规模发展未受抑制。保险类和普通服务消费者价值共创单元演化轨迹为先增加后减弱趋势，最终消亡；车辆保养价值共创单元演化呈增长趋势，最终达到规模的最大值，保持稳定。

图8-30（a）中，在$0 \sim t_4$演化区间，三个价值共创单元的演化均呈增长趋势，且保险价值共创单元和车辆保养价值共创单元演化规模达到最大值；在$t_4 \sim t_5$演化时间内，保险价值共创单元和车辆保养价值共创单元发展受到抑制，导致其演化规模逐渐减少，最终趋于消亡，而服务消费者价值共创单元规模逐渐增加，最终达到稳定状态。由图8-30（b）和8-30（c）可知，只要系统中任意一个价值共创单元对其他价值共创单元的共生作用系数均小于-1，则其他价值共创单元会被大大抑制以至于最终衰亡。

命题3：共生作用系数在（-1，-∞）区间时，为恶性竞争共生模式的演化。价值共创单元中，至少有一个价值共创单元演化呈逐渐增长最终达到稳定状态的趋势，且最终稳定值为最大规模；至少有一个价值共创单元演化被大大抑制，呈先增长后减弱的趋势，最终消亡殆尽。

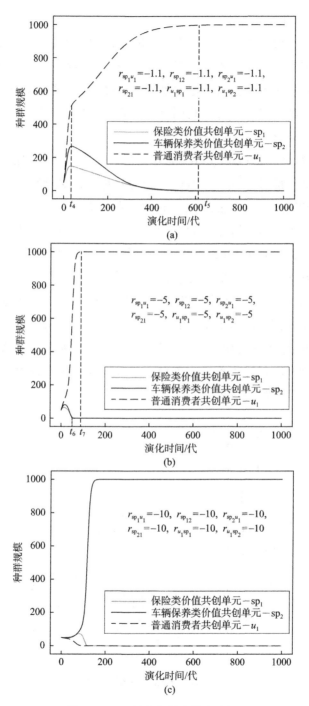

图 8-30 恶性竞争共生模式演化

3）寄生共生模式

在寄生共生模式中，任意两种价值共创单元之间共生系数互为相反数，被寄生的价值共创单元资源被消耗，最终稳定规模小于最大规模，寄生价值共创单元受益于被寄生的价值共创单元，最终稳定规模高于独立共生下的最大规模。此模式下，价值共创单元之间需要更多的资源、价值共享进一步推进共生演化，以此实现系统效益最大化。

如图 8-31（a）所示，共生系数绝对值为 0.1 时，车辆保养类价值共创单元先增后减，最后在 $N_1(t_0, 1000)$ 点保持稳定，保险和普通消费者价值共创单元逐渐增加，最终在 $N_1(t_0, 1000)$ 点保持稳定。如图 8-31（b）所示，共生作用系数绝对值为 0.5 时，普通服务消费者和车辆保养类价值共创单元先增后减，最后在 $N_2(t_1, 1000)$ 点保持稳定，保险价值共创单元逐渐增加，最终在 $N_2(t_1, 1000)$ 点保持稳定；如图 8-31（c）所示，共生作用系数绝对值为 1 时，三个价值共创单元演化规模逐渐增加，普通服务消费者和车辆保养类价值共创单元最后在 N_3 点保持稳定，保险价值共创单元逐渐增加，最终在 N_4 点保持稳定。总体看来，共生作用系数绝对值越大，普通服务消费者和车辆保养类价值共创单元最终稳定的规模越大，保险类价值共创单元最终稳定的规模越小。

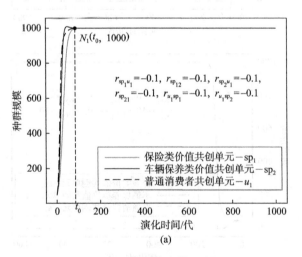

图 8-31 寄生共生模式演化

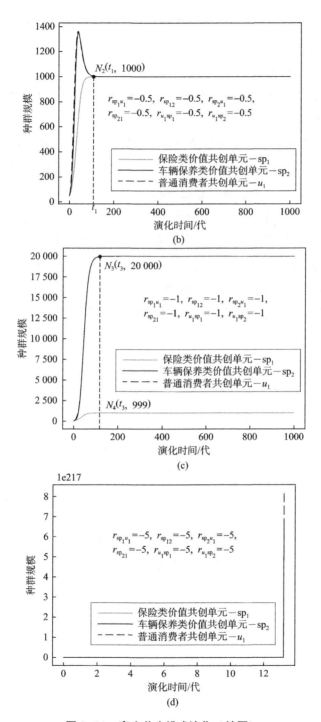

图 8-31　寄生共生模式演化（续图）

命题4：在寄生模式下，共生作用系数的绝对值越大，寄生的价值共创单元的最终稳定值越大。

4）偏利共生模式

在偏利共生模式中，任意两类价值共创单元之间共生系数一个为零，另一个大于零。

如图8-32所示，普通服务消费者在偏利共生中属于利益没受影响的一方，最终规模稳定在最大规模；保险类和车辆保养类价值共创单元在偏利共生中属于收益的一方，最终稳定规模大于最大规模。此模式下，进入了演化的成长期。由图8-32（a）至8-32（d）可知，随着共生作用系数的增加，三个价值共创单元的演化路径基本一致（先逐渐增加，达到最大值之后保持稳定），但各自达到的稳定值不同。随着共生作用系数的增加，保险和车辆保养价值共创单元的稳定值增加，保险类尤其明显；普通消费者由于其他种群规模对其演化共生作用系数为零，所以最终稳定规模等于独立共生的最大演化规模。

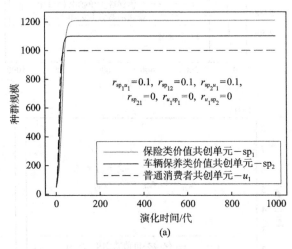

图8-32 偏利共生模式演化

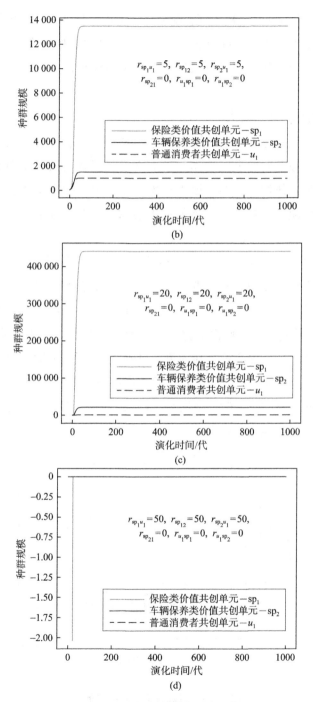

图 8-32　偏利共生模式演化（续图）

命题5：在偏利共生模式下，随着共生作用系数的增加，价值共创单元的演化路径基本一致（先逐渐增加，达到最大值之后保持稳定），但各自达到的稳定值不同；共生作用系数越大，共生的演化速度越快，达到稳定状态的规模值越大。

5）互利互惠共生模式

在互利互惠共生模式中，任意两种群之间共生系数为正数，种群最终稳定状态大于独立发展最大规模。三个价值共创单元相互作用的共生作用系数均大于零，任意一方的规模生长均受益于另外两个主体，并且主体规模的稳定值均超过各自独立发展的最大规模值。此模式下，价值共创单元之间进入共赢状态。

如图8-33（a）、图8-33（b）所示，三个价值共创单元的演化路径大致相同，均呈现逐步增长的趋势，最终在 N_0 点达到稳定状态，最终达到的稳定值高于独立共生时的最大规模。如图8-33（c）所示，共生作用均为0.5时，普通消费者共生规模演化呈现先增长后减弱的趋势，最终在 N_1 处达到稳定状态，车辆保养价值共创单元呈现逐步增长的趋势，最终在 N_2 处达到稳定值。如图8-33（d）所示，共生作用均为4时，价值共创单元最终已不能达到稳定状态。同时，由图8-33可以知道，共生作用系数越高，价值共创单元的最终稳定值越大。

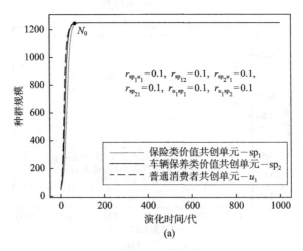

图8-33 互利互惠共生模式演化

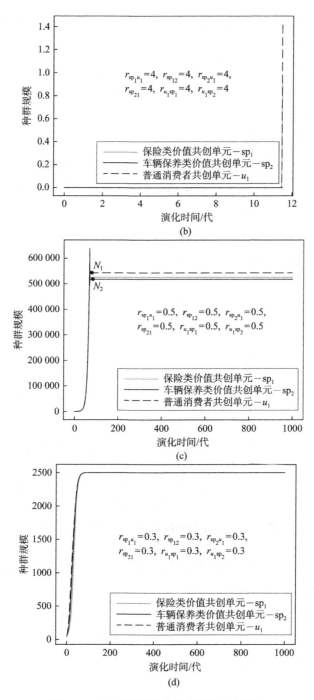

图 8-33　互利互惠共生模式演化（续图）

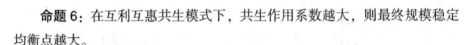

命题6：在互利互惠共生模式下，共生作用系数越大，则最终规模稳定均衡点越大。

命题7：服务生态系统价值共创单元的共生演化与共生作用系数相关。在互利互惠共生模式下，共创单元的最终稳定规模最大，是服务生态系统共生演化的最佳方向。

（2）相关因素仿真分析

以互惠互利共生模式为基础，探究价值共创单元的自然增长率、价值共创单元的初始规模以及价值共创单元的最大规模对共生演化的影响。

1）价值共创单元的自然增长率

如图8-34所示，在互利互惠的共生模式下，在自然增长率增大的情况下，最终稳定的规模不变。由此可以得出如下信息。

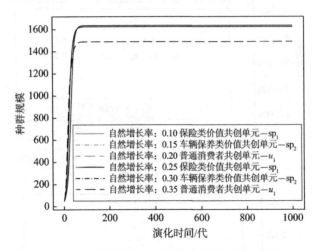

图8-34 价值共创单元规模的自然增长率比较

命题8：价值共创单元的共生演化稳定点与自然增长率无关。

2）价值共创单元的初始规模

如图8-35所示，在互利互惠的共生模式下，在初始规模增大的情况下，最终稳定的规模不变，且由图8-35可知，初始规模越大，演化速率越快。由此可以得出如下信息。

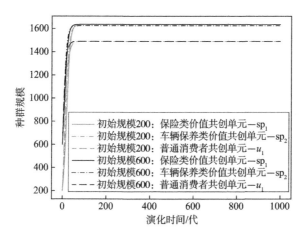

图 8-35　价值共创单元的初始规模比较

命题 9：价值共创单元的共生演化稳定点与初始规模无关，且初始规模越大，共生演化速度越快。

3）价值共创单元的最大规模

命题 10：价值共创单元的共生演化稳定点与最大规模有关，各类价值共创单元的最大规模越大，则稳定规模值越大，如图 8-36 所示。

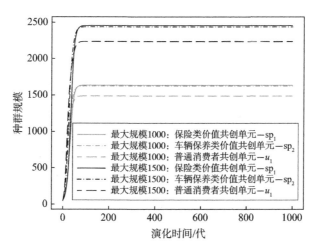

图 8-36　价值共创单元的最大规模比较

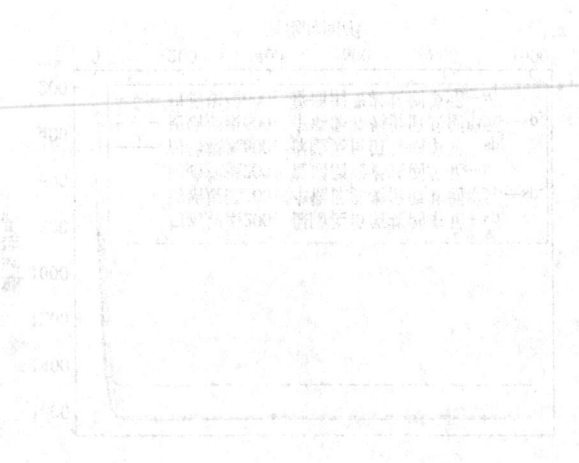

第三部分

研究成果

第9章　研究结论与展望

互联网、大数据、人工智能、云计算、物联网等新一代信息技术风起云涌，正在迅速的改变我们的这个时代，传统工业经济社会向信息经济、知识经济乃至智能社会的转换过程在轰轰烈烈的进行。这个转换无疑是一个划时代的社会转型，本书的研究则是主要关注了这个转型过程中出现的新型产业组织：服务互联网环境下的服务价值生态系统。本章是全书的总结，对涉及上述服务价值生态系统的研究工作进行回顾，总结所取得的研究进展、研究成果以及不足之处，并对未来的研究方向和领域进行展望。

9.1　研究结论

以信息技术为支撑的现代服务业的快速发展催生了服务互联网，形成了跨网、跨域、跨世界的大规模网络化综合性服务生态系统。该生态系统是由服务的参与者（提供者、用户、聚合平台与中介等使能者）及相关服务等共同构成的服务网络世界，其中众多服务相互连接，可以被提供、组合和使用，支持各类服务参与者之间进行一体化的协同服务和协同创新，从而实现服务价值的创造与传递。一方面，传统的价值链理论已经无法适应这种新的社会环境发展的要求，我们需要能反映现代服务互联网产业经济的价值链理论；另一方面，新的服务互联网环境也需要与之相适应的新的服务价值链管理模型与方法的创新。

总结起来，本书具体研究进展和创新之处包括如下6个部分。

第一，系统总结了自价值理论诞生以来，其在哲学、政治经济学、经济学、管理学、价值工程学乃至服务管理科学与工程领域的研究成果，梳理了线性价值链理论、新价值链理论以及非线性的价值星系理论、虚拟价值链理论直至价值网理论，对后工业化时代信息社会的价值理论的发展趋势、以及价值链/网理论发展面临的挑战进行了阐述。

第二，重新释义了服务价值的概念及其内涵，进而提出了服务互联网环境下的服务价值理论。在对现有经济学、管理学、价值工程、服务科学与工程等学科价值理念进行综合分析的基础上，基于价值创造系统环境及其本体发生的变化，提出了服务价值的广义内涵及其在服务互联网环境下的定义，给出了它们的具体分类及其相应的指标体系；进一步地，针对服务互联网环境下服务价值的不同特性及其价值间依赖关系进行了形式化描述，提出了基于服务语义的服务价值度量方法、基于服务活动成本-增值效应的服务价值链服务价值量化方法。通过案例分析研究提炼了不同类型行业企业面向价值增值的服务化路径和方法。

适应新的社会经济形态、生产关系和生产模式的服务价值新概念，可以解释传统经济学、管理学等学科传统价值论不能解释的新的社会现象，指导"互联网+"为特征的现代服务业挖掘财富和价值创造的源泉，进一步从机制、机理和方法层面丰富了现代价值论理论体系。

第三，为进一步开展服务互联网价值链/网模型与方法的相关研究，本书第五章内容主要聚焦于服务互联网环境下的服务价值链/网系统生态化发展的背景、商业模式演化趋势、价值创造机制，以及服务价值链生态系统的模型架构。

第四，提出了基于业务过程的服务价值链/网系统模型。首先通过超网络图结构表示的服务互联网服务系统组成结构，基于此层次架构提出了基于业务过程的服务价值链/网业务-价值协同方法，构建了基于业务过程的可视化、数字化服务价值链/网系统价值模型。

第五，提出了服务互联网环境下价值创造系统的建模与设计方法。首先，我们从价值、功能、质量、能力等多个维度探讨了面向价值的软件服务系统建模/设计方法，具体探讨了服务价值元模型、多维度多层次服务价值模型以及面向价值的软件服务系统迭代式建模方法，该方法适用于从无到有的对服务互联网环境下的软件服务系统进行建模/设计；接着，针对服务互联网的跨域、跨组织和跨价值链等新特征，提出了面向服务互联网的价值网模型及其半自动化建模方法，包括基于外部公开数据的服务价值网建模算法以及基于先验知识的特定领域价值链抽取算法等，以此来改造、充实面向价值的软件服务系统建模/设计方法，使其能够高效、高质量的完成服务互联网环境下价值创造系统的建模/设计任务。

第六，提出了一系列服务价值链/网系统的演化以及协同优化方法。这些方法包括服务互联网环境下软件服务系统的价值–质量–能力优化配置方法、基于需求模式和服务模式的软件服务价值系统协同定制方法、基于产品服务配置的价值系统协同优化方法、考虑服务价值水平的服务价值链收益及契约协调优化方法和考虑多影响因素的产品服务供应链网络均衡优化决策方法、面向多边价值共创单元的服务价值链/网系统的共生演化方法。这些方法可以为服务价值链/网系统的优化运行和运作管理提供相应的技术方法支持。

9.2 研究展望

新一代信息技术正在以加速度形式向前发展，它在重塑传统产业的同时，也在不断催生新的产业、新的业态、新的经济，从而出现了以高度灵活、数字化、网络化为特征的产品生产与服务生态。本书关于服务互联网环境下的价值与价值链理论和方法的问题研究，是一个非常复杂而又综合的理论技术分析和探索性研究问题。该问题不仅涉及服务互联网环境下新的社会生产力和生产关系等宏观因素，也关注具体行业领域服务链/网系统内的节点企业、服务流程甚至原子级别的服务活动，还在研究领域上横跨管理、计算机、经济学等诸多学科。其中涉及的理论研究和技术问题较多，研究分析的对象也纷繁复杂。限于时间、精力以及研究基础等原因，特别是作者知识结构和研究能力的限制，本书的研究工作还只能算是初步的研究探索，很多工作尚需要进一步的系统化、深化和完善。

结合目前的研究基础，未来进一步的研究领域的拓展和研究内容的深化，可以在如下几个方面进行开展。

（1）价值理论的深化和系统研究

以信息技术和创新为核心驱动力的现代社会正在进入网络化、个性化、智能化市场经济时代，全球大部分产业进入了传统物质供给相对过剩的买方市场、创新的现代服务产业日益发达的时代。随着时代的变迁和发展，现存的以价值为中心的相关学科的理论和方法越来越陷入不能解释很多现象的困惑、在指导产业诸多领域的发展方面越来越无能为力。虽然本书从现代产业尤其是服务互联网产业发展的角度对价值从静态、横向的视角研究进行了重新定义，也对其的衡量给出了具体的计算方法，但这些概念和方法还需要现代服务产业和市场广泛的验证和完善，并在此基础上进行进一步系统的升华和提炼，形成完整的价值理论和方法体系。

（2）服务互联网环境下的服务价值链/网理论研究刚刚开始

服务互联网作为具有跨世界、跨领域和跨组织特征的新一代服务业，是当地社会逐渐涌现出来的一个新的生产模式和价值创造生态环境。在这个全新的生态环境中，价值创造载体、价值创造过程、市场和用户的作用、企业与企业间的关系、价值创造的要素和流程乃至价值创造系统的网络结构和传统的工业经济环境都有了翻天覆地的变化。本书只是在服务互联网环境下的服务价值链/网理论的部分领域（如系统建模方法、价值创造系统设计、价值链/网的演化优化等方面）进行了一些力所能及的工作。类似价值链、价值网、价值星系等具有奠基性、重大理论性贡献的工作尚未触及，有关服务互联网环境下的服务价值链/网领域的建模理论、方法和技术乃至具有社会价值的工程实践等，还需要更进一步的研究探索和实践。

（3）服务互联网环境下的服务价值链/网建模方法、协同优化、协同博弈、演化优化等微观领域的热点研究主题尚需继续深入和拓展

相较于传统以产品为中心、存在实际物理边界的供应链，服务价值链/网是一个为了满足大规模个性化的需求把"人/机/物虚拟服务+软件服务"互联互通而又"敏捷"聚合的跨界、跨域、跨组织复杂多变量无边界系统。其变量之多、变量间关系之复杂、变量主客观性之强，以及系统环境变化因素的测量难度，是理论研究和实证研究的巨大挑战。

尽管传统供应链领域的许多研究成果不能适应服务互联网的发展需求，但我们还可以从过往的研究中借鉴成功的研究方法和技术路径，开展相关研究。例如，采用可视化、数字化、形式化的一体化建模语言和方法，进行系统的建模；从价值创造、协同运作、利益/收益分配、用户个性化需求满足等角度开展相关问题研究，等等。

（4）服务价值链/网领域的实践探索研究尚需进一步提升

过去的十多年，针对服务互联网的研究议题，不同学科的研究文献通过概念、模式、模型和方法等方面积累了一些成果。但是，这些已有文献

大部分还停留在概念界定、建模方法、特征分析、创新机制、协同优化等碎片化的初始研究阶段。

比较理论研究，目前产业界的一些领先企业/组织在渐进的实践中提供了相应的的服务价值链/网的商业运作模式、系统运行解决方案：即服务链核心企业或第三方云服务平台，联合伙伴企业和用户群，以共同创造服务价值为核心，通过市场化运作方式建立相关的供-需交互机制、组织相关的服务过程，并逐渐形成了业界称道的服务互联网/服务价值链生态系统的典型范例。但这些应用因为是企业自主行为，比较注重摸索实践与运作，实践前缺少足够的理论与方法论支持，实践成功后缺乏系统的凝练和总结，从而难以有效指导其他企业和组织按照进行推广应用。

实践出真知。本书的内容偏重于理论和方法研究，对服务互联网的实践探索研究还有待进一步的提升，有必要解析、总结、凝练现有的成功实践案例，为服务价值链理论体系的发展添砖加瓦。

参考文献

[1] 仇德辉. 统一价值论：社会科学通向自然科学的桥梁 [M]. 北京：中共中央党校出版社，2018.

[2] 滕泰. 软价值：量子时代创造财富的新范式 [M]. 北京：中信出版集团，2017.

[3] 徐晓飞，王忠杰. 未来互联网环境下的务联网 [J]. 中国计算机学会通信. 2011 (6)：8-12.

[4] 孙林岩，杨才君，张颖. 中国制造企业服务转型攻略 [M]. 北京：清华大学出版社，2011.

[5] 安筱鹏. 制造业服务化路线图：机理、模式与选择 [M]. 北京：商务印书馆，2012.

[6] 李德顺. 价值论：一种主体性的研究 [M]. 北京：中国人民大学出版社，2017.

[7] 石小平，程良庆，时敦友. 全面理解哲学意义上价值的含义 [J]. 中学政治教学参考. 2007 (3)：23-24.

[8] 于萍. 价值系统形成于演变机理——基于价值链（网）的理论的分析 [M]. 北京：中国社会科学出版社，2013.

[9] 何炼成. 价值学说史 [M]. 北京：商务印书馆，2006.

[10] 李高阳. 价值学的两种元价值：良心与自主权利 [D]. 杭州：浙江大学，2014.

[11] WOODRUFF R B. Customer Value:the Next Source of Competitive Advantage [J]. Journal of the Academy of Marketing Science,1997,25(2):139-153.

[12] KOTLER P. Marketing Management[M], Upper Saddle River, NJ: Prentice Hall,2003.

[13] NEAP H S. CELIK T. Value of a product: A definition [J], International Journal of Value-Based Management,1999,12(2):181-191.

[14] WALTER A,RITTER T,GEMUNDEN H G. Value Creation in Buyer-Seller Relationships[J]. Industrial Marketing Management,2001,30(4):365-377.

[15] SHETH J N,NEWMAN B I, GROSS B L. Why We Buy What We Buy:A Theory of Consumption Values [J]. Journal of Business Research, 1991, (2):159-470.

[16] ONNO J R. Creating Value That Cannot Be Copied[J]. Industrial Marketing Management,2001,(30):627-636.

[17] WEINGANDD. Customer Service Excellence:A Concise Guide for Libraries [R]. Chicago:American Library Association,1997.

[18] SWEENEY J C,SOUTAR G N. Consumer Perceived Value:the Development of a Multiple Item Scale[J]. Journal of Retailing,2001,77(2):203-220.

[19] ZHAO Y Y,TANGB L C M,Darlingtona M J,et al. High Value Information in Engineering Organizations[J]. International Journal of Information Management,2008,28(4):246-258.

[20] VARGO S L,MAGLIO P P,AKAKA M A. On Value and Value Co-creation:a Service Systems and Service Logic Perspective[J]. European Management Journal,2008,26(3):145-152.

[21] 何霆，徐晓飞，金铮. 基于 E^3-value 的服务供应链运作管理流程和方法 [J]. 计算机集成制造系统，2011，17 (10)：2231-2237.

[22] PARASURAMAN A,ZEITHAML V A,Berry L L. SERVQUAL:A Multiple-Item Scale for Measuring Consumer Perceptions of Service Quality[J]. Journal of Retailing,1988,64(1):12-40.

[23] CRONIN J J,TAYLOR S A. Measuring Service Quality:A Reexamination and Extension[J]. Journal of Marketing. 1992,56(3):55-68.

[24] DUSTDAR S,SCHREINER W. A Survey on Web Services Composition[J]. International Journal of Web and Grid Services,2005,1(1):1-30.

[25] ZHANG L J,ZHANG J. Architecture-Driven Variation Analysis for Designning Cloud Applications[C]. Proceedings of IEEE Computer Society Press, 2009,125-134.

[26] KOTLER P, KELLER K L. Marketing Management(13th International ed.) [M], London: Prentice Hall, 2008.

[27] SINK D S, TUTTLE T C. Planning and Measurement in Your Organization of the Future[M], Norcross, GA: IE Press, 1989.

[28] 马超. 价值知觉的服务系统设计模型分析与优化方法 [D]. 哈尔滨: 哈尔滨工业大学, 2013.

[29] HANSEN H, SAMUELSEN B M, SILSETH P R. Customer Perceived Value in B-to-B Service Relationships: Investigating The Importance of Corporate Reputation[J]. Industrial Marketing Management, 2008, 37(2): 206-217.

[30] ALLEE V. Value Network Analysis and Value Conversion of Tangible and Intangible Assets[J]. Journal of Intellectual Capital. 2008, 9(1): 5-24.

[31] JEONG B, CHO H, LEE C. On the Functional Quality of Service(FQoS) to Discover and Compose Interoperable Web Services[J]. Expert Systems with Applications, 2009, 36(3): 5411-5418.

[32] NEELY A. The Evolution of Performance Measurement Research[J], International Journal of Operations & Production Management, 2005, 25(12): 1264-1277.

[33] ZEGLAT D, ALRAWABDEH W, AMADI F, et al. Performance Measurements Systems: Stages of Development Leading to Success[J], Interdisciplinary Journal of Contemporary Research in Business, 2012, 4(7): 440-448.

[34] PHILLIPS P, DAVIES F, MOUTINHO L. The Interactive Effects of Strategic Planning on Hotel Performance: a Neural Network Analysis[J], Management Decision. 1999, 37(3): 279-288.

[35] FRANCO-SANTOS M, KENNERLEY M, MICHELI P, et al. Towards a Definition of a Business Performance Measurement System [J]. International Journal of Operations & Production Management, 2007, 27(8): 784-801.

[36] 余长春, 邢小明. 服务模块化价值网治理机制对价值创造的影响机理 [M]. 北京: 经济管理出版社, 2017.

[37] 迈克尔·波特. 竞争优势 [M]. 陈小悦, 译. 北京: 华夏出版社, 1997.

[38] 彼得·海因斯. 价值流管理: 供应链战略与优化 [M]. 施昌奎, 译. 北京: 经济管理出版社, 2011.

［39］RICHARD N,RAFAEL R. From Value Chain to Value Constellation:Designing Interactive Strategy［J］. Harvard Business Review,1993,71(7/8).

［40］RAYPORT J F, SVIOKLA J J Exploiting the Virtual Value Chain［J］. Harvard Business Review,Sep-Dec. 1995:75-99.

［41］SLYWOTZKY A J,MORRISON D J,ANDELMAN B. The Profit Zone:How Strategic Business Design Will Lead You to Tomorrow's Profits(Reprint edition)［M］. Sydney:Currency Press,2007.

［42］大卫·波威特,约瑟夫·玛撒. 价值网 ［M］. 钟伟俊,译. 北京:人民邮电出版社,2002.

［43］ALLEE V. Reconfiguring the Value Network. Journal of Business Strategy ［J］. 2000,21(4):36-39.

［44］ALLEE V. A Value Network Approach for Modeling and Measuring Intangibles［J/OL］. Presented at Transparent Enterprise, Madrid, Spain. Nov. 2002. http://www. value networks. com/howToGuides/A _ ValueNetwork _ Approach. pdf.

［45］ALLEE V. The Future of Knowledge:Increasing Prosperity through Value Networks［M］. Oxford:Butterworth-Heinemann,2003.

［46］ALLEE V. Value Network Analysis and Value Conversion of Tangible and Intangible Assets［J］. Journal of Intellectual Capital. 2008,9(1):5-24.

［47］金帆,张雪. 从价值链到价值生态系统——云经济时代的产业组织 ［M］. 北京:经济管理出版社,2018.

［48］胡虎,赵敏,宁振波,等. 三体智能革命 ［M］. 北京:机械工业出版社,2016.

［49］HE T,HO W,ZHANG Y,et al. Organising the Business Processes of a Product Servitised Supply Chain:a Value Perspective［J］. Production Planning & Control,2016,27(5):378-393.

［50］CASWELL N,FELDMAN S,NIKOLAOU C,et al. Estimating Value in Value Networks［J/OL］. 2008. http://www. tsl. csd. uoc. gr/media/workingpaper_ value_nets. pdf.

［51］CASWELL N, NIKOLAOU C, SAIRAMESH J, et al. Estimating Value in Service Systems:a Case Study of a Repair Service System［J］. IBM Systems

Journal,2008,47(1):87-100.

[52] CIO Council. Value Measuring Methodology:How to Guide[M/OL]. 2002. http://www. cio. gov/documents/ValueMeasuring_Methodology_HowToGuide_Oct_2002. pdf.

[53] LAGESA L F,FERNANDES J C. The SERPVAL Scale:a Multi-Item Instrument for Measuring Servicer Personal Values[J]. Journal of Business Research,2005,58(11):1562-1572.

[54] 王锡秋. 顾客价值及其评估方法研究 [J]. 南开管理评论, 2005 (8): 31-34.

[55] 夏博辉. 企业财务成本控制 [M]. 大连：东北财经大学出版社, 1997.

[56] 刘恩，秦书华，陈林. 企业财务成本控制技术 [M]. 北京：中国经济出版社, 2003.

[57] Supply Chain Council, 2010. "Supply Chain Operations Reference Model SCOR® Version 10.0." Accessed August 28,2015. http：//www. supply-chain. org/scor/10. 0.

[58] 金帆. 价值生态系统：云经济时代的价值创造机制 [J]. 中国工业经济, 2014, (4): 97-109.

[59] 杨林，陆亮亮，刘娟. "互联网+" 情境下商业模式创新与企业跨界成长：模型构建及跨案例分析 [J]. 科研管理, 2021, 42 (8): 43-58.

[60] 孙凤娇，何霆，晋川明，等. 服务生态系统价值共创单元的共生演化模型 [J/OL]. 计算机集成制造系统, [2021-7-26], https://kns. cnki. net/kcms/detail/detail. aspx? dbcode=CAPJ & dbname=CAPJLAST & filename=JSJJ2021072300E & uniplatform=NZKPT & v=EfDktvpY4SA6AqDBpeWzrUui3zi3eQCkHUKr9Hpx6vUI3nC5R7HUM0-XAI2nLTPq.

[61] 钟琦，杨雪帆，吴志樵. 平台生态系统价值共创的研究述评 [J]. 系统工程理论与实践, 2021, 41 (2): 421-430.

[62] JOYCE A ,PAQUIN R L. The Triple Layered Business Model Canvas:a Tool to Design More Sustainable Business Models[C]// ES. ES,2016:1474-1486.

[63] GORDIJN J,AKKERMANS H. Designing and Evaluating E-Business Models[J]. IEEE intelligent Systems,2001,16(4):11-17.

[64] 钟永光，贾晓菁，钱颖. 系统动力学，第 2 版 [M]. 北京：科学出

版社，2018.

[65] BITNER M J,OSTROM A L,MORGAN F N. Service Blueprinting:a Practical Technique for Service Innovation[J]. California Management Review, 2008,50(3):66.

[66] Sampson S E. 服务设计要法-用 PCN 分析方法开发高价值服务业务 [M]. 徐晓飞，王忠杰，等译. 北京：清华大学出版社，2013.

[67] 徐晓飞，王忠杰. 服务工程及方法论 [M]. 北京：清华大学出版社，2011.

[68] 李天阳，何霆，徐汉川. 面向价值的服务供应链运作过程模型 [J]. 计算机集成制造系统，2015，21（1）：235-245.

[69] PARK G,PARK K,DESSOUKY M. Optimization of Service Value[J]. Computers & Industrial Engineering,2013,64(2):621-630.

[70] CRONIN J J,BRADY M K,BRAND R R,et al. A Cross-Sectional Test of the Effect and Conceptualization of Service Value[J]. Journal of services Marketing,1997,11(6):375-391.

[71] 王时龙，宋文艳，康玲，等. 云制造环境下的制造资源优化配置研究 [J]. 计算机集成制造系统，2012，18（7）：1396-1405.

[72] 尹超，张云，钟婷. 面向新产品开发的云制造服务资源组合优选模型 [J]. 计算机集成制造系统，2012，18（7）：1368-1378.

[73] 王静莹，马超，徐汉川，等. 一种面向服务互联网的服务价值网的半自动化生成方法（发明专利申请）. 中国，202011564995.6. 2020-12-25.

[74] WANG J Y,MA C,TU Z Y,et al. Semi-Automatic Service Value Network Modeling Approach based on External Public Data[J]. Software & SystemsModeling(Under review).

[75] 王静莹. 服务互联网价值建模与优化分析方法研究 [D]. 哈尔滨：哈尔滨工业大学，2021.

[76] LIU S,XU X F,WANG Z J. A SQFD Approach for Service System Design Evaluation & Optimization[C]. Proceedings of 5th International Conference on Interoperability for Enterprise Software and Applications(I-ESA China 2009), Beijing, China, April 21 - 22, 2009. IEEE Computer Society, USA,23-27.

［77］ MA C,LIU W D,TU Z Y,et al. A QFD－Based Quality and Capability De-sign Method for Transboundary Services［J］. Mathematical Problems in En-gineering,2020,(6):1-18.

［78］ 刘伟东, 马超, 涂志莹, 等. 跨界服务设计中面向多方价值冲突消解的自动协商方法 [J]. 小型微型计算机系统, 2020, 41 (11): 2427-2433.

［79］ 陈春荣,何霆,廖永新,等.基于需求－服务模式的大规模个性化网络服务定制方法［J/OL］.计算机集成制造系统,［2021-8-11］. https://kns. cnki. net/KNS8/Detail? sfield = fn & QueryID = 0 & CurRec = 1 & recid = & FileName = JSJJ20210702006 & DbName = CAPJLAST & DbCode = CAPJ & yx = Y & pr= & URLID = 11. 5946. TP. 20210811. 1545. 004.

［80］ WANG Z J,JING N,XU F,et al. Cost－Effective Service Network Planning for Mass Customization of Services［J］. Services Transactions on Services Computing,2015,2(4):15-31.

［81］ CHEN FZ, DOU RL, LI MQ. A Flexible QoS－Aware Web Service Com-position Method by Multi－Objective Optimization in Cloud Manufacturing ［J］. Computers & Industrial Engineering, 2016, 99 (9): 423-431.

［82］ 谭文安, 赵尧. 基于混沌遗传算法的 Web 服务组合 [J]. 计算机集成制造系统, 2018, 24 (7): 1822-1829.

［83］ SEGHIR F, KHABABA A. A Hybrid Approach Using Genetic and Fruit Fly Optimization Algorithms for QoS－Aware Cloud Service Composition［J］. Journal of Intelligent Manufacturing,2016,(29),1-20.

［84］ 王兴棠. 绿色研发补贴、成本分担契约与收益共享契约研究 [J]. 中国管理科学, 2021, 17 (3): 1-12.

［85］ 但斌, 娄云, 马崶萱. 服务促进销售的产品服务供应链定价与优化策略 [J]. 管理评论, 2017, 29 (8): 211-222.

［86］ 李鑫, 于辉. 产品服务供应链的 "双重收益共享" 合作机制 [J]. 中国管理科学, 2019, 27 (12): 43-54.

［87］ LUONG H T,COLOMBATHANTHRI A. Coordinating a Three－Stage Supply Chain Using Buy－Back and Revenue Sharing Contracts［J］. International Journal of Logistics Systems and Management,2020,1(1):1.

［88］ Li C F,Guo X Q,Du D L. Pricing Decisions in Dual－Channel Closed－Loop

Supply Chain Under Retailer & apos;s Risk Aversion and Fairness Concerns [J]. Journal of the Operations Research Society of China,2020,20(2): 205-219.

[89] VEDANTAM A,IYER A. Revenue Sharing Contracts Under Quality Uncertainty in Remanufacturing[J]. Production and Operations Management, 2021,189(7):195-218.

[90] RAZA S A,GOVINDALURI S M. Pricing Strategies in a Dual-Channel Green Supply Chain with Cannibalization and Risk Aversion[J]. Operations Research Perspectives,2019,20(6):26-41.

[91] CHAN H L. Supply Chain Coordination with Inventory and Pricing Decisions [J]. International Journal of Inventory Research,2019,12(3):21-35.

[92] SOLEIMANI H,KANNAN G. A Hybrid Particle Swarm Optimization and Genetic Algorithm for Closed-Loop Supply Chain Network Design in Large-Scale Networks [J]. Applied Mathematical Modelling, 2015, 39 (14): 3990-4012.

[93] PI Z,FANG W,ZHANG B. Service and Pricing Strategies with Competition and Cooperation in a Dual-Channel Supply Chain with Demand Disruption [J]. Computers & Industrial Engineering,2019,138(1):106-130.

[94] 权宏顺. 三维 Lotka-Volterra 合作系统的全局稳定性 [J]. 应用数学, 1991 (1): 53-57.